空间数据分析

苏世亮 李 霖 翁 敏 编著

科学出版社

北 京

内 容 简 介

空间数据分析是分析空间数据、挖掘空间信息、统计空间规律、解决空间问题所涉及的基本理论、方法与技术的总称。作者结合多年的教学和科研体会，在重视与大学数学基础课程、地理信息科学其他专业课程衔接的基础上，遵循从理论基础到实际应用的主线，强调不同方法之间相互关联的逻辑关系，以全新视角重新构建了空间数据分析的知识体系。指导思想是力求深入浅出地为读者提供空间数据分析的思路、方法和应用途径。

本书既可作为地理信息科学专业及相关专业本科生、研究生教材，也可供科研工作者参考。

图书在版编目（CIP）数据

空间数据分析 / 苏世亮，李霖，翁敏编著. —北京：科学出版社，2019.6
ISBN 978-7-03-059515-7

Ⅰ. ①空⋯ Ⅱ. ①苏⋯ ②李⋯ ③翁⋯ Ⅲ. ①空间信息系统–数据处理–研究 Ⅳ. ①P208

中国版本图书馆 CIP 数据核字（2018）第 256589 号

责任编辑：杨 红 郑欣虹 / 责任校对：樊雅琼
责任印制：赵 博 / 封面设计：陈 敬

科学出版社 出版
北京东黄城根北街 16 号
邮政编码：100717
http://www.sciencep.com
北京市金木堂数码科技有限公司印刷
科学出版社发行 各地新华书店经销

*

2019 年 6 月第 一 版 开本：787×1092 1/16
2024 年 11 月第六次印刷 印张：16 1/4
字数：398 000
定价：**59.00 元**
（如有印装质量问题，我社负责调换）

前　　言

空间数据分析(spatial data analysis，SDA)是分析空间数据、挖掘空间信息、统计空间规律、解决空间问题所涉及的基本理论、方法与技术的总称。SDA 是地理信息系统(geographic information systems，GIS)的核心和灵魂，是 GIS 区别于一般的信息系统、计算机辅助设计或者电子地图系统的主要标志之一。SDA 已广泛应用于地理学、地质学、环境学、生态学、社会学、管理学、气象学，以及公共卫生等领域。因此，系统阐述 SDA 的基础理论与方法，为对它进行深入学习和促进其发展奠定良好基础是本教材的基本出发点。

武汉大学地理信息类专业在国内较早地开设了 SDA 的相关课程，强调理论、前沿、实践并重，重视对学生学习兴趣的引导和动手能力的培养。在武汉大学"双一流"学科建设的推动下，作者结合多年的教学和科研体会，在重视与大学数学基础课程、GIS 其他专业课程衔接的基础上，遵循从理论基础到实际应用的主线，强调不同方法之间相互关联的逻辑关系，以全新视角重新构建了 SDA 的知识体系。本教材的指导思想是力求深入浅出地为地理信息科学专业及相关专业本科生、研究生和科研工作者提供 SDA 的思路、方法和应用途径。因此，本教材对于每一种方法都特别注重阐释原理、适用条件、计算过程、结果解释，尽可能淡化数学推导过程。为了使学生能够应用所学的方法和技术解决实际问题，作者特别精心挑选了 16 个典型案例，形成了本教材的姊妹版《空间数据分析案例式实验教程》，为读者创造性地应用所学知识提供范例。此外，作者编写了本教材的理论扩展版《空间智能计算》和应用扩展版《社会地理计算》《健康地理学》，紧密结合 SDA 的新理论、新方法和新技术，以期为学生了解和掌握更多地理信息科学前沿知识以解决实际社会问题提供参考(图 1)。

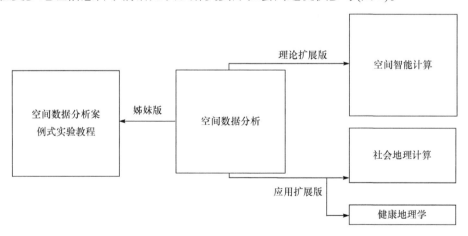

图 1　空间数据分析系列丛书

本教材共分为 7 章。第 1 章为空间数据分析概论，在阐明空间数据性质的基础上，总结了空间数据分析内涵和发展；第 2 章为经典统计学基础，介绍了经典统计学的理论基础和常用方法(相关、聚类、判别、主成分)；第 3 章为统计关系分析，详细阐述了常用的回归模型、结构方程模型和时间序列分析模型；第 4 章为空间依赖与空间异质性，在阐述空间权重、空间自相关统计量的基础上，重点总结了空间回归及地理加权回归的原理、方法和应用；第 5 章为空间可达性，主要涉及空间距离关系、邻近度分析、叠加分析、网络分析和空间可达性分析；第 6 章为空间格局，阐述了空间格局测度的方法，着重介绍了点格局、空间句法及景观格局的分析方法；第 7 章为空间插值，在介绍方法分类体系的基础上，重点阐述了地统计学的理论和方法模型。

在教材编写过程中，参考了大量国内外优秀教材、文献资料和科研成果；硕士研究生徐梦雅、李泽堃、谭冰清、张倩雯、万琛、皮建华等承担了大量的资料搜集和数据整理工作，在此向被引用资料的作者及这些学生表示特别感谢。作者特别开设了微信公众号(wurg2016)，方便与广大读者交流 SDA 的理论和实践，敬请关注。

由于作者自身知识和水平的局限，教材中难免有疏漏之处，敬请读者批评指正。

作　者

2018 年 12 月

目　　录

第1章 空间数据分析概论

1.1 空 间 数 据

空间数据(spatial data)是对现实世界中空间事物和现象时空特征及过程的抽象表达和定量描述。这个表达过程首先需要对现实世界进行高度的抽象，建立概念模型来描述对空间实体(spatial entity)的认知、抽象与概括；然后建立适用于计算机存储与表达的数据模型，空间实体被数字化为空间对象(spatial object)，用以记录和描述空间实体的位置、形状、大小及其分布特征等，空间对象构成了空间数据分析中可操作和分析的基本数据单元，具有定位、时间和空间关系等特性。其中，定位特性是指任何空间对象在已确定的坐标参考系统中都只有唯一的空间位置；时间特性是指空间对象的获取是在确定的时间中获取的，同时它的属性随着时间的变化而变化；空间关系特性通常用拓扑关系来表示，指空间对象之间的拓扑特性。空间数据具有的特性导致了空间数据分析和传统的统计分析有很大区别，理解和认识空间数据的特性和性质是进行空间数据分析的重要基础。本章主要从空间数据分析的角度对空间数据的性质与特点进行介绍，如图 1-1 所示。

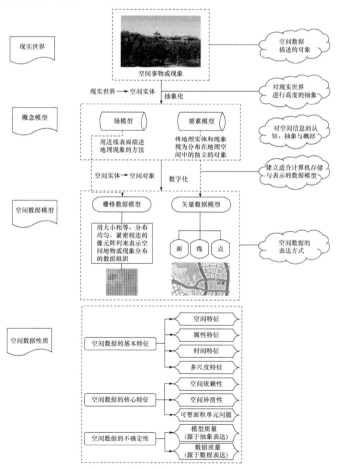

图 1-1　空间数据的认知、表达与性质

1.1.1 基本特征

1. 空间特征

空间特征是空间数据最基本的特征，空间数据记录了空间实体的空间分布位置、几何形状及与其他空间实体的空间关系等空间信息。空间实体的位置通常采用坐标系统进行描述；空间实体的几何特征表示了空间实体的大小、形状及空间维度；空间实体可以依据其维度分为点、线、面、体四种基本类型；空间关系描述了空间实体间的相互关系，在空间分析中起着关键作用，主要包括拓扑关系、方位关系、距离关系等。其中，空间拓扑关系主要描述空间实体间的相交、包含、邻接、相离等；空间方位关系描述空间实体间的绝对方位和相对方位；空间距离关系主要用来度量空间实体间的远近程度。

2. 属性特征

空间数据的属性特征描述了空间数据的内涵和性质，属性数据随着空间实体的不同而变化。属性特征可以从不同的角度进行定义，通常分为定性与定量两种；从空间数据分析度量的角度，属性数据可以归纳为名义属性、次序属性、间距属性、比率属性及周期属性等。

3. 时间特征

空间数据的时间特征描述了空间实体随着时间变化而变化的特征。这种特征是指空间数据对空间实体的描述总是与其采集的某一特定的时间或时间段对应，顾及时间特征的空间数据构成了更为复杂的时空数据。空间数据分析有时不仅要考虑空间实体在空间上的分布特征，同时也要考虑空间现象在时态上的演变。有些研究也把空间数据分为空间特征数据与时间特征数据两类。

4. 多尺度特征

空间数据的另一个重要特征是尺度特征，表现在不同观察层次上的信息被表达、分析的详细程度不同。空间多尺度特征表现在数据综合上。数据综合类似于数据抽象或制图概括，是指根据数据表达内容的规律性、相关性和数据自身规则，可以由相同的数据源形成再现不同尺度规律的数据，它包括空间特征和属性的相应变化。多尺度的空间数据反映了空间现象及实体在不同时间和空间尺度下具有的不同形态、结构和细节层次，应用于解决宏观、中观和微观各层次的空间问题。

尺度是空间现象及实体的本质特性，但不同的学科对尺度的定义不同，其定义取决于尺度使用的环境和条件。依据不同的准则尺度有不同的分类形式：①依据兴趣领域，尺度可以分为空间尺度、时间尺度、时空尺度、语义尺度等。数据的空间多尺度是指空间范围大小或地球系统中各部分规模的大小，可分为不同的层次；时间多尺度指的是空间过程及空间实体的特征有一定的自然节律性，其时间周期长短不一。②依据研究过程，尺度可以分为现实尺度、数据尺度、采用尺度、模型尺度及表达尺度等。③依据研究范围，尺度可以分为宏观尺度、中观尺度及微观尺度等。④依据度量标准，尺度可以分为命名尺度、次序尺度、间隔尺度及比率尺度等。

1.1.2 核心特征

在地学问题中，空间数据的核心特征决定了空间数据分析的特殊性，这些核心特征包括空间依赖、空间异质性、可塑面积单元问题等。

1. 空间依赖

空间依赖(spatial dependence)被认为是空间数据最基本的特质。空间依赖的存在决定了地理学空间的有序性与决定性。Tobler(1970)指出：空间上距离相近的实体之间的相似性比距离远的实体间的相似性大[①]，可以视为对空间依赖的一种定性描述。空间依赖的含义是空间上某一位置的空间现象与其自身及近邻位置上的同一空间现象有关。空间依赖产生的原因是十分复杂的，一般认为是空间实体的相互作用、空间现象的集聚、扩散及各种测量误差等造成的。一般而言，观测数据的采集通常是和空间单元相关联的，如人口普查单元、行政区域等，这将导致测度上的误差。当采集数据的边界不能精确地反映产生样本数据的基础特征时，将会表现出空间依赖(图 1-2)。

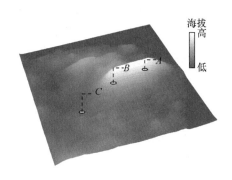

图 1-2　空间依赖的表现

对于真实地形中 A、B、C 三点的高程采样数据，因为 A、B 间直线距离比 A、C 间距离近，所以采样得到的 A、B 高程值之差更小，即"空间上距离相近的实体之间的相似性比距离远的实体间的相似性大"。对于大量的高程采样数据而言，这一现象可能表现为空间依赖

空间自相关可以视为空间依赖的定量描述，空间依赖程度是通过空间自相关量测的，这是两个直接关联的概念。空间自相关的指标体系多样，大体可以分为两种类型：全局观测和局部尺度。全局方法是指对研究区域的整体给出一个参数或指数，而局部方法提供和数据观测点等量的参数或指标。常用的度量空间自相关方法包括 Moran's I、Geary's C、Ripley's K、Join-Count 指数、半变异函数等。

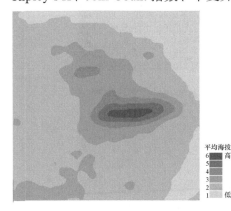

图 1-3　空间异质性的表现

根据高程采样点绘制等高线图，在 1～6 级的不同海拔带上会有不同的植被分布，而相同的高度带内往往分布同类型植被。这张图突出表现了高程属性在不同高度带的空间异质性和同一高度带内的局部自相关性

2. 空间异质性

空间异质性(spatial heterogeneity)是与空间依赖相对应的空间数据的另一个重要性质，表现为空间实体间的差异性。空间异质性与空间上行为关系缺乏稳定性有关，意味着描述空间关系的参数在研究区域的不同地方是不一样的，但在区域的局部其变化是一致的(图 1-3)。空间非平稳性是对空间异质性的描述，表示空间异质性是源于局部的特殊性，空间现象在空间上是非平稳的。各向同性是与此密切相关的一个概念，即假设模式在所有方向上是一样的。空间异质性在根本上是源于地球系统在演化过程中的分异结果，对于大部分空间数据而言，假设空间过程的非平稳性和各向异性可以更为真实地反映空间现象的实质。

空间异质性的存在导致在空间数据分析过程中，需要强调对局部性质的识别和分析，否则很难保证结果的可靠性，甚至得到错误的结论。而一般的全局模型和全局统计量对空间过程之间的复杂相互作用进行了平均，从而得到的是单一结果，这样

[①] 美国地理学家 Tobler(1970)提出："Everything is related to everything else, but near things are more related than distant things"，也称为 Tobler 第一定律。

可能导致空间数据误差和不确定性有空间集聚的倾向，即分析结果中某些空间区域出现较大的误差和不确定性。空间异质性的定量分析方法主要包括局部 Moran's I、局部 Geary's C、空间非平稳性指数等。另外，在实际分析中，一般是利用对空间中有限的观测数据，根据问题的性质、有关的理论及研究人员的经验归纳分析出空间数据存在的关系，并没有实现充分利用样本信息对每一个样本进行估计，在分析时这种基于经验的归纳可能会遗漏没有考虑或发现的关系或性质。

3. 可塑面积单元问题

可塑面积单元问题(modifiable areal unit problem，MAUP)是对空间数据分析结果产生不确定影响的主要原因之一，是空间数据的另一个核心特征，表现为空间数据分析的结果随着面积单元定义的不同而发生变化。面积单元对分析结果的影响主要体现在两方面：①尺度效应(scale effect)，即当空间数据通过聚合而改变其粒度大小时，空间数据分析的结果也随之变化。②划区效应(zoning effect)，即在同一粒度或聚合水平上，不同的分区方法将导致不同的分区结果(图 1-4)。

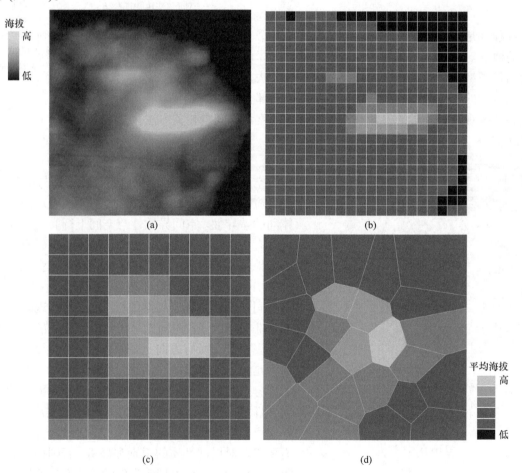

图 1-4 尺度效应和划区效应

对比图(a)中的真实 DEM 数据，图(b)和图(c)反映了尺度效应对于求取平均海拔的影响，图(c)和图(d)反映了划区效应对于求取平均海拔的影响，这说明在某一特定尺度的分析结果很难推广到其他尺度

　　随着空间单元的聚合和划区方案的不同，空间分析的结果也产生相应的变化。因此必须注意分析结果仅对于所采用的面积单元有效，在其他尺度上则不尽然。将某一尺度上的结果推广到其他精细的尺度上将导致"生态谬误"(ecological fallacy)，这是生态学中关于可塑面积单元问题的术语。空间现象及实体是多尺度的，分析时注意空间聚合的尺度和划区效应对于正确的空间数据分析过程及其结果的获取是非常重要的。

1.1.3 不确定性

　　空间数据的质量受到从地理世界到抽象概念模型及从映射到数据模型两个阶段的影响，一个体现在地理空间的抽象表达方式，包括选取的属性、量测的方式等；另一个体现在确定表达模型后空间数据量测的确定性，包括其地理坐标、属性值等。

　　1. 模型(抽象表达)质量

　　模型质量是评测空间数据不确定性的第一阶段，是建立映射复杂现实世界所使用的模型的表达质量，即根据选择的有限空间对象、空间关系或变量来离散化表达现实世界的程度。模型的质量可以根据表达的精度、清晰性、完整性和一致性(对象如何被表达)进行评估。模型质量评估的内容包括空间表达方式的有效性及具体表达方式的合理性，如像素分辨率和聚合程度等。具体包括以下两个方面。

　　1) 指标有效性

　　在模型质量中，属性表达的不确定性反映在属性的选取上。空间数据分析中，体现在确定研究主题后，建立映射指标体系时对变量或要素的选择，以及映射的算法和逻辑操作上。应当考虑选取的空间数据是否能够有效地表达对应的地理现象，以及选取的空间数据指标体系是否能够完整表达。另外还应当考虑的是，对于不同的研究区域而言，同一指标体系及映射方法是否同样适用，例如，基于过度拥挤、失业率、住房拥有率、轿车拥有量四个维度建立的城市社会不均等性尺度分析不一定适用于郊区，因为存在郊区的人口虽然倾向于不能拥有自己的房屋，生活空间过度拥挤，但却普遍拥有机动车的情况。

　　2) 表达合理性

　　对空间现象及实体表达方式的选择，受到特定研究及分析的空间尺度等影响。表达方法的选择是一个十分复杂的选择，例如，一个空间现象可以抽象为点、线、面的形式来表示，这种表达的选择不仅对用于获取这个空间现象的数字化对象类型具有影响，也会进一步对空间数据分析技术的选择及后续使用的可视化形式产生影响。表达方式的选择受到相关理论、研究主题、已有经验、技术、概念认知等多方面的影响，没有绝对的正确性。例如，对于一个面向对象的表达(如城市)，若在分析中不需要考虑其内部结构及性质，则其按点状对象的表达可以视为是合适的；而个体层面的数据往往倾向于给定点的位置信息来表达，精细获取的地理编码数据提供了在位置上的精确信息，但可能位置数据集的精度对于研究不一定合适；在一些研究中，过于精细化的数据可能产生伦理问题，如基于家庭统计的收入信息可能侵犯个人隐私等。

　　针对栅格数据表达的不确定性，主要体现在栅格数据结构将空间划分为等面积的像元，空间对象基于单元格的分类构成，每个单元格只有一个值。然而现实中可能存在混合像元的情况，即某一个单元格不完全由一个属性构成，而栅格单元格的值表示的是混合像素的优势值或中心值。单一结果的表达会导致空间信息的丢失，因而基于栅格数据表达将一定程度上扭曲空间对象的形状，这种表达的不确定性与像元的分辨率有关；针对矢量数据表达的不确定性，主要体现在分析空间尺度的影响上。例如，点数据是表示某些类型的社会经济数据较好的方式，如个体信息统计等。但过于详细的信息可能导致侵犯隐私、数据集规模过大等问题；在一些研究中，出于多种原因，经常先精确定位个体，然后获取近似的数据或将数据按区域水平聚集表示，经常会导致数据空间表示的不合理性，不能充分展示数据的分布等特征问题。这种不确定性由聚合程度所决定，产生的原因是地理空间不能自然地形成分析单元，离散化方式不能很好地表现现实世界相关性或某种现象的不均匀性。另外，聚合程度还将影响数据集的"噪声"。某些区域的平均值可能基于很多数据点，而另一些则基于少量的数据点，在进行统计检验时，会降低区域间比较的可靠性。如果过程是随机分布的，则一般样本的总体越小，误差的方差就越大。

2. 数据质量

从数据使用者的角度，高质量的数据是能充分满足用户需求的数据。数据质量评估是针对给定的数据集，选择合适的评估指标，从而描述数据定义或模型满足相应评价规则的程度。数据质量评估在依赖二次数据源(即间接获取的数据)进行空间数据分析的领域十分重要。数据质量的评估包括空间实体位置和属性数据的质量两个方面，二者又是相互依赖的，因为空间数据还具有时间特征，所以这三者都将对数据质量产生影响。

数据质量可能是空间不均匀的，误差结构在整个地图上可能变化，即数据质量可能是有空间异质性的。误差的异质性可能来自于测量过程和局部地表特征之间的相互作用。例如，遥感影像上的误差随传感器类型不同和地形性质的不同而不同。

Guptill 和 Morrison(1995)提出了空间数据质量评估的通用标准，定义了空间数据质量包括的七个维度：数据源及其描述、定位精度、属性精度、完整性、逻辑一致性、时序规范、语义准确性(包括特征、关系、属性编码的准确性，或给定的表达规则描述的准确性)。这些不确定性是相互联系的。空间数据分析强调数据以下四种类型的不确定性。

1) 数据的准确性

数据的准确性表现在数据误差大小，即观测值和真值之间的差别，因为测量过程不可避免的不精确性，以及对对象定义的主观性，任何测量都会产生一定的误差；改善实验过程及测量的方式，如提高仪器质量和测量的技术，可以减少这种类型的不确定性，尽管不能完全消除它。

2) 分辨率或尺度

分辨率对数据质量影响最重要的方面是数据的空间尺度，另外还包括数据的时空分辨率及变量分辨率。

空间分辨率对地理现象的表达具有影响。高分辨率的数据，空间单元较小，可能包含高水平的噪声，对识别结构产生影响。例如，小区域的疾病率常表现出高水平的变化，即统计意义中的极值率较大；但在描述具体信息时，越小的空间单元对空间对象的描述就越精确。另外，当数据集处于不同的空间框架或数据集具有不同的分辨率尺度时，空间分辨率将对属性值的精度产生影响。

时空分辨率是指数据集时间推移周期不同，可能产生类似于空间分辨率导致的问题。例如，根据时间周期长度进行聚合计数可能掩盖小尺度上的变化，但会增加样本的计数，计算的比率更加稳定。

变量分辨率是指属性或其他测量结果的精度。在空间数据可视化中，它是指分类的详细程度，包括分区标准及数量的选择等。

3) 一致性

一致性被定义为数据在数据库中没有矛盾，它是指关于空间数据结构的逻辑规则及属性规则及其用于描述数据集和其他数据的数据兼容性。可建立来自数学理论的规则和公式检查，以检查数据集内部和不同数据层之间的数据一致性，如空间对象的拓扑规则检查、属性值之间的矛盾性检查等。

4) 完整性

数据的完整性反映了数据集缺失数值、不足计数和过量计数等问题，与数据误差可能存在重叠。空间数据的不完整性可能会对比较分析、空间变化分析和描述带来影响。另外，还存在随着时间的推移，研究对象发生变化的情况，这需要在数据库中及时更新相关属性信息或者按新的对象对数据库进行补充、删除、更新等操作。

1.2　空间数据分析

1.2.1　内涵

空间数据分析从地理空间的视角描述和分析问题，是地理学日益受关注的研究手段与方法。空间数据分析本质上是一种思维方式和工具，且具有明显的多学科交叉特征，其显著特点是思想多源、方法多样、技术复杂。因此，不同领域对空间数据分析的方法内涵和外延不同，关于空间数据分析的称谓也有所不同，如空间分析(spatial analysis)、空间数据分析(spatial data analysis)、空间统计(spatial statistics)、地统计(geostatistics)等。空间统计和空间数据分析主要包括点状分布现象的空间格局，着重研究建立各种空间结构回归模型及其稳健解法，以及当今研究中引入的智能计算方法如神经网络、遗传算法等。地统计学的主要内容是利用统计学中的矩方法、变异函数和最小二乘法进行空间线性推测的克里金(Kriging)方法。鉴于空间数据分析内涵的丰富性，学者们从不同的角度对空间数据分析的定义进行了分析总结。

Unwin 是较早对空间数据分析概念进行论述的学者。他将地理数据分为点、线、面和空间连续性数据四类，并进行参数描述和图形分析(Unwin, 1981)。O'Sullivan 和 Unwin(2003)认为在不同领域中至少存在四种相互联系的空间数据分析概念，分别是空间数据操作(spatial data manipulation)、空间数据分析、空间统计分析(spatial statistical analysis)及空间建模(spatial modeling)。Ripley(1981)则从空间统计学的角度对空间数据进行了运算与分析。Goodchild(1987)将空间分析定义为对数据的空间信息、属性信息及二者共同信息的统计描述或说明，并首次对空间分析的框架做了较为系统的研究。他将空间分析分为两大类：一类是"产生式(product mode)分析"，通过这些分析可以获取新的信息，尤其是综合信息，实质是提取显式存储空间信息；另一类是"咨询式(query mode)分析"，旨在回答用户的一些问题，其实质是提取隐式存储空间信息。Haining(1980)认为空间数据分析是基于空间对象及空间布局的地理数据分析，对实体的空间分布进行了定量研究与描述。Bailey 和 Gatrell(1995)认为空间数据分析是指应用逻辑或数学模型分析空间数据或空间观测值，为制定规划和决策服务的一项技术。李德仁(1993)认为空间查询和空间数据分析是指从 GIS 目标之间的空间关系中获取派生的信息和新的知识。郭仁忠(2001)认为空间数据分析是基于地理对象位置和形态特征的数据分析技术，其目的在于提取和传输空间信息。

关于空间数据分析概念及内容的讨论很多，且在不同领域中应用与论述时各有侧重点。综合现有的研究，通常可以将空间数据分析视为涵盖了空间分析、空间统计与建模等内容的一般意义上的概念，将空间数据分析定义为分析中包含空间对象位置信息的技术与方法(Longley et al., 2005)。一般可以将空间数据分析的内容归纳为：①空间图形分析，包括空间数据的量算、几何操作，如长度、面积、形状的量测，空间重心的计算，叠加分析，缓冲区分析，相交分析及基于空间关系的查询等。②空间数据统计分析，主要是采用统计方法对空间数据特征、性质进行描述或探测。主要包括两部分内容：一部分是对空间数据的探索性分析，如研究空间数据的基本统计特征，识别异常值，为后续分析做准备等；另一部分是空间统计分析，即发展专门的空间统计分析方法对空间数据的性质进行描述和解释，如空间点格局分析、景观格局分析、地统计学等。③空间回归模型与建模，借助空间回归模型，旨在对空间现象之间的依赖关系或交互作用进行描述，主要包括构建模型、预测空间过程及结果，如社会经济学中的人口迁移模型。④地理模拟与智能计算模型，如元胞自动机、多智能体、神经网络等。基于此，本教材将空间数据分析定义为分析空间数据、挖掘空间信息、统计空间规律、解决空间问题所涉及的基本理论、方法与技术的总称。

1.2.2　发展

地理学家很早就已经采用空间数据分析的方法对各类地理问题进行研究，如样方方法(Gleason, 1920)、应用二元权重对间隔数据的检验(Moran, 1950a; Geary, 1954)、植物群落空间分布模式的研究(Goodall, 1952)、最近邻距离方法(Clark and Evans, 1954)。早期的研究大多从几何学观点出发，侧重于用最近邻方法(nearest neighbor analysis, NNA)及用位置数据描述空间点模式的分析。空间数据分析概念的提出和飞跃式发展很大程度上获益于 20 世纪 20 年代开始的数量地理(quantitative geography)革命。数量地理学是应用数学思想方法和计算机技术进行地理学研究的科学，早期以一般统计方法的应用为主，通过地理事物与现象空间关联的分析，把握人流、物流、信息流等方面的地理信息。20 世纪 60 年代在电子计算机技术推动下的计量革命为地理学带来了新工具与新思维。计量地理学(geographimetrics)的出现改变了地理学以记录和描述地理现象为主要研究手段的传统，促进了地理学定量分析技术的发展，对数学在地理学中的应用起到了普及和推动作用。1970 年，Tobler 提出了描述地理现象空间作用关系的"Tobler 定律"，即"Everything is related to everything else, but near things are more related than distant things."，这一定律的提出使得地理现象的空间自相关性在研究中得到重视。Cliff 和 Ord(1969, 1973)提出了空间自相关的概念，使研究者能够从统计上评估数据的空间依赖程度，并展示了在空间随机性条件下如何检验回归分析中的误差，揭示了空间加权矩阵的本质。20 世纪 70 年代中期多元统计方法和随机过程引入地理学研究领域，70 年代末期地理学者引进数据处理技术，并与数据库和信息系统技术相结合，利用数学工具深入研究了区域自然、社会、经济、人口等过程的各类数学模型，阐明了地理现象的空间分布规律和模式，进行了有关地理结构和地理组织的演绎。空间数据分析发展中兼容并蓄着系统论、控制论、决策论、信息论等其他学科的相关内容和方法，极大地丰富了其理论基础。统计学家 Ripley 于 1981 年对空间分布模式进行了卓有成效的研究和总结，提出了测度空间点模式的 K 函数方法等。OpenShaw(1984)等对空间数据中的可塑面积单元问题进行了深入的探讨。Matheron 的《区域化变量理论》为后来的地统计学的迅速发展奠定了基础。随着对地理数据空间特质的重视和空间统计模型的提出，以描述全局特征为主的传统统计分析方法逐渐向以描述局部特征为主的统计分析方法转变，在这一时期，考虑空间自相关的空间回归模型或空间自回归模型被提出并在计量地理学中得到了重要的应用。在这一阶段，围绕地理现象的空间本质和地理数据的空间性质，建立了地理学的空间数据分析理论和方法体系。这一阶段是计量地理学和现代空间数据分析方法发展过程中十分重要的时期，也奠定了现代空间数据分析的理论基础。

20 世纪 70 年代以来，地理信息技术的产生与发展也对地理学研究产生了深远的影响，为地理学的研究提供了新的技术支持，且形成了以地理信息科学为核心的新的研究领域，为解决区域范围更广、复杂性更高的现代地学问题提供了新的分析方法和技术保障。20 世纪 90 年代以来,随着计算机与信息技术的飞速发展,尤其是地理信息系统(geographic information system, GIS)的广泛应用，其与空间数据分析相互结合与促进显示出巨大的潜力。空间数据分析蓬勃发展，空间数据分析的关键技术也发生了重要变化。计算地理学(computation geography)成为空间数据分析的核心内容，是信息时代地理学的标志，主要研究利用计算机技术与方法模拟地理过程的方法体系，主要内容包括空间数据挖掘、空间运筹、地理数值模拟、地理非数值模拟、地理计算软件工程和地理计算模式等。GIS 与遥感等新的技术保证了空间数据的丰富多样，新的空间数据分析模型与方法不断提出，以数据为驱动的探索性空间分析技术、可视化技术、空间数据挖掘技术、空间智能计算(如神经网络、多智能体、遗传算法等)受到重视。空间数据分析已经从地理学的典型应用逐步向生态学、流行病学、资源环境等领域传播，广泛应用于认知、预测和调控自然生态环境与社会经济过程。空间数据分析的发展如图 1-5 所示。

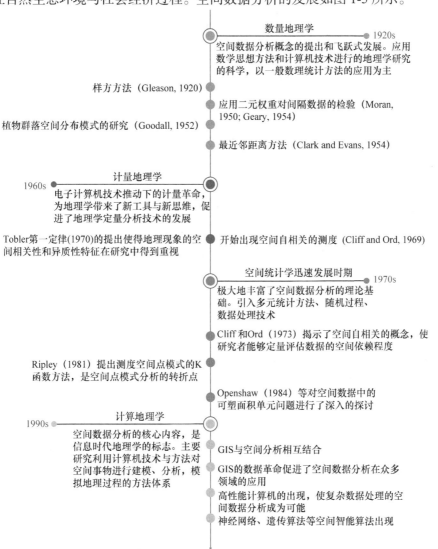

图 1-5 空间数据分析的发展

　　空间数据分析是地理信息科学的核心领域，是地理学分析方法中区别于其他定量分析方法的推演分析框架和体系。空间数据分析侧重于围绕地理学问题的"空间"本质建立模型。传统统计方法关注的是全局性的建模问题，缺乏对空间作用关系的描述，忽略空间特征对空间数据分析带来的影响，致使模型在解释地理问题时遇到困难，因此在传统统计分析方法的基础上引进描述空间关系和互作的特征量，发展适合于描述地理问题的模型方法是空间数据分析技术的主要任务。空间数据分析的核心是解决地理空间问题，学界建立了空间自相关、空间异质性等一系列地理概念和理论模式，发展了空间统计、空间点模式、空间回归、地统计、空间相互作用等描述地理问题的分析方法和技术，至今已经形成了较为完整的体系。

1.3　本书内容与章节安排

　　综合不同学者对空间数据分析的观点，本书通过梳理当前空间数据分析的研究内容与成果，以兼顾基础与前沿研究为原则，在介绍一些广为认可的空间数据分析内容的前提下，也对空间数据分析的发展新趋势进行了介绍；另外，本书主要对空间数据分析的内涵与应用进行介绍，对地理信息系统原理、地图学等相关学科的内容进行适量精简，并注重将空间数据分析内容及结果应用到实际问题中。本书内容可以概括为四个部分：空间数据分析概论、数理统计基础、空间关系分析、空间格局，共计7章(图1-6)。

　　第一部分为空间数据分析概论(第1章)，首先对空间数据的基本概念、内涵进行阐述，其次介绍空间数据的性质和特征，并对空间数据的不确定性进行讨论。然后，通过梳理空间数据分析的发展历程，总结不同学者对空间数据分析的定义与观点，对空间数据分析的概念进行归纳。

　　第二部分为数理统计基础，包含第2章与第3章，是本书的基础知识体系，主要针对空间数据的统计特征分析。其中，第2章为经典统计学，首先，以描述性统计为基础，介绍一系列属性特征统计量来描述空间数据的大小特征、离散程度、分布特征，以及利用简单图形表达数据信息。其次，根据样本容量大小，介绍正态分布与精确抽样理论，在此基础上，探讨了参数估计和假设检验两种推断统计。再次，详细介绍了相关分析的原理与方法，用于研究事物或现象之间是否存在某种依存关系。最后，介绍几种分类方法的基本思想与应用，包括聚类分析、判别分析和主成分分析(principal component analysis, PCA)。其中，聚类分析是根据事物本身的特性研究个体分类的方法，其原则是同一类中的个体有较大的相似性，不同类的个体差别比较大。判别分析是根据反映事物特点的变量值和它们所属的类求出判别函数，根据判别函数对未知所属类别的事物进行分类的一种分析方法，与聚类分析不同，它需要已知一系列反映事物特性的数值变量的值。主成分分析则利用降维(线性变换)的思想，在信息损失较少的前提下把多维指标转化为几个综合指标(主成分)，用综合指标来解释多变量的方差-协方差结构。第3章为统计关系分析，具体包括回归模型、结构方程模型、时间序列分析。回归分析是线性因果(或相关)关系建模方法论的基础。按照模型的类别，具体包括多元线性回归、广义线性回归、分位数回归、分层回归和分段回归。作为回归分析的延伸与拓展，结构方程模型是对潜在变量的线性因果关系进行建模的方法，是将因子分析引入路径分析后提出来的一种回归模型。时间序列分析是测定时间序列中存在的长期趋势、季节性变动、循环波动及不规则变动，并进行统计预测。

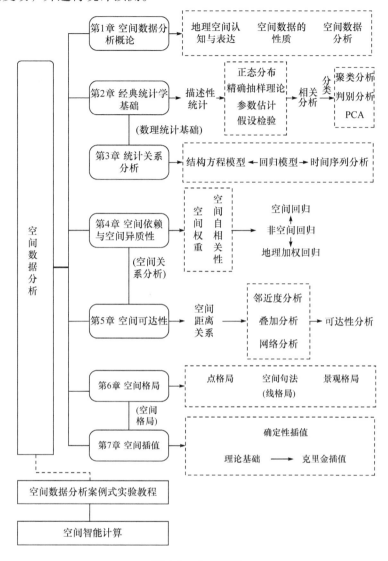

图 1-6　本书结构

第三部分为空间关系分析，包括第 4 章与第 5 章，是空间数据分析的核心。第 4 章为空间依赖与空间异质性，在介绍空间权重概念与构建方法的基础上，阐述全局和局部自相关统计量的计算方法。空间回归纳入了空间依赖，而地理加权回归则考虑了空间异质性。第 5 章首先介绍了空间数据距离关系的计算方法，其次介绍了邻近度分析和叠加分析的原理和应用，具体包括缓冲区分析、泰森多边形、矢量要素叠加分析和栅格叠加分析。在介绍网络的基本元素和网络数据集的基础上，探讨了最优/最短路径分析、连通分析、定位与配置分析的方法步骤与具体应用。最后，详细介绍了空间可达性的概念与度量模型，包括基于空间阻隔的方法、基于机会累积方法和基于空间相互作用的方法。

第四部分为空间格局，包含第 6 章与第 7 章。其中，第 6 章空间格局介绍了点格局(包括

Ripley's K 函数、O-ring 函数、标准差椭圆模型)、空间句法(线格局)和景观格局的分析方法，是对已知格局的描述。第 7 章空间插值则可以看作是对未知空间格局的预测，首先阐述了空间插值的基本概念，然后从确定性插值和克里金插值两方面详细介绍了常用的空间插值方法，前者包括趋势面分析法、变换函数法、土地利用回归、移动拟合法、局部多项式插值法、核密度估计、泰森多边形插值、三角剖分插值法、反距离加权法、样条函数插值法。在介绍克里金插值方法前，首先阐述了其理论基础，包括区域化变量、协方差函数和变异函数、理论假设、变异函数结构分析，等等，进而介绍了普通克里金法、简单克里金法、泛克里金法、对数正态克里金法、指示克里金法及协同克里金法。

第 2 章　经典统计学基础

统计学是一门关于用科学方法收集、整理、汇总、描述和分析数据资料，并在此基础上进行推断和决策的学科。狭义地说，统计这个术语被用来统指数据或者从数据中得到的一些数字，如平均数。在收集一组反映事物特征的数据时，尤其当数据量非常大时，观察整组数据通常是不可能或不切实际的。常用的方法是观察这个组中的一部分数据，即样本，而不是观测整个组，即总体。如果样本能够很好地反映总体特性，那么就可以通过对样本的分析来对总体下结论，在这种情况下进行的统计工作称为归纳统计或统计推断。因为这样的推断不能绝对肯定，所以在下结论时常常用到概率这一概念。如果仅仅描述和分析特定的对象而不下结论或不对较大的群体进行推断，在这种情况下进行的统计工作称为描述性统计学或演绎统计学。

针对不同类型的统计数据，本章首先探索数据性质，进行描述性统计，对数据趋势、分布形式进行分析。其次，从参数估计和假设检验两个不同的角度，利用样本对总体进行统计推断。最后提供了对统计数据的系统分析方法。利用相关分析探究非确定性关系；利用聚类把数据对象集划分成多个组或簇，用来发现一些子类别；判别分析是判别样品所属类型的一种统计方法；主成分分析是一种将众多的原有变量综合成较少几个综合指标，能够有效降低变量维数的分析方法。本章具体结构如图 2-1 所示。

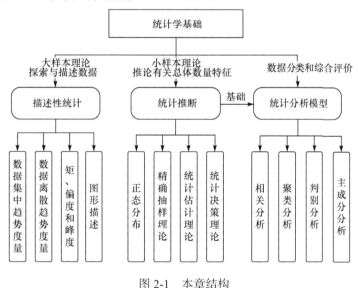

图 2-1　本章结构

2.1　描述性统计

对于成功的数据预处理而言，把握数据的全貌是至关重要的。在进行数据分析的时候，一般首先要对数据进行描述性统计分析(descriptive statistical analysis)，以便于描述测量样本的各种特征及其所代表的总体特征，并发现数据的内在规律，再选择进一步分析的方法。描述性统计分析以样本为研究对象，对调查总体所有变量的有关数据做统计性描述，可以用来识别数据的性质，凸显哪些数据值应该视为噪声或离群点。主要包括数据的集中趋势分析、数据离散程度分析、数据的分布，以及一些基本的统计图形。

2.1.1 数据集中趋势度量

平均值是一组数据典型的或有代表性的值，因为这样的典型值趋向于落在根据数值大小排列的数据的中心，所以平均值也称为集中趋势的度量，最常用的有：均值[算术平均(mean)、加权算术平均、几何平均及调和平均]，中位数(median)与分位数，众数(mode)与中列数(midrange)等。根据数据情况和使用的目的，每一类平均值都各有利弊。

1. 均值

尽管均值是描述数据集的最有用的单个量，是集中趋势的最主要测度值，但是它并非总是度量数据中心的最佳方法。均值对极端值很敏感。

1) 算术平均

N 个数 $x_1, x_2, \cdots, x_N$ 的算术平均，简称均值，用 $\overline{X}$ 表示，定义为

$$\overline{X} = \frac{\sum_{i=1}^{N} x_i}{N} = \frac{x_1 + x_2 + \cdots + x_N}{N} \tag{2.1.1}$$

例 2.1 假设有 12 个区域的物种数(单位：种)，按递增次序显示为：750，800, 860, 1000, 1100, 1100, 1250, 1300, 1300, 1360, 1540, 1620。使用式(2.1.1)，均值为

$$\overline{X} = \frac{750 + 800 + 860 + 1000 + 1100 + 1100 + 1250 + 1300 + 1300 + 1360 + 1540 + 1620}{12} = 1165$$

因此，12 个区域的平均物种数为 1165 种。

2) 加权算术平均

有时，需要在 $x_1, x_2, \cdots, x_N$ 上加某些加权因子(或权) $w_1, w_2, \cdots, w_N$ 来反映数字的重要性。此时 $\overline{x}$ 称为加权算术平均，定义为

$$\overline{x} = \frac{\sum_{i=1}^{N} w_i x_i}{\sum_{i=1}^{N} w_i} = \frac{w_1 x_1 + w_2 x_2 + \cdots + w_N x_N}{w_1 + w_2 + \cdots + w_N} \tag{2.1.2}$$

除算数平均值和加权算数平均值外，常用的均值还有几何平均值和调和平均值。

3) 几何平均

N 个正数 $x_1, x_2, \cdots, x_N$ 的几何平均 G 等于这些数乘积的 N 次方根，计算公式为

$$G = \sqrt[N]{\prod_{i=1}^{N} x_i} = \sqrt[N]{x_1 x_2 \cdots x_N} \tag{2.1.3}$$

几何平均值受极端值的影响较算术平均值小，它仅适用于具有等比或近似等比关系的数据，可以用于计算平均发展速度、复利下的平均年利率、连续作业的车间的产品平均合格率等。

例 2.2 假定某地储蓄年利率(按复利计算)5%持续 2 年，3%持续 1.5 年，2.2%持续 1.5 年，求此 5 年内该地平均储蓄年利率。

解：由式(2.1.3)得到该地平均储蓄年利率：

$$G = \sqrt[2+1.5+1.5]{1.05^2 \times 1.03^{1.5} \times 1.022^{1.5}} - 1 \approx 3.54\%$$

4) 调和平均

N 个数 $x_1, x_2, \cdots, x_N$ 的调和平均 H 等于这些数的倒数的算数平均的倒数, 计算公式为

$$H = \cfrac{N}{\cfrac{1}{x_1} + \cfrac{1}{x_2} + \cdots + \cfrac{1}{x_N}} = \cfrac{N}{\sum\limits_{i=1}^{N} \cfrac{1}{x_i}} \tag{2.1.4}$$

调和平均数易受极端值的影响, 且受极小值的影响比受极大值的影响更大; 只要有一个标志值为 0, 就不能计算调和平均数; 当组距数列有开口组时, 其组中值即使按相邻组距计算, 假定性也很大, 这时的调和平均数的代表性很不可靠。

调和平均数应用的范围较小。在实际中, 往往由于缺乏总体单位数的资料而不能直接计算算术平均数, 这时需用调和平均法来求得平均数。

例 2.3 某人骑自行车过桥, 上桥的速度为每小时 12km, 下桥的速度为每小时 24km。上下桥所经过的路程相等, 中间没有停顿。求此人过桥的平均速度。

解: 假设全程是 1, 平均速度=总路程/总时间。由公式(2.1.4)可以求出, $H=2/[(1/12)+(1/24)]=2/(3/24)=16$, 即此人过桥的平均速度为每小时 16km。

5) H、G、$\overline{X}$ 的关系

一组正数 $x_1, x_2, \cdots, x_N$ 的几何平均 G 小于等于它们的算术平均 $\overline{X}$, 但大于等于它们的调和平均 H, 用符号表示为

$$H \leqslant G \leqslant \overline{X} \tag{2.1.5}$$

当所有的数 $x_1, x_2, \cdots, x_N$ 相等时, 等号成立。

2. 中位数与分位数

一组数按照数值大小排列, 如果中间的数(奇数个)或两个中间数的算术平均(偶数个)把这组数分成了两个数据个数相等的部分, 那么这样的数称为中位数。每部分包含了50%的数据, 一部分数据比中位数大, 另一部分则比中位数小。

按照这种思路, 将那些把一组数分成 4 个相等部分的数用 Q_1、Q_2、Q_3 表示, 分别称为第一个、第二个、第三个四分位数, 其中 Q_2 等于中位数。

同样地, 把一组数分为 10 个相等部分的数称为十分位数, 并且用 D_1、D_2、$\cdots$、D_9 表示; 把一组数分为 100 个相等部分的数称为百分位数, 用 P_1、P_2、$\cdots$、P_{99} 表示。其中第五个十分位数和第五十个百分位数与相应的中位数一致。

四分位数、十分位数、百分位数及其他通过等分数据而得到的数统称为分位数。

例 2.4 找出例 2.1 中数据的中位数。

该数据已经按递增顺序排序。有偶数个观测(即 12 个观测), 因此中位数不唯一。它可以是最中间两个值1100 和1250(即数列中的第 6 个和第 7 个值)中的任意数。根据约定, 指定这两个最中间的值的平均值为中位数, 即 $\dfrac{1100+1250}{2} = \dfrac{2350}{2} = 1175$。于是, 中位数为 1175(种)。

假设该列表只有前 11 个值, 则中位数是最中间的值, 是列表的第 6 个值, 其值为 1100。

当观测的数量很大时, 中位数的计算开销很大。然而, 对于数值属性, 可以很容易计算中位数的近似值。假定数据根据它们的 x_i 值划分成区间, 并且已知每个区间的频率(即数据值的个数)。例如, 可以根据物种数将不同地区划分为 500~1000 种、1000~2000 种等区间。令包含中位数频率的区间为中位数区间。可以使用如下公式, 计算整个数据集的中位数近似

值(如物种数的中位数):

$$median = L_1 + \left(\frac{N/2 - (\sum freq)_l}{freq_{median}}\right) width \tag{2.1.6}$$

其中，L_1 为中位数区间的下界；N 为整个数据集中值的个数；$(\sum freq)_l$ 为低于中位数区间的所有区间的频率和；$freq_{median}$ 为中位数区间的频率；width 为中位数区间的宽度。

3. 众数

一组数的众数是集合中出现次数最多的那个数。众数不一定存在，即使存在也不一定唯一。

一般地，只有一个众数的分布称为单峰的(unimodal)；具有两个或更多众数的数据集合是多峰的(multimodal)，具有两个、三个众数的数据集合分别称为双峰的(bimodal)和三峰的(trimodal)；在另一种极端情况下，如果每个数据值仅出现一次，则没有众数。

当用分类资料的频数曲线来拟合数据时，众数是曲线上最大值点的 X 值，常用 $\hat{X}$ 表示，根据频数分布或直方图计算众数 $\hat{X}$ 的公式为

$$\hat{X} = L_1 + \left(\frac{\Delta_1}{\Delta_1 + \Delta_2}\right)c \tag{2.1.7}$$

其中，L_1 为包含众数的组的下组界；Δ_1 为众数频数减去前一组的频数；Δ_2 为众数频数减去后一组的频数；c 为包含众数组的组距宽度。

例 2.5 例 2.1 的数据是双峰的，两个众数为 1100(种)和 1300(种)。

4. 均值、中位数、众数间的经验关系

对于适度倾斜(非对称)的单峰频数曲线，有以下经验关系：

$$mean - mode \approx 3 \times (mean - median) \tag{2.1.8}$$

这意味着如果均值和中位数已知，则适度倾斜的单峰频率曲线的众数容易近似计算。

图 2-2 表示了单峰频数曲线的均值、中位数、众数的相对位置。对于对称曲线，均值、中位数和众数都是相同的中心值，如图 2-2(a)所示。在大部分实际应用中，数据是不对称的。它们可能是正倾斜(向右偏)的，其中众数出现在小于中位数的值上[图 2-2(b)]；或者是负倾斜(向左偏)的，其中众数出现在大于中位数的值上[图 2-2(c)]。

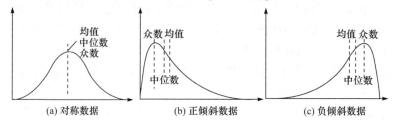

图 2-2 对称、正倾斜和负倾斜数据的中位数、均值和众数

5. 中列数

中列数也可以用来评估数值数据的中心趋势。中列数是数据集的最大值和最小值的平均值。

例 2.6 例 2.1 数据的中列数为 $\frac{750 + 1620}{2} = 1185$(种)。

2.1.2 数据离散程度度量

数值数据围绕其平均值分布的分散与集中程度称为数据的离差或变差。根据不同的度量，

可以定义不同的离差,常用的有极差、平均偏差、半内四分位数间距、10～90 百分位数间距、方差和标准差等。

1. 极差

一组数的极差(range)或全距是这组数中最大的数(max)与最小的数(min)的差。

例 2.7　极差。如对于例 2.1 中的数据,极差为 1620–750=870。有时,极差(全距)也可简单地用最大的数与最小的数来表示。此例中全距可表示为 750～1620。

2. 平均偏差

N 个数 $x_1, x_2, \cdots, x_N$ 的平均偏差记为 MD,定义如下:

$$\text{MD} = \frac{\sum\limits_{j=1}^{N} \left| x_j - \overline{X} \right|}{N} = \frac{\sum \left| x - \overline{X} \right|}{N} = \overline{\left| x - \overline{X} \right|} \tag{2.1.9}$$

其中,$\overline{X}$ 为这 N 个数的算数平均;$\left| x_j - \overline{X} \right|$ 为 x_j 与 $\overline{X}$ 差的绝对值。

3. 半内四分位数间距

一组数据的半内四分位数间距或半内四分距用 Q 表示,定义为

$$Q = \frac{Q_3 - Q_1}{2} \tag{2.1.10}$$

其中,Q_1 和 Q_3 分别为数据的第一和第三个四分位数。有时也会用四分位数间距或四分位数极差(inter quartile range, IQR) $Q_3 - Q_1$,但是半内四分位数间距更多地作为离差的度量。

例 2.8　半内四分位数间距。四分位数是 3 个值,把排序的数据集划分成 4 个相等的部分。例 2.1 的数据包含 12 个观测值,已经按递增序排序。这样,该数据集的四分位数分别是该有序数列的第 3、第 6 和第 9 个值。因此,$Q_1 = 860$(种),而 $Q_3 = 1300$(种)。于是,半内四分位数间距为 $Q = (1300 - 860)/2 = 220$(种)。

4. 10～90 百分位数间距

一组数的 10～90 百分位数间距定义为

$$P = P_{90} - P_{10} \tag{2.1.11}$$

其中,P_{10} 和 P_{90} 分别为数据的第 10 个和第 90 个百分位数。半 10～90 百分位数 $\frac{1}{2}(P_{90} - P_{10})$ 不经常使用。

5. 方差和标准差

N 个数 $x_1, x_2, \cdots, x_N$ 的标准差(standard deviation)用 s 表示,定义为

$$s = \sqrt{\frac{1}{N} \sum_{i=1}^{N} (x_i - \overline{x})^2} \tag{2.1.12}$$

方差(variance)是各变量值与其平均数离差平方的平均数,一组数据的方差定义为标准差的平方:

$$s^2 = \frac{1}{N} \sum_{i=1}^{N} (x_i - \overline{x})^2 \tag{2.1.13}$$

当有必要区别总体的标准差和从这个总体抽取的样本的标准差时,常用符号 s 代表样本的标准差,σ 代表总体的标准差,因此 s^2 和 σ^2 分别代表样本方差和总体方差。

有时在定义一个样本数据的标准差时,式(2.1.12)的分母常用 $N{-}1$ 代替 N,这样产生的值

是总体标准差的较好估计。通常当 $N>30$ 时，这两种定义的区别不大。同样，可以根据以上定义得到的标准差乘以 $\sqrt{N/(N-1)}$ 而得到这个较好的估计值。

6. 离差度量间的经验关系

对于微斜(非对称)的分布，有以下经验关系：

$$平均偏差=\frac{4}{5}标准差$$

$$半内四分位数间距=\frac{2}{3}标准差 \tag{2.1.14}$$

这是因为对于正态分布，统计发现平均偏差和半内四分位数间距分别是标准差的 0.7979 倍和 0.6745 倍。

7. 变异系数

从标准差或其他离差得到的真实离差称为绝对离差。然而在测量距离为 1000 英尺(1 英尺=30.48 厘米)时，10 英寸(1 英寸=2.54 厘米)的离差产生的影响与测量距离 20 英尺的 10 英寸的离差产生的影响是有很大区别的。这种影响的程度可用相对离差来减弱，其定义为

$$相对离差=\frac{绝对离差}{平均值} \tag{2.1.15}$$

当绝对离差是标准差 s，平均值是均值 $\overline{X}$，那么相对离差称为变异系数(cofficient of variation)，用 CV 表示：

$$CV=\frac{s}{\overline{X}} \tag{2.1.16}$$

CV 没有量纲，通常表示为百分数，可以用于不同单位的分布的客观比较。但当均值 $\overline{X}$ 接近于零时，变异系数会失去效用。

2.1.3 矩、偏度和峰度

1. 矩

如果 $x_1, x_2, \cdots, x_N$ 是变量 X 的 N 个值，定义

$$\overline{X^r}=\frac{x^r_1+x^r_2+\cdots+x^r_N}{N}=\frac{\sum\limits_{i=1}^{N}x^r_i}{N} \tag{2.1.17}$$

为 r 阶矩。当 $r=1$ 时，一阶矩就是均值 $\overline{X}$。

r 阶中心矩定义为

$$m_r=\frac{\sum\limits_{i=1}^{N}(x_i-\overline{X})^r}{N}=\overline{(X-\overline{X})^r} \tag{2.1.18}$$

当 $r=1$ 时，$m_1=0$；当 $r=2$ 时，$m_2=s^2$ 为方差。

为了避免特殊的单位，定义无量纲矩：

$$a_r=\frac{m_r}{s^r}=\frac{m_r}{(\sqrt{m_2})^r}=\frac{m_r}{\sqrt{m_2^r}} \tag{2.1.19}$$

其中，$s=\sqrt{m_2}$ 为标准差。由于 $m_1=0$，$m_2=s^2$，有 $a_1=0$，$a_2=1$。

2. 偏度

偏度是一个分布中不对称程度或偏离对称程度的反映。如果分布的频数曲线右边的尾部比左边的长，则称分布是右偏或正偏；反之，则称分布是左偏或负偏。

对于斜分布，均值和众数都落在尾部较长的一边，如图 2-2 所示。因此均值与众数的差就可用来度量不对称性，若再除以离差，如标准差，就可得到偏度的无量纲形式：

$$偏度 = \frac{均值 - 众数}{标准差} = \frac{\overline{X} - \text{mode}}{s} \tag{2.1.20}$$

依据经验关系，有

$$偏度 = \frac{3(均值 - 中位数)}{标准差} = \frac{3(\overline{X} - \text{median})}{s} \tag{2.1.21}$$

式(2.1.20)和式(2.1.21)分别称为 Pearson 第一和第二偏度系数。

根据四分位数和百分位数可定义其他偏度变量：

$$四分位偏度系数 = \frac{(Q_3 - Q_2) - (Q_2 - Q_1)}{Q_3 - Q_1} = \frac{Q_3 - 2Q_2 + Q_1}{Q_3 - Q_1} \tag{2.1.22}$$

$$10\sim90\,百分位偏度系数 = \frac{(P_{90} - P_{50}) - (P_{50} - P_{10})}{P_{90} - P_{10}} = \frac{P_{90} - 2P_{50} + P_{10}}{P_{90} - P_{10}} \tag{2.1.23}$$

也可以用无量纲形式的四阶矩来度量偏度：

$$矩偏度系数 = a_3 = \frac{m_3}{s^3} = \frac{m_3}{(\sqrt{m_2})^3} = \frac{m_3}{\sqrt{m_2^3}} \tag{2.1.24}$$

有时也用 $b_1 = a_3^2$ 来度量偏度。对于完全对称的曲线，如正态曲线，b_1 和 a_3 都是 0。

3. 峰度

峰度是数据分布陡峭程度的反映。通常是相对于正态分布而言，有一个相对较高的顶峰的分布称为尖峰的；顶峰较为平坦的分布称为扁峰的；对于正态分布，没有较高和较平坦的顶峰，称为常峰态的。

也可以用无量纲形式的三阶矩来度量偏度：

$$矩峰度系数 = a_4 = \frac{m_4}{s^4} = \frac{m_4}{m_2^2} \tag{2.1.25}$$

a_4 也常记作 b_2。对于正态分布，$b_2 = a_4 = 3$。因此，峰度有时也定义为 $b_2 - 3$。$b_2 - 3$ 取正就意味着尖峰分布，取负就意味着扁峰分布，值为 0 就是正态分布。

峰度系数的绝对值越大表示其分布形态的陡缓程度与正态分布的差异程度越大。

另一种度量峰度的方法建立在四分位数和百分位数的基础上，定义为

$$\kappa = \frac{Q}{P_{90} - P_{10}} \tag{2.1.26}$$

其中，κ 为百分位峰度系数；$Q = \dfrac{Q_3 - Q_1}{2}$ 为半内四分位数间距。对于正态分布 $\kappa = 0.263$。

2.1.4　图形描述

本节介绍描述性统计的图形显示，包括分位数图、分位数-分位数图、直方图和散点图。这些图形有助于直观地审视数据，对于数据预处理是有用的。前三种图显示一元分布(即一个属性的数据)，而散点图显示二元分布(即涉及两个属性)。

1. 分位数图

分位数图(quantile plot)是一种观察单变量数据分布的简单有效方法。首先，它显示给定属性的所有数据。其次，它绘出了分位数信息(见 2.1.1 节)。对于某序数或数值属性 X，设 $x_i(i=1,\cdots,N)$ 是按递增序排序的数据，使得 x_1 是最小的观测值，而 x_N 是最大的。每个观测值 x_i 与一个百分数 f_i 配对，大约 $f_i \times 100\%$ 的数据小于值 Q_3，此处说"大约"，是因为可能没有一个精确的小数值 f_i，使得数据的 $f_i \times 100\%$ 小于值 x_i。注意，百分比 0.25 对应于四分位数 Q_1，百分比 0.50 对应于中位数，而百分比 0.75 对应于 Q_3。令

$$f_i = \frac{i - 0.5}{N} \tag{2.1.27}$$

这些数从 $\frac{1}{2N}$ (稍大于0)到 $1 - \frac{1}{2N}$ (稍小于1)，以相同的步长 $1/N$ 递增。在分位数图中，x_i 对应于 f_i 画出。这使得我们可以基于分位数比较不同的分布。例如，给定两个不同时间段的销售数据的分位数图，一眼就可以比较它们的 Q_1、中位数、Q_3 及其他 f_i 值。

例 2.9 分位数图。图 2-3 显示了表 2-1 的单价数据的分位数图。

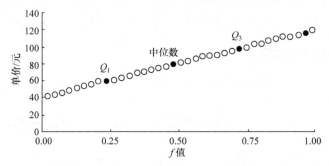

图 2-3　表 2-1 的单价数据的分位数图

表 2-1　某部门销售的商品单价数据集

单价/元	商品销售量
40	275
43	300
47	250
⋮	⋮
115	320
117	270
120	350
⋮	⋮

2. 分位数-分位数图

分位数-分位数图(quantile-quantile plot, q-q 图)通过两个观测集绘制某一单变量分布的分位数，使得用户可以观察从一个分布到另一个分布是否有漂移。

假定对于属性或变量单价，有两个观测集，取自两个不同的部门。设 $x_1, \cdots, x_N$ 是取自第一个部门的数据，$y_1, \cdots, y_M$ 是取自第二个部门的数据，其中每组数据都已按递增序排序。如果 $M=N$(即每个集合中的点数相等)，则简单地对着 x_i 画 y_i，其中 y_i 和 x_i 都是它们的对应数据集的第 $(i-0.5)/N$ 个分位数。如果 $M<N$(即第二个部门的观测值比第一个少)，则可能只有 M

个点在 q-q 图中。这里，y_i 是 y 数据的第 $(i-0.5)/M$ 个分位数，对着 x 数据的第 $(i-0.5)/M$ 个分位数画。在典型情况下，该计算涉及插值。

例 2.10　分位数-分位数图。图 2-4 显示在给定的时间段两个不同部门销售的商品的单价数据的分位数-分位数图。每个点对应于每个数据集的相同的分位数，并对该分位数显示部门 1 与部门 2 的销售商品单价(为帮助比较，画了一条直线，它代表对于给定的分位数，两个部门的单价相同的情况。此外，加黑的点分别对应于 Q_1、中位数和 Q_3)。

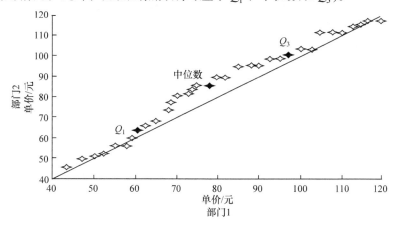

图 2-4　两个不同部门的单价数据的分位数-分位数图

例如，在 Q_1，部门 1 销售的商品单价比部门 2 稍低。换言之，部门 1 销售的商品有 25% 低于或等于 60 元，而在部门 2 销售的商品有 25% 低于或等于 64 元。在第 50 个分位数(标记为中位数，即 Q_2)，部门 1 销售的商品有 50% 低于或等于 78 元，而在部门 2 销售的商品有 50% 低于或等于 85 元。一般地，部门 1 的分布相对于部门 2 有一个漂移，因为部门 1 销售商品单价趋向于比部门 2 低。

3. 直方图

直方图(histogram)或频率直方图(frequency histogram)已经出现一个多世纪，并且被广泛使用。"histo"意指柱或杆，而"gram"表示图，因此 histogram 是柱图。直方图是一种概括给定属性 X 分布的图形方法。如果 X 是标称的，如汽车型号或商品类型，则对于 X 的每个已知值，画一个柱或竖直条。条的高度表示该 X 值出现的频率(即计数)。结果图更多地称作条形图(bar chart)。

如果 X 是数值的，则更多使用术语直方图。X 的值域被划分成不相交的连续子域。子域称作桶(bucket)或箱(bin)，是 X 的数据分布的不相交子集。桶的范围称为宽度，通常情况下各桶是等宽的。例如，值域为 1～200 元(对最近的元取整)的价格属性可以划分成子域 1～20 元，21～40 元，41～60 元，等等。对于每个子域，画一个条，其高度表示在该子域观测到的商品的计数。

例 2.11　直方图。图 2-5 显示了表 2-1 的数据的直方图，其中桶(或箱)定义成等宽的，代表增量 20 元，而频率是商品的销售数量。

尽管直方图被广泛使用，但是对于比较单变量观测组，它可能不如分位数图和 q-q 图方法有效。

4. 散点图

散点图(scatter plot)是确定两个数值变量之间是否存在关联的最有效的图形方法之一。为构造散点图，每个值被视为一个代数坐标对，并作为一个点画在平面上。图 2-6 为表 2-1 中数据的散点图。

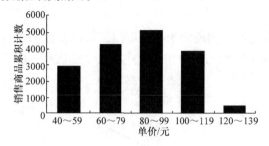

图 2-5 表 2-1 中数据的直方图

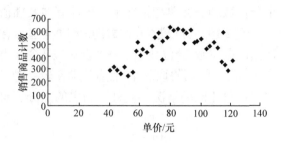

图 2-6 表 2-1 中数据的散点图

散点图可用于观察点簇和离群点，或考察相关性。图 2-7 显示了两个属性之间正相关和负相关的例子。如果标绘点的模式从左下到右上倾斜,则意味着 X 的值随 Y 的值增加而增加,暗示正相关[图 2-7(a)]。如果标绘点的模式从左上到右下倾斜，则意味着 X 的值随 Y 的值减小而增加，暗示负相关[图 2-7(b)]。可以画一条最佳拟合的线，研究变量之间的相关性。图 2-8 显示了三种情况，每个给定的数据集的两个属性之间都不存在相关关系。

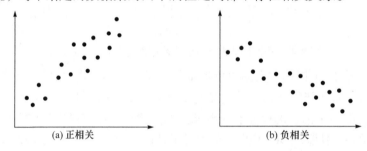

图 2-7 散点图可以用来发现属性之间的相关性

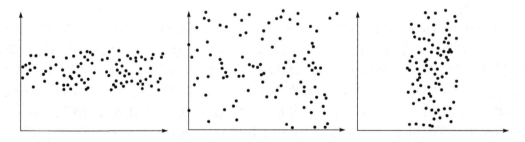

图 2-8 两个属性无相关关系的散点图

5. 五数概括、盒图与离群点

对于描述倾斜分布(如图 2-2 所示的对称和倾斜的数据分布)，单个散布数值度量(如四分位数极差 IQR)都不是很有用。在对称分布中，中位数(和其他中心度量)把数据划分成相同大小的两半。对于倾斜分布，情况并非如此。因此，除中位数之外，提供两个四分位数 Q_1 和 Q_3 更加有益。识别可疑的离群点的通常规则是，挑选落在第 3 个四分位数之上或第 1 个四分位数之下至少 $1.5 \times IQR$ 处的值。

因为 Q_1、中位数和 Q_3 不包含数据的端点(如尾)信息，分布形状完整性的概括可以通过同时提供最高和最低数据值得到，这称为五数概括(five-number summary)。分布的五数概括由中位数(Q_2)、四分位数(Q_1 和 Q_3)、最小观测值(minimum)和最大观测值(maximum)组成，按次序 minimum,Q_1,中位数,Q_3,maximum 写出。

盒图(boxplot)是一种数值分布的直观表示。盒图体现了五数概括。

盒的端点一般在四分位数上，使得盒的长度是四分位数极差 IQR。

(1) 中位数用盒内的线标记。

(2) 盒外的两条线(称为胡须)延伸到最小和最大观测值。

当处理数量适中的观测值时，值应当绘出个别可能的离群点。在盒图中这样做：仅当最高和最低观测值超过四分位数不到 1.5×IQR 时，胡须扩展到它们；否则，胡须在出现在四分位数的 1.5×IQR 之内的最极端的观测值处终止，剩下的情况个别地绘出。

例 2.12　盒图。图 2-9 为在给定时间段 4 个部门销售的商品单价数据的盒图。对于部门 1，销售产品单价的中位数是 80 元，Q_1 是 60 元，Q_3 是 100 元。注意，该部门的两个边远的观测值被个别地绘出，因为它们的值 175 和 202 都超过 IQR 的 1.5 倍，这里 IQR=40。

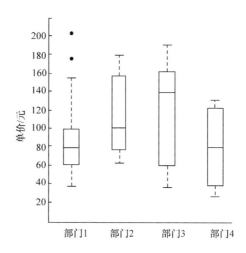

图 2-9　在给定时间段 4 个部门销售的商品单价数据的盒图

盒图可以在 $O(n\log n)$ 时间内计算。依赖于所要求的质量，近似盒图可以在线性或子线性时间内计算。

2.2　正态分布

2.2.1　背景介绍

1. 正态分布的提出与发展

正态分布(normal distribution)无论是作为一个描述数据的统计模型，还是其在统计学理论上所起的作用，都有着十分重要的意义。正态分布起源于误差分析，早期的天文学家通过长期对一些天体的观测收集到了大量数据，给出了建模及数据拟合的最初例子。天文学问题逐渐引导到算数平均，以及参数模型中的种种估计方法。其中最小二乘法重要地位的确定，在极大程度上取决于有效的测量误差理论的确立，是最小二乘法与统计分析相联系的纽带。伽利略在其著作中第一次提出随机误差(观测误差)这一概念。他指出：①所有的观测值都可以有误差，其来源可归因于观测者、仪器工具及观测条件；②观测误差对称地分布在 0 的两侧；③小误差出现得比大误差更频繁。他从定性的角度讨论了误差分布特征，成为日后学者研究这一问题的出发点。正态分布的概念是德国的数学家和天文学家棣莫弗(de Moivre)于 1733 年首次提出的，而德国数学家高斯(Gauss)率先将其应用于天文学研究，在 1809 年提出"正态误差"理论，故正态分布又叫做高斯分布。因其曲线呈钟形，也常称为钟形曲线。

19 世纪以前，统计学的产生最初与"编制国情报告"有关，主要服务于政府部门，统计学面对的是统计数据，是对多个不同对象的测量；而误差分析研究的是观测数据，是对同一个对象的多次测量。因此观测数据和统计数据在当时被认为是两种不同行为获取的数据，适用于观测数据的规律未必适用于统计数据；而概率论的产生主要与赌博有关，发展过程与误差分析紧密相连，与统计学交集非常小。奎特奈特将统计学与概率论结合起来，用数学的方法对社会现象进行了数据分析研究，推动了数理学的发展。他提出了一种使用正态曲线拟合数据的方法，并广泛地使用正态分布去拟合各种类型的数据。由此，正态分布的应用拓展到了广阔的社会与自然领域。高尔顿在奎特奈特的启发下，将统计方法用于生物学解释遗传现象，在他们的影响下，正态分布获得了普遍认可和广泛应用，甚至被滥用。

统计学所处理的数据一般都是大量的、自然采集的，所用的方法以拉普拉斯中心极限定理(即二项分布以正态分布为其极限分布定律)为依据，总是归结到正态。到了 19 世纪末期，数据与正态拟合欠佳的情况也日渐为人们所注意。进入 20 世纪之后，人工试验条件下所得数据的统计分析问题日渐被人们所重视。由于试验数据量有限，那种依赖于近似正态分布的传统方法开始招致质疑，这促使人们研究这种情况下正确的统计方法。在这个背景之下，学者们提出了统计学三大分布：χ^2 分布，用于分布曲线和数据的拟合优度检验；t 分布，描述正态样本中样本均值和标准差比值的分布，开创了小样本统计学的先河；F 分布，用于方差分析，系统地创立了极大似然估计，奠定了统计学参数估计的基础。在随后的发展中，相关回归分析、多元分析、方差分析、因子分析、布朗运动、高斯过程等统计分析方法陆续登上了历史舞台，正是这些和正态分布密切相关的方法，成为推动现代统计学飞速发展的一个强大动力。正态分布的起源与发展如图 2-10 所示。

2. 正态分布的优缺点

正态分布是许多统计方法的理论基础，t 检验、方差分析、相关和回归分析等多种统计方法均要求数据服从正态分布。杰恩斯(Jaynes, 2003)在 *Probability Theory: the Logic of Science* 中指出，正态分布在实践中被广泛地成功应用，主要是因为正态分布在数学上具有多种稳定性质，这些性质包括：①两个正态分布密度的乘积还是正态分布；②两个正态分布密度的卷积还是正态分布，也就是两个正态分布的和还是正态分布；③正态分布 $N(0,\sigma^2)$ 的傅里叶变换还是正态分布；④多个随机变量的求和效应将导致正态分布；⑤正态分布和其他具有相同方差的概率分布相比，具有最大熵。按照最大熵原理，应该在给定知识的限制下，选择熵最大的概率分布。因此按照最大熵的原理，即便数据的真实分布不是正态分布，但当对真实分布一无所知时，如果数据不能有效提供除了均值和方差之外更多的知识，正态分布就是最佳的选择。

对于概率分布规律基本都满足正态分布的问题，为了计算某种概率，可以通过数学建模利用正态分布方便地解决。一般来说，如果一个量是由许多微小的独立随机因素影响的结果，那么就可以认为这个量具有正态分布；许多概率分布可以用它来近似；还有一些常用的概率分布是由它直接导出的，如对数正态分布、t 分布、F 分布等；在一定条件下可以利用正态分布近似估算二项分布和泊松分布。正态分布主要适用于连续型数据，不适用于离散程度太大的数据。当有些数据不符合正态分布，不符合参数检验的要求时，可以使用非参数检验的方法，如 Wilcoxon 秩和检验。

2.2.2 定义及公式

正态分布又叫做高斯分布(Gaussian distribution)，是一个在数学、物理及工程等领域都非常重要的概率分布。统计学中，正态分布十分常见。例如，男女的身高、寿命、考试成绩、测量误差等就是符合正态分布的。

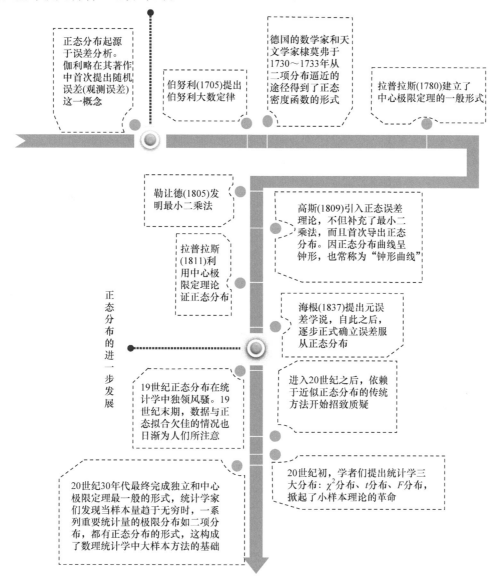

图 2-10　正态分布的起源与发展

其概率密度函数可以表示为

$$f(x) = \frac{1}{\sigma\sqrt{2\pi}} e^{-\frac{(x-\mu)^2}{2\sigma^2}}, -\infty < x < \infty \tag{2.2.1}$$

其中，μ 和 σ^2 为常数；μ 为随机变量 X 的均值(期望值)，决定了分布的位置；σ 为随机变量 X 的标准差，决定了分布的幅度；称 X 服从参数 μ 和 σ^2 的正态分布，记作 $X \sim N(\mu, \sigma^2)$ (图 2-11)。

设 $X \sim N(\mu, \sigma^2)$ ，X 的分布函数(图 2-12)公式为

$$F(x) = \frac{1}{\sigma\sqrt{2\pi}} \int_{-\infty}^{x} e^{\frac{(t-\mu)^2}{2\sigma^2}} dt \quad -\infty < x < \infty \tag{2.2.2}$$

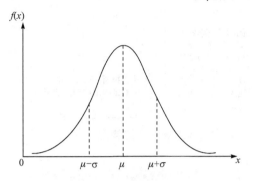

图 2-11　正态分布的概率密度曲线

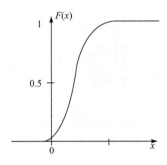

图 2-12　正态分布的分布函数

式(2.2.1)中 $\mu=0,\sigma=1$ 的正态分布称为标准正态分布。其函数曲线密度(图 2-13)和分布函数(图 2-14)用 $\varphi(x)$ 和 $\Phi(x)$ 表示为

$$\varphi(x) = \frac{1}{\sqrt{2\pi}} e^{\frac{x^2}{2}} \quad -\infty < x < \infty \tag{2.2.3}$$

$$\Phi(x) = \frac{1}{\sqrt{2\pi}} \int_{-\infty}^{x} e^{-\frac{t^2}{2}} dt \tag{2.2.4}$$

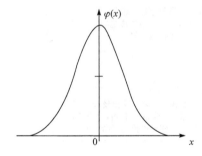

图 2-13　标准正态分布函数密度曲线

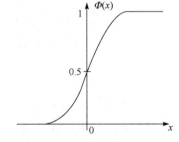

图 2-14　标准正态分布的分布函数

2.2.3　函数密度曲线特征

正态分布的密度曲线是一条关于 μ 对称的钟形曲线。特点是"两头小，中间大，左右对称"。

(1) 正态分布由 μ、σ 决定位置和形状。μ 不同，曲线位置不同，称 μ 为位置参数；σ 不同，曲线形状不同，称 σ 为形状参数。μ 决定了图形的中心位置[图 2-15(a)]，σ 决定了图形中峰的陡峭程度[图 2-15(b)]。

(2) 正态分布函数密度曲线以平均数为中心，左右对称，即 $f(x)$ 以 $x=\mu$ 为对称轴，并在 $x=\mu$ 处达到最大值 $f(\mu) = \frac{1}{\sqrt{2\pi}\sigma}$。

(3) 曲线以 x 轴为渐近线，$x \to \pm\infty$ 时，$f(x) \to 0$；正态分布曲线的拐点到对称轴的距离

是 σ，即拐点为 $x = \mu \pm \sigma$。

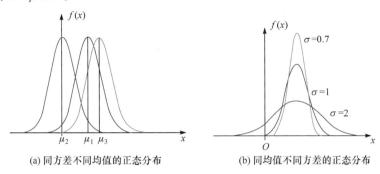

(a) 同方差不同均值的正态分布　　　　(b) 同均值不同方差的正态分布

图 2-15　不同类型的正态分布曲线

(4) 3σ 准则。查阅标准正态分布表可以求得，当 $X \sim N(0,1)$ 时：

$$P\big(|X| \leqslant 1\big) = 2\Phi(1) - 1 = 0.6826$$

$$P\big(|X| \leqslant 2\big) = 2\Phi(2) - 1 = 0.9544$$

$$P\big(|X| \leqslant 3\big) = 2\Phi(3) - 1 = 0.9974$$

这说明，X 的取值几乎全部集中在 $[-3,3]$ 区间内，超出这个范围的可能性仅占不到 0.3%。

将上述结论推广到一般的正态分布 $Y \sim N(\mu, \sigma^2)$ 时：

$$P\big(|Y - \mu| \leqslant \sigma\big) = 0.6826$$

$$P\big(|Y - \mu| \leqslant 2\sigma\big) = 0.9544$$

$$P\big(|Y - \mu| \leqslant 3\sigma\big) = 0.9974$$

可以认为，Y 的取值几乎全部集中在 $[\mu - 3\sigma, \mu + 3\sigma]$ 区间内。

这在统计学上称作"3σ 准则"(三倍标准差原则)。

2.3　精确抽样理论

当样本容量 $N \geqslant 30$ 时，称为大样本，其中统计量的抽样分布近似为正态分布，且随着 N 的增多，越来越接近正态分布；当样本容量 $N < 30$ 时，称为小样本，此时的抽样分布不再能用正态分布来近似，且随着 N 的减少，与正态分布的差别就越来越大。因此在正态分布的基础上，对小样本进行适当的修正是必要的。对小样本统计量的抽样分布研究称为小样本理论，然而因所得结论不仅适用于小样本，也同样适用于大样本问题，故也称为精确抽样理论。本节将讨论三类重要的分布：χ^2 分布、t 分布、F 分布。

1. χ^2 分布

统计学中，另一个常用的概率分布是 χ^2 分布(chi square distribution)。我们已经知道如果随机变量 X 服从均值为 μ，方差为 σ^2 的正态分布，则 $Z = (X - \mu) / \sigma \sim N(0,1)$。统计理论证明：标准正态分布的平方服从自由度(degree of freedom,df)为 1 的 χ^2 分布，即

$$Z^2 \sim \chi_1^2 \tag{2.3.1}$$

其中，下标 1 表示自由度，正如均值、方差是正态分布的参数一样，自由度是 χ^2 分布的参数。

这里，自由度是平方和中独立变量的个数。如果令 $Z_1, Z_2, \cdots, Z_k$ 为 k 个独立的服从标准正态分布的随机变量，则它们的平方和服从自由度为 k 的 χ^2 分布，即

$$X = \sum Z_i^2 = Z_1^2 + Z_2^2 + \cdots + Z_k^2 \sim \chi_k^2 \tag{2.3.2}$$

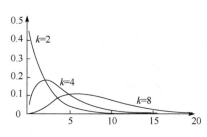

其中，下标 k 为 χ^2 分布的自由度，因为在此平方和中有 k 个独立的变量自由取值。如果这些变量存在约束，则自由度降低。不同 k 值的 χ^2 分布的密度函数如图 2-16 所示。

χ^2 分布具有如下重要性质。

图 2-16　χ^2 分布的密度函数

(1) 与正态分布不同，χ^2 分布只取正值，并且是偏斜分布。其偏度取决于自由度的大小，自由度越小越偏右，随着自由度增大，χ^2 分布逐渐对称，接近正态分布。当 N 充分大时，近似地有

$$Z = \sqrt{2\chi^2} - \sqrt{2N+1} \sim N(0,1) \tag{2.3.3}$$

(2) χ^2 分布具有期望为其自由度 k、方差为 $2k$ 的特殊性质。还有一个有用的结论：如果来自方差为 σ^2 的一个正态分布的 N 个观测值的样本方差为 s^2，则可以证明 $(N-1)s^2 / \sigma^2 \sim \chi_{N-1}^2$。

2. t 分布

计量经济学中另一个广泛使用的概率分布是 t 分布(t distribution)，又称学生 t 分布(student's t distribution)。它与正态分布密切相关，可以从一个标准正态分布和一个 χ^2 分布得到。

设 Z 服从标准正态分布，X 服从自由度为 k 的 χ^2 分布，并且两者相互独立，于是随机变量：

$$t = \frac{Z}{\sqrt{X/k}} \tag{2.3.4}$$

服从自由度为 k 的 t 分布。

对于来自正态总体的样本，对样本均值 $\bar{x}$ 进行标准化可以得到 $(\bar{x} - \mu) / (\sigma / \sqrt{N})$。它是一个均值为 0，方差为 1 的标准正态分布，又由于 $(N-1)s^2 / \sigma^2$ 服从自由度为 $N-1$ 的 χ^2 分布，因此有

$$\frac{(\bar{x} - \mu) / (\sigma / \sqrt{N})}{\sqrt{(N-1)s^2 / \sigma^2 (N-1)}} = \frac{(\bar{x} - \mu)}{s / \sqrt{N}} \sim t_{N-1} \tag{2.3.5}$$

上式表明，当总体方差 σ^2 已知时，可以利用先减去均值再除以标准差的方式对正态分布进行标准化；而当总体方差 σ^2 未知时，可以用样本标准差代替总体标准差，只是这时得到的分布不再是标准正态分布，而是自由度为 $N-1$ 的 t 分布。

和正态分布一样，t 分布是对称的。t 分布的随机变量期望值为 0，方差为 $k/(k-2)$。可以看出，其方差大于标准正态分布的方差 1，因此 t 分布的尾部比正态分布更厚。但随着自由度 k 的增加，方差收敛于 1，即当自由度很大时，它趋近于正态分布。这些特征通过图 2-17 可以表现出来。

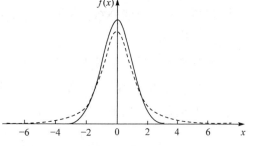

图 2-17　t 分布(虚线)和标准正态分布(实线)密度函数

在图 2-17 中，将自由度分别为 2 和 60 的 t 分布与标准正态分布密度函数画在一起，但因为标准正态分布和自由度为 60 的 t 分布几乎重合，所以只看到两条曲线。事实上，对于样本容量较大的 t 分布，可以用正态分布来近似。

当自由度较大时，t 分布趋近于服从标准正态分布，因此有

$$P(-1.96 < t < 1.96) \approx 95\% \tag{2.3.6}$$

这对假设检验最有用。对回归分析得到的结果进行分析时，首先看各个变量的系数是否显著异于 0。这可以通过 t 的绝对值是否大于 2 来判断。要注意的是，自由度必须要足够大，否则将是危险的，因为这一判断对于自由度小的 t 分布不成立。

3. F 分布

在多元回归分析中，常用到 F 分布检验模型的显著性。F 分布是统计学中又一种重要的概率分布。如果两个服从 χ^2 分布的随机变量相互独立，其自由度分别为 k_1 和 k_2，则

$$F(k_1, k_2) = \frac{\chi_{k_1}^2 / k_1}{\chi_{k_2}^2 / k_2} \tag{2.3.7}$$

服从自由度为 (k_1, k_2) 的 F 分布，其中 k_1 和 k_2 分别为分子自由度和分母自由度。

为说明 F 分布的作用，假设有两组容量分别为 N_1 和 N_2 的样本，来自两个正态分布 X、Z，并且不妨假定方差相同：$\sigma_X^2 = \sigma_Z^2 = \sigma^2$。因为对于正态分布的总体而言有 $(N-1)s^2 / \sigma^2$ 服从自由度为 $N-1$ 的 χ^2 分布，所以可以依据 F 分布的定义构造如下的 F 分布：

$$\frac{(N_1 - 1)s_X^2 / \sigma_X^2}{(N_1 - 1)} \bigg/ \frac{(N_2 - 1)s_Z^2 / \sigma_Z^2}{(N_2 - 1)} = \frac{s_X^2}{s_Z^2} \sim F(N_1 - 1, N_2 - 1) \tag{2.3.8}$$

这样，要检验方差相同的假设是否成立就很容易了。

F 分布与 χ^2 分布类似，只取非负值并且是斜分布，随着自由度逐渐增大，F 分布逐渐对称，接近正态分布(图 2-18)。

由 t 分布和 F 分布的定义可以看出，t 分布变量的平方服从分子自由度为 1，分母自由度为 k 的 F 分布，即

$$t_k^2 = F_{1,k} \tag{2.3.9}$$

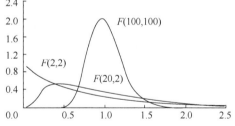

图 2-18　不同自由度下的 F 分布密度函数

在统计学中，具有大分母自由度的 F 分布是很普遍的，当 k_2 无限大时，F 的分母收敛为 1，这时 F 分布与 χ^2 分布存在如下关系：

$$F(k_1, k_2) = \chi_{k_1}^2 / k_1 \tag{2.3.10}$$

即 $\chi_{k_1}^2$ 变量与自由度之比近似分子自由度为 k_1、分母自由度很大的 F 分布。

2.4　参　数　估　计

参数估计(parameter estimation)是推断统计的重要内容之一。它是在抽样及抽样分布的基础上，根据样本统计量来推断相应的总体参数或简称参数的估计。本节将介绍参数估计的基本方法及置信区间的概念及构建。

2.4.1 估计量与估计值

在参数估计中，用来估计总体参数的统计量称为估计量(estimator)，用符号 $\hat{\theta}$ 表示。样本均值、样本比例、样本方差等都可以是一个估计量。而根据一个具体样本计算出来的估计量的数值称为估计值(estimated value)。例如，要估计一个班学生考试的平均分数，从中抽取一个随机样本，全班的平均分数是不知道的，称为参数，用 θ 表示，根据样本计算的平均分数 $\bar{x}$ 就是一个估计量，用 $\hat{\theta}$ 表示，假定计算出来的样本平均分数为 82 分，这个 82 分就是估计量的具体数值，称为估计值。

1. 无偏估计

如果一个统计量的抽样分布的均值等于相应的总体参数，那么这个统计量就是此参数估计的一个无偏估计量；否则，就是有偏估计量。统计量的相应值分别为无偏估计或有偏估计。

2. 有效估计

如果两个统计量的抽样分布有相同的均值，那么方差较小的那个统计量是此均值的有效估计量，另一个是无效估计量。统计量的相应值是有效估计或无效估计。

在均值的所有无偏估计量中，方差最小的那个统计量常被认为是此均值的最有效估计量或最优估计量。

在总体均值的所有线性估计量中，样本均值是最有效的估计量。在实际问题中，常常要用到无效估计，因为它们有时候计算起来相对简便。

3. 点估计和区间估计

如果用一个数来估计总体的参数，那么这种估计叫做参数的点估计(point estimate)，如果给出两个数，指出参数位于其间，那么这种估计叫做参数的区间估计(interval estimate)。区间估计更加精确，因而要优于点估计。

例如，如果说测量的一段距离是 5.52m，则给出了一个点估计；如果说这段距离为 5.51～5.59m，就是给出了一个区间估计。

在用点估计值代表总体参数值的同时，还必须给出点估计值的可靠性，也就是说，必须能说出点估计值与总体参数的真实值接近的程度。但一个点估计值的可靠性是由它的抽样标准误差来衡量的，这表明一个具体的点估计值无法给出估计的可靠性度量，因此就不能完全依赖于一个点估计值，而是围绕点估计值构造总体参数的一个区间，这就是区间估计。区间估计是在点估计的基础上，给出总体参数估计的一个区间范围，该区间通常由样本统计量加减估计误差得到。与点估计不同，进行区间估计时，根据样本统计量的抽样分布可以对样本统计量与总体参数的接近程度给出一个概率度量。

2.4.2 置信区间估计

在区间估计中，由样本统计量所构造的总体参数的估计区间称为置信区间(confidence interval)，其中区间的最小值称为置信下限，最大值称为置信上限。因为统计学家在某种程度上确信这个区间会包含真正的总体参数，所以给它取名为置信区间。一般地，如果将构造置信区间的步骤重复多次，置信区间中包含总体参数真值的次数所占的比例称为置信水平(confidence level)，也称为置信度或置信系数(confidence coefficient)。

用 μ_s 和 σ_s 分别表示统计量 S 的均值和标准差，如果 S 的抽样分布是近似正态的，则实际的一个样本统计量 S 位于区间 $(\mu_s - \sigma_s, \mu_s + \sigma_s)$，$(\mu_s - 2\sigma_s, \mu_s + 2\sigma_s)$，$(\mu_s - 3\sigma_s, \mu_s + 3\sigma_s)$

的可能性分别大约是 0.6827，0.9545，0.9973。

同样，在区间($S-\sigma_s$，$S+\sigma_s$)，($S-2\sigma_s$，$S+2\sigma_s$)，($S-3\sigma_s$，$S+3\sigma_s$)内找到 μ_s 的可能性大约分别是 0.6827，0.9545，0.9973。因此，分别称这些区间为 μ_s 的 0.6827，0.9545，0.9973 置信区间，这些区间的端点值($S\pm\sigma_s$，$S\pm2\sigma_s$，$S\pm3\sigma_s$)则称为 0.6827、0.9545、0.9973 置信界限或置信限。

类似地，$S\pm1.96\sigma_s$ 和 $S\pm2.58\sigma_s$ 是 μ_s 的 95% 和 99% 的置信界限。其中百分数叫做置信水平，数字 1.96、2.58 等叫做临界值，记作 Z。对于置信水平能找到临界值，反之亦然。

图 2-19　置信区间示意图

有关置信区间的概念可用图 2-19 来表示。

比较常用的置信水平及正态分布曲线下右侧面积为 $\alpha/2$ 时的 Z 值($Z_{\alpha/2}$)，如表 2-2 所示，Z 的下标 $\alpha/2$ 表示双侧检验。

表 2-2　常用置信水平的 $Z_{\alpha/2}$ 值

置信水平	α	$\alpha/2$	$Z_{\alpha/2}$
90%	0.10	0.05	1.645
95%	0.05	0.025	1.96
99%	0.01	0.005	2.58

2.5　假设检验

参数估计和假设检验(hypothesis testing)是统计推断的两个组成部分，它们都是利用样本对总体进行某种推断，但推断的角度不同。参数估计讨论的是用样本统计量估计总体参数的方法。总体参数 μ 在估计前是未知的，而在假设检验中，则是先对 μ 的值提出一个假设，然后利用样本信息去检验这个假设是否成立。本节将讨论另一类统计学推断方法，即假设检验。

2.5.1　统计假设

在实际问题中，常常需要根据样本的信息对总体情况作出决策，这些决策称为统计决策。例如，根据样本数据来判断一种新药在治疗某种疾病时是否真正有效、一种教学方法是否优于其他的方法等。

要作出某些决策，常常要对总体先作出某些假定或猜测，这些假定可能正确也可能不正确，统称为统计假设，它们一般是关于总体的概率分布的某些陈述。

1. 原假设

很多情况下，给出一个统计假设仅仅是为了拒绝它。例如，如果要判断给定的一个硬币是否均匀，则假设硬币是均匀的(即 $p=0.5$，其中 p 是正面出现的概率)。又如，如果要判断一种方法是否优于其他方法，则假设这两种方法之间没有差异，即观察到的差别仅仅是由同一总体中抽样的波动性产生。这样的假设常称为零假设(null hypothesis)或原假设，记为 H_0。

2. 备择假设

任何不同于零假设的假设都称为备择假设(alternative hypothesis)，也叫做研究假设(research hypothesis)，记为 H_1，即这种假设是供拒绝零假设 H_0 后选择的一种假设。这种假设通常假定两个或多个总体均数不相等或不完全相等，如 $\mu_1 \neq \mu_2$ (双侧检验)或 $\mu_1 > \mu_2$ (单侧检验)、$\mu_1 < \mu_2$ (单侧检验)；或假定两个或多个总体方差不相等，如 $\sigma_1^2 \neq \sigma_2^2$。

2.5.2　假设检验的基本概念

如果假定某个假设是正确的，但又发现观测到的随机抽样结果和假设下预期的结果有显著的差别，则可以说观测到的差别是显著的，并拒绝该假设。能够判断观测到的样本是否和预期的结果有显著区别，并帮助决定接受假设或拒绝假设的过程称为假设检验，或者显著性检验、决策法则。

1. 决策错误

当拒绝一个本该接受的假设时，就犯了 I 类错误；反之，当接受了一个本该拒绝的假设时，就犯了 II 类错误。为了使假设检验更好，就必须使决策错误达到最小。这并不是一个简单的问题，因为对于任何给定的样本容量，在减少一种类型错误的同时往往会使另一种类型的错误增加，同时减少两种类型错误的唯一方法是增加样本容量。在实际问题中，第一类错误的影响可能比第二类错误影响更严重，这时往往需要做出一些妥协来限制更为严重的那类错误。

2. 显著性水平

在做假设检验时，为了限制这种错误发生的可能性大小，统计学上通常事先规定一个小的概率，作为愿意犯 I 类错误的最大概率，称为显著性水平，记为 α，通常在抽样前就指定好。II 类错误的概率通常用 β 表示。

实际问题中，显著性水平可以有多种选择，最常见的是 0.05、0.01。例如，如果统计一个假设检验选择的显著性水平是 0.05(或 5%)，那么代表 100 次中可能有 5 次机会拒绝本该接受的假设，也就是说，大约有 95%的把握做出正确的假设。此时称假设的显著性水平为 0.05，即犯拒绝本应接受的假设这类错误的概率是 0.05。

与两类错误相对应，假设检验的正确推断同样有两类。不拒绝正确的 H_0 的概率就是置信度 $1-\alpha$；拒绝不正确的 H_0 的概率，在统计学中称为检验效能(power of test)或把握度，记为 $1-\beta$。如图 2-20 和表 2-3 所示。检验效能的意义是：当两个总体参数间存在差异时(如备择假设 $H_1 : \mu \neq \mu_0$ 成立时)，所使用的统计检验能够发现这种差异(拒绝零假设 $H_0 : \mu = \mu_0$)的能力，一般情况下要求检验效能在 0.8 以上。

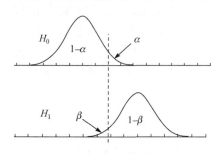

图 2-20　两类错误示意图(以单侧检验为例)

表 2-3　两类错误的意义

真实情况	样本假设检验的结论	
	拒绝 H_0	不拒绝 H_0
H_0 正确	I 类错误 犯错误的概率为 α 即检验水准	推断正确 正确结论的概率为 $1-\alpha$ 又称为置信度
H_0 不正确	推断正确 正确结论的概率为 $1-\beta$ 又称为检验效能	II 类错误 犯错误的概率为 β

2.5.3　正态分布的检验

1. z 分数

根据假设检验的不同内容和进行检验的不同条件，需要采用不同的检验统计量。在一个总体参数的检验中，用到的检验统计量主要有三个：z 统计量，t 统计量，χ^2 统计量。z 统计量和 t 统计量常常用于均值和比例的检验，χ^2 统计量则用于方差的检验。选择什么统计量进行检验需要考虑一些因素，这些因素主要有样本量 n 的大小，总体的标准差 σ 是否已知等。

假定在一个给定的假设下某个统计量 S 的抽样分布服从均值为 μ_s，标准差为 σ_s 的正态分布，则标准化变量(z 分数)的分布是标准正态分布，z 分数的计算公式为

$$z = \frac{\overline{x} - \mu_s}{\sigma_s} \tag{2.5.1}$$

如图 2-21 所示，有 95%的把握断定：如果假设是正确的，则一个实际的样本统计量 S 的 z 分数在–1.96 到 1.96 之间(正态曲线其积分面积为 0.95)。阴影部分的总面积 0.05 就是检验的显著性水平，它代表了拒绝假设而犯 I 类错误的概率，因而可以说在显著性水平 0.05 下的假设被拒绝或在水平 0.05 下给定的样本统计量的 z 分数是显著的。在(–1.96,1.96)之外的 z 分数的集合构成了假设的临界区域，也称假设的拒绝区域或显著性区域；在(–1.96,1.96)之内的 z 分数的集合称为假设的接受区域或非显著区域。

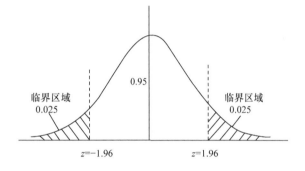

图 2-21　假设的临界区域

可以总结出如下的决策法则：如果统计量 S 的 z 分数在(–1.96,1.96)之外，即 $z>1.96$ 或 $z<-1.96$，则以 0.05 的显著性水平拒绝假设，否则接受假设。要注意的是，也可以采用其他显著性水平，如采用 0.01 的显著性水平，则把上述的 1.96 换为 2.58，可利用表 2-2 查询。z 分数在假设检验中起着十分重要的作用，因此也称为检验统计量。

2. 双边检验和单边检验

在以上检验中，人们关心的是分布在均值两侧即分布的两侧的统计量 S 或相应的 z 分数的端值，这样的检验叫做双边检验。

但是，实践中常常可能只对均值一侧即分布的一侧的端值感兴趣，例如，要检验一个程序优于其他程序这一假设(不同于检验一个程序是否区别于其他程序)，这样的检验称为单边检验。此时，临界区域位于分布的一侧，它所对应的面积等于显著性水平。

2.5.4　总体均值的检验

理解了假设检验的原理，在实际中应用它并不困难。与参数估计类似，对于总体均值的检验，当研究一个总体时，要检验的主要是该总体均值 μ 与某个假设值 μ_0 的差异是否显著；当研究两个总体时，要检验的主要是两个总体均值之差 $\mu_1 - \mu_2$ 是否显著。

1. 一个总体均值的检验

在对总体均值进行检验时，采用什么检验统计量取决于所抽取的样本是大样本 ($n \geqslant 30$) 还是小样本 ($n < 30$)，此外还需要区分总体是否服从正态分布、总体方差 σ^2 是否已知等几种情况。

1) 大样本的检验

在大样本情况下，样本均值的概率分布近似为正态分布，其标准差为 $\sigma/\sqrt{n}$。将样本均值 $\bar{x}$ 标准化后即可得到检验的统计量。由于样本均值经标准化后服从标准正态分布，因而采用正态分布的检验统计量。设假设的总体均值为 μ_0，当总体方差 σ^2 已知时，总体均值检验的统计量为

$$z = \frac{\bar{x} - \mu}{\sigma/\sqrt{n}} \tag{2.5.2}$$

其中，$\bar{x}$ 为样本均值；$\mu_s = \mu_x = \mu$ 为总体均值；$\sigma_s = \sigma_x = \sigma/\sqrt{n}$，$\sigma$ 为总体标准差，n 为样本容量。

当总体标准差 σ 未知时，可以用样本标准差 s 代替，上式可以写为

$$z = \frac{\bar{x} - \mu}{s/\sqrt{n}} \tag{2.5.3}$$

2) 小样本的检验

在样本量较小的情况下，如果总体标准差已知，样本统计量服从正态分布，这时可以采用 z 统计量。如果总体标准差未知，进行检验所依赖的信息有所减少，这时只能使用样本标准差，样本统计量服从 t 分布，应该采用 t 统计量。与正态分布相比，t 分布更为扁平，在相同概率条件下，t 分布的临界点向两边更为扩展，临界点与中心距离更远，这意味着推断的精度下降，这是总体标准差 σ 未知所要付出的代价。

t 统计量的计算公式为

$$t = \frac{\bar{x} - \mu_0}{s/\sqrt{n}} \tag{2.5.4}$$

t 统计量的自由度为 $n-1$。

由上述讨论可以看出，样本量大小是选择检验统计量的一个很重要的因素，在大样本情况下一般可以使用 z 统计量。但样本量 n 为多大才算大样本，不同的人可能给出不同的回答，同时也与被检验的对象有关。仅就分布本身而言，当 n 较小时，t 分布与 z 分布的差异是明显的，随着 n 的扩大，t 分布向 z 分布逼近，它们之间的差异逐渐缩小，t 分布以 z 分布为极限。当样本量 $n > 30$ 时，t 分布与 z 分布已经非常接近了，具备了用 z 分布取代 t 分布的条件。所以可以说，当 $n \leqslant 30$ 时，如果总体标准差 σ 未知，必须使用 t 统计量；在 $n > 30$ 的条件下，选择 t 统计量还是 z 统计量可以根据使用者的偏好。

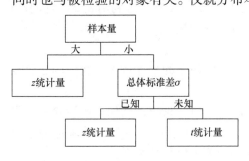

图 2-22　统计量确定标准

总体均值和比例检验统计量的确定标准可以归纳为图 2-22。

3) 实例说明

(1) 样本量大。

例 2.13　某机床厂加工一种零件，根据经验，该厂加工零件的椭圆度渐近服从正态分布，其总体均值为 0.081mm。今另换一种新机床进行加工，取 200 个零件进行检验，得到椭圆度均值为 0.076mm，样本标准差为 0.025mm，问新机床加工零件的椭圆度总体均值与以前有无显著差别。

解：在这个例题中，我们所关心的是新机床加工零件的椭圆度总体均值与老机床加工零件的椭圆度均值 0.081mm 是否有所不同，于是可以假设：

$$H_0 : \mu = 0.081\text{mm} \quad 没有显著差别$$

$$H_1 : \mu \neq 0.081\text{mm} \quad 有显著差别$$

这是一个双侧检验问题，所以只要 $\mu > \mu_0$ 或 $\mu < \mu_0$ 二者之中一个成立，就可以拒绝原假设。由题意可知，$\mu_0 = 0.081\text{mm}$，$s = 0.025\text{mm}$，$\bar{x} = 0.076\text{mm}$。因为 $n > 30$，故选用 z 统计量。

$$z = \frac{\bar{x} - \mu_0}{s / \sqrt{n}} = \frac{0.076 - 0.081}{0.025 / \sqrt{200}} = -2.83$$

规定显著性水平 $\alpha = 0.05$，查表可以得出临界值：$z_{\alpha/2} = \pm 1.96$，z 的下标 $\alpha/2$ 表示双侧检验。因为 $|z| > |z_{\alpha/2}|$，根据决策标准，拒绝 H_0，可以认为新老机床加工零件椭圆度的均值有显著差别。

计算 p 值得到：$p = 2 \times (1 - 0.997672537) = 0.004655$

p 值远小于 α，故拒绝 H_0，结论相同。

(2) 样本量小，σ 已知。

例 2.14 某电子元件批量生产的质量标准为平均使用寿命 1200 小时，标准差为 150 小时。某厂宣称它采用一种新工艺生产的元件质量大大超过规定标准。为了进行验证，随机抽取了 20 件作为样本，测得平均使用寿命 1245 小时，据此能否说该厂的元件质量显著地高于规定标准？

解：首先需要规定检验的方向。在本例中某厂称其产品质量大大超过规定标准 1200 小时，要检验这个宣称是否可信，因而是单侧检验。从逻辑上看，如果样本均值低于 1200 小时，元件厂的宣称会被拒绝，即使略高于 1200 小时，也会被拒绝。只有当样本均值大大超过 1200 小时，以至于用抽样的随机性也难以解释时，才能认可该厂产品质量确实超过规定标准，所以用右单侧检验更为适宜。

由题意可知，$\mu_0 = 1200$，$\bar{x} = 1245$，$\sigma = 150$，$n = 20$，并规定 $\alpha = 0.05$。虽然 $n < 30$，但由于 σ 已知，可以使用 z 统计量。检验的过程为

$$H_0 : \mu \leqslant 1200$$

$$H_1 : \mu > 1200$$

$$z = \frac{\bar{x} - \mu_0}{\sigma / \sqrt{n}} = \frac{1245 - 1200}{150 / \sqrt{20}} = 1.34$$

因为这是右单侧检验，拒绝域在右侧，查表得知临界值 $z_\alpha = 1.645$。

由于 $z = 1.34$ 在非拒绝域，所以不能拒绝 H_0，即还不能说该厂产品质量显著地高于规定标准。

(3) 样本量小，σ 未知。

例 2.15 某机器制造出的肥皂厚度为 5cm，今欲了解机器性能是否良好，随机抽取 10 块肥皂作为样本，测得平均厚度为 5.3cm，标准差为 0.3cm，试以 0.05 的显著性水平检验机器性能良好的假设。

解：如果机器性能良好，生产出的肥皂厚度将在 5cm 上下波动，过薄或过厚都不符合产品质量标准。所以，根据题意，这是双侧检验问题。

由于总体 σ 未知，且样本量 n 较小，所以应采用 t 统计量。

已知条件为 $\mu_0 = 5$，$\bar{x} = 5.3$，$s = 0.3$，$n = 10$，$\alpha = 0.05$。

$$H_0 : \mu = 5$$

$$H_1 : \mu \neq 5$$

$$t = \frac{\bar{x} - \mu_0}{s / \sqrt{n}} = \frac{5.3 - 5}{0.3 / \sqrt{10}} = 3.16$$

当 $\alpha = 0.05$，自由度 $n - 1 = 9$ 时，查表得 $t_{\alpha/2}(9) = 2.2622$。因为 $t > t_{\alpha/2}$，样本统计量落入拒绝域，故拒绝 H_0，接受 H_1，说明该机器性能不好。

2. 两个总体均值之差的检验

根据获得样本的方式不同，两个总体均值的检验分为独立样本和配对样本两种情形，而且也有大样本与小样本之分。检验的统计量是以两个样本均值之差 $(\bar{x}_1 - \bar{x}_2)$ 的抽样分布为基础构造出来的。对于大样本和小样本两种情形，由于两个样本均值之差经标准化后的分布不同，检验的统计量也有差异。

1) 独立大样本的检验

在大样本情形下，两个样本均值之差 $(\bar{x}_1 - \bar{x}_2)$ 的抽样分布近似为正态分布，而 $(\bar{x}_1 - \bar{x}_2)$ 经过标准化后服从标准正态分布。如果两个总体的方差 σ_1^2 和 σ_2^2 已知，则采用下面的检验统计量：

$$z = \frac{(\bar{x}_1 - \bar{x}_2) - (\mu_1 - \mu_2)}{\sqrt{\dfrac{\sigma_1^2}{n_1} + \dfrac{\sigma_2^2}{n_2}}} \tag{2.5.5}$$

如果两个总体的方差 σ_1^2 和 σ_2^2 未知，可分别用样本方差 s_1^2 和 s_2^2 代替，此时检验统计量为

$$z = \frac{(\bar{x}_1 - \bar{x}_2) - (\mu_1 - \mu_2)}{\sqrt{\dfrac{s_1^2}{n_1} + \dfrac{s_2^2}{n_2}}} \tag{2.5.6}$$

2) 独立小样本的检验

当两个样本都为独立小样本时，需要假定两个总体都服从正态分布。检验时有以下三种情况。

(1) 两个正态总体方差 σ_1^2 和 σ_2^2 已知，无论样本量大小，两个样本均值之差的抽样分布都为正态分布，这时可用式(2.5.5)作为检验的统计量。

(2) 两个正态总体的方差未知但相等，即 $\sigma_1^2 = \sigma_2^2$，需要用两个样本的方差 s_1^2 和 s_2^2 进行估计。这时需要将两个样本的数据组合在一起，以给出总体方差的合并估计量，用 s_p^2 表示，计算公式为

$$s_p^2 = \frac{(n_1 - 1)s_1^2 + (n_2 - 1)s_2^2}{n_1 + n_2 - 2} \tag{2.5.7}$$

这时，两个样本均值之差经标准化后服从自由度为 $(n_1 + n_2 - 2)$ 的 t 分布，因而采用的检验统计量为

$$t = \frac{(\bar{x}_1 - \bar{x}_2) - (\mu_1 - \mu_2)}{s_p \sqrt{\dfrac{1}{n_1} + \dfrac{1}{n_2}}} \tag{2.5.8}$$

(3) σ_1^2 和 σ_2^2 未知且 $\sigma_1^2 \neq \sigma_2^2$，两个样本均值之差经标准化后不再服从自由度为 $(n_1 + n_2 - 2)$ 的 t 分布，而是近似服从自由度为 v 的 t 分布。这时检验的统计量为

$$t = \frac{(\bar{x}_1 - \bar{x}_2) - (\mu_1 - \mu_2)}{\sqrt{\dfrac{s_1^2}{n_1} + \dfrac{s_2^2}{n_2}}} \tag{2.5.9}$$

自由度 v 的计算公式为

$$v = \frac{\left(\dfrac{s_1^2}{n_1} + \dfrac{s_2^2}{n_2}\right)^2}{\dfrac{\left(\dfrac{s_1^2}{n_1}\right)^2}{n_1 - 1} + \dfrac{\left(\dfrac{s_2^2}{n_2}\right)^2}{n_2 - 1}} \tag{2.5.10}$$

3）配对样本的检验

配对样本是指一个样本中的数据与另一个样本中的数据相对应的两个样本。配对样本的检验需要假定两个总体配对差值构成的总体服从正态分布，而且配对差是从差值总体中随机抽取的。对于小样本情形，配对差值经标准化后服从自由度为 $n-1$ 的 t 分布，因此检验统计量为

$$t = \frac{\bar{d} - (\mu_1 - \mu_2)}{s_d / \sqrt{n}} \tag{2.5.11}$$

其中，$\bar{d}$ 为配对差值的均值；s_d 为配对差值的标准差。

2.5.5 总体比例的检验

1. 一个总体比例的检验

总体比例 π_0 的检验程序与总体均值的检验类似，本节只介绍大样本情形下的总体比例检验方法。因为在大样本情形下统计量 p 近似服从正态分布，而样本比例标准化后则近似服从标准正态分布，所以检验的统计量为

$$z = \frac{p - \pi_0}{\sqrt{\dfrac{\pi_0(1 - \pi_0)}{n}}} \tag{2.5.12}$$

2. 两个总体比例之差的检验

两个总体比例之差 $\pi_1 - \pi_2$ 的检验思路与一个总体比例的检验类似，要求两个样本都是大样本。当 $n_1 p_1, n_1(1 - p_1), n_2 p_2, n_2(1 - p_2)$ 都大于或等于 10 时，就可以认为是大样本。根据两个样本比例之差的概率分布，可以得到两个总体比例之差的检验统计量为

$$z = \frac{(p_1 - p_2) - (\pi_1 - \pi_2)}{\sigma_{p_1 - p_2}} \tag{2.5.13}$$

其中，$\sigma_{p_1 - p_2} = \sqrt{\dfrac{\pi_1(1 - \pi_1)}{n_1} + \dfrac{\pi_2(1 - \pi_2)}{n_2}}$ 为两个样本比例之差概率分布的标准差。

例 2.16　一家网络游戏公司声称，它制作的某款网络游戏的玩家中女性超过 80%，为验证这一说法是否属实，该公司管理人员随机抽取了 200 个玩家进行调查，发现其中有 170 个

是女性。分别取显著性水平 α =0.05 和 α =0.01，检验该款网络游戏的玩家中女性的比例是否超过 80%。

解：该公司想证明的是该款游戏的玩家中女性的比例是否超过 80%，因此提出的原假设和备择假设为

$$H_0 : \mu \leqslant 80\%$$

$$H_1 : \mu > 80\%$$

根据抽样结果计算得 $p = 170 / 200 = 85\%$

检验统计量为

$$z = \frac{0.85 - 0.8}{\sqrt{\dfrac{0.8 \times (1 - 0.8)}{200}}} = 1.767767$$

右尾检验得到 p=0.03855。显著性水平为 0.05 时，由于 p<0.05，拒绝 H_0，样本提供的证据表明该款网络游戏的玩家中女性的比例超过 80%；显著性水平为 0.01 时，由于 p>0.01，不拒绝 H_0，样本提供的证据表明尚不能推翻原假设，没有证据表明该款网络游戏的玩家中女性的比例超过 80%。这个例子表明，对于同一个检验，不同的显著性水平将会得出不同的结论。

2.5.6 总体方差的检验

在假设检验中，有时不仅需要检验正态总体的均值、比例，而且需要检验正态总体的方差。研究一个总体时，总体方差 σ^2 的检验采用 χ^2 统计量。研究两个总体时，两个总体的方差比 σ_1^2 / σ_2^2 的检验采用 F 统计量。

1. 一个总体方差的检验

在生产和生活的许多领域，仅仅保证所观测到的样本均值维持在特定水平范围之内并不意味着整个过程正常，方差的大小是否适度是需要考虑的另一个重要因素。一个产品方差大自然意味着其质量或性能不稳定。相同均值的产品，方差小的自然要好些。与总体方差的区间估计类似，一个总体方差的检验也是使用 χ^2 分布。此外，总体方差的检验，不论样本量 n 是大还是小，都要求总体服从正态分布。检验的统计量为

$$\chi^2 = \frac{(n-1)s^2}{\sigma_0^2} \tag{2.5.14}$$

2. 两个总体方差比的检验

在对两个总体的方差进行比较时，通常将原假设与备择假设的基本形式表示成两个总体方差比值与数值 1 之间的比较关系。由于两个样本方差比 s_1^2 / s_2^2 是两个总体方差比值 σ_1^2 / σ_2^2 的理想估计量，当样本量为 n_1 和 n_2 的两个样本分别独立地抽自两个正态总体时，检验统计量为

$$F = s_1^2 / s_2^2 \quad \text{或} \quad F = s_2^2 / s_1^2 \tag{2.5.15}$$

例 2.17 啤酒生产企业采用自动生产线灌装啤酒，每瓶的装填量为 640mL，但受某些不可控因素的影响，每瓶的装填量会有差异。此时，不仅每瓶的平均装填量很重要，装填量的方差 σ^2 同样很重要。如果 σ^2 很大，会出现装填量太多或太少的情况，这样，要么生产企业

不划算，要么消费者不满意。假定生产标准规定每瓶装填量的标准差不应超过 4mL。企业质检部门抽取了 10 瓶啤酒进行检验，得到样本标准差 s=3.8mL。以 0.05 的显著性水平检验装填量的标准差是否符合要求。

解：依题意提出如下假设：

$$H_0 : \sigma^2 \leqslant 4^2$$
$$H_1 : \sigma^2 > 4^2$$

检验统计量为

$$\chi^2 = \frac{(10-1) \times 3.8^2}{4^2} = 8.1225$$

本题为右侧检验，需要计算出 χ^2 分布的右尾概率，计算得到 P=0.52185。

由于 $p>0.05$，不拒绝原假设。样本提供的证据还不足以推翻原假设，没有证据表明啤酒装填量的标准差不符合要求。

2.6　相　关　分　析

2.6.1　原理

提到变量之间的关系，人们很容易想到的是变量间的确定性关系，它的特点是当一个变量值(自变量)确定后，另一个变量值(因变量)也就完全确定了。确定性关系往往可以表示成函数的形式，如圆的半径和面积的关系。

与确定性关系不同，变量之间还存在着非确定性关系，它的特点是给定了一个变量值后，另一个变量值可以在一定的范围内变化。例如，关于家庭的消费支出与家庭收入的关系，同样收入的家庭，其支出可能有很大的差异，因为家庭消费支出除了受收入高低的影响外，还受其他许多因素的影响。非确定性关系还有人的身高与体重之间的关系、吸烟量和寿命之间的关系等。通常，研究者把非确定性关系称为相关关系，它必须借助于统计手段才能加以研究，故又称为统计相关。

相关分析是研究变量之间相关关系的数理统计方法，它可以从影响某个变量的许多变量中判断哪些是显著的，哪些是不显著的。而且，在得到相关分析的结果后，还可以用其他统计分析方法对其做更进一步的分析、预测或控制，如回归分析、因子分析等。目前，相关分析方法已广泛应用于生物学、心理学、教育学、经济学和医学等各个方面。

当事物之间存在相关关系时，不一定是因果关系，也可能仅是关联关系；但如果事物之间存在因果关系，则它们必然是相关的。相关关系多种多样，归纳起来大致有如下 6 种类型，如表 2-4 所示。

表 2-4　相关关系的类型

相关关系类型	变量 X	变量 Y	潜在影响关系
强正相关关系	增加	明显增加	X 是影响 Y 的主要因素
弱正相关关系	增加	增加，但增加幅度不明显	X 是影响 Y 的因素，但不是唯一因素
强负相关关系	增加	明显减少	X 是影响 Y 的主要因素
弱负相关关系	增加	减少，但减少幅度不明显	X 是影响 Y 的因素，但不是唯一因素
非线性关系	X、Y 之间没有明显的线性关系，却存在着某种非线性关系		X 是影响 Y 的因素
不相关	X、Y 之间不存在相关关系		X 不是影响 Y 的因素

2.6.2 计算

线性相关(linear correlation)又称简单相关(simple correlation),用来度量具有线性关系的两个变量之间相关关系的密切程度及其相关方向,适用于双变量正态分布资料。根据数据的不同特点,相关程度的统计量所采用的度量变量也会不同,相应地,相关系数也就有了不同的表现形式。下面介绍最常见的几个相关系数,其中 Pearson 相关系数为参数统计方法,而 Spearman 和 Kendall 等级相关系数为非参数统计方法。

1. Pearson 相关系数

Pearson 相关系数有时也称为积差相关系数(coefficient of product-moment correlation),常以符号 r 表示样本相关系数,ρ 表示总体相关系数。

总体相关系数的定义公式为

$$\rho_{XY} = \mathrm{Corr}(X,Y) = \frac{\mathrm{Cov}(X,Y)}{\sqrt{\mathrm{Var}(X)}\sqrt{\mathrm{Var}(Y)}}$$

其中,$\mathrm{Cov}(X,Y)$ 为随机变量 X、Y 的协方差;$\mathrm{Var}(X)$ 和 $\mathrm{Var}(Y)$ 分别为 X 和 Y 的方差。总体相关系数是反映两变量之间线性相关程度的一种特征值,表现为一个常数。

样本相关系数的定义公式为 $r_{XY} = \dfrac{\sum\limits_{i=1}^{n}(X_i - \bar{X})(Y_i - \bar{Y})}{\sqrt{\sum\limits_{i=1}^{n}(X_i - \bar{X})^2}\sqrt{\sum\limits_{i=1}^{n}(Y_i - \bar{Y})^2}}$。它是根据样本观测值计算的,抽取的样本不同,其具体的数值也会有所差异。可以证明,样本相关系数是总体相关系数的一致估计量。

为解释相关系数各数值的含义,首先需要对相关系数的性质有所了解。相关系数的性质可总结如下。

(1) r 的取值范围是 $[-1,1]$,即 $-1 \leqslant r \leqslant 1$。若 $0 < r \leqslant 1$,表明 x 与 y 之间存在正线性相关关系;若 $-1 \leqslant r < 0$,表明 x 与 y 之间存在负线性相关关系;若 $r=0$,表明 x 与 y 之间无线性相关关系;若 $r=1$,表明 x 与 y 之间为完全正线性相关关系;若 $r=-1$,表明 x 与 y 之间为完全负线性相关关系。可见,当 $|r|=1$ 时,y 的取值完全依赖于 x,二者之间即为函数关系;当 $r=0$ 时,说明 y 的取值与 x 无关,即二者之间不存在线性相关关系。

(2) r 具有对称性。x 与 y 之间的相关系数 r_{xy} 与 y 与 x 之间的相关系数 r_{yx} 相等,即 $r_{xy} = r_{yx}$。

(3) r 的数值大小与 x 和 y 的原点及尺度无关。改变 x 和 y 的数据原点及计量尺度,并不改变 r 的数值大小。

(4) r 仅仅是 x 与 y 之间线性关系的一个度量,它不能用于描述非线性关系。这意味着 $r=0$ 只表示两个变量之间不存在线性相关关系,并不说明变量之间没有任何关系,它们之间可能存在非线性相关关系。变量之间的非线性相关程度较大时,就可能导致 $r=0$。因此,当 $r=0$ 或很小时,不能轻易得出两个变量之间不存在相关关系的结论,而应结合散点图做出合理的解释。

(5) 相关系数虽然是两个变量之间线性关系的一个度量,却不意味着 x 与 y 一定有因果关系。

了解相关系数的性质有助于对其实际意义做出解释。但根据实际数据计算出的 r,其取值一般在 $-1 \sim 1$,$|r| \to 1$ 说明两个变量之间的线性关系越强;$|r| \to 0$ 说明两个变量之间的线性关系越弱。对于一个具体的 r 的取值,根据经验可将相关程度分为以下几种情况:当 $|r| \geqslant 0.75$ 时,可视为高度相关;$0.50 \leqslant |r| < 0.75$ 时,可视为中度相关;$0.30 \leqslant |r| < 0.50$ 时,可视为低度

相关;当 $|r| < 0.30$ 时，说明两个变量之间的相关程度极弱。但这种解释必须建立在对相关系数的显著性进行检验的基础之上。

判断样本相关系数 r 是否来自 $\rho \neq 0$ 的总体,需要对它进行显著性检验,此处可以采用 t 检验或 F 检验，此时的零假设和备择假设分别为 $H_0: \rho = 0, H_A: \rho \neq 0$。

t 检验统计量： $t = r/S_r, \mathrm{d}f = n-2; S_r = \sqrt{(1-r^2)/(n-2)}$ 称为相关系数的标准误差。

F 检验统计量： $F = \dfrac{r^2}{(1-r^2)/(n-2)}, \mathrm{d}f_1 = 1, \mathrm{d}f_2 = n-2$。

2. Spearman 等级相关系数

Spearman 相关系数相当于 Pearson 相关系数的非参数形式，它根据数据的秩而不是数据的实际值计算，适用于有序数据和不满足正态分布假设的等间隔数据。Spearman 相关系数的取值范围也在 $-1 \sim 1$，绝对值越大相关性越强，取值符号也表示相关的方向。

随机变量 X、Y 之间的 Spearman 相关系数记为 r_S ，其计算公式为 $r_S = 1 - \dfrac{6\sum d^2}{n(n^2-1)}$ ，其中，d 为分别对 X、Y 去秩之后每对观察值 (x,y) 的秩之差；n 为所有观察对的个数。

Spearman 相关系数 r_S 假设检验的零假设为： r_S 是来自 $\rho_S = 0$ 的总体(即 X 与 Y 独立)。以显著性水平 $\alpha = 0.05$ 为例，当 $n \leqslant 30$ 或 50 时，可以查 Spearman's 相关系数表来确定 p 值，当 $p \leqslant 0.05$ 时，拒绝零假设，说明 X 与 Y 之间存在着显著相关关系；当 $p > 0.05$ 时，接受零假设。

3. Kendall 等级相关系数

Kendall 相关系数是对两个有序变量或两个秩变量之间相关程度的度量统计量，因此也属于非参数统计范畴，它在计算时考虑了结点(秩相同的点)的影响。

两个随机变量 X、Y 共有 t 组观测对 (x,y) ，对任意第 (i,j) 个观测数据，若满足 $i < j$，就计算 $d_{ij} = [R(X_j) - R(X_i)][R(Y_j) - R(Y_i)]$ ，令 $S = \sum\limits_{i=1}^{N-1} \sum\limits_{j=i+1}^{N} \mathrm{sign}(d_{ij})$ ，则 Kendall's tau (τ) 按如下公式计算： $\tau = \dfrac{S}{\sqrt{\dfrac{N^2 - N - \tau_x}{2}} \sqrt{\dfrac{N^2 - N - \tau_y}{2}}}$ 。

Kendall's tau 相关系数的显著性检验通过统计量 $Z = \dfrac{S}{\sqrt{d}}$ 进行，在零假设(X、Y 不相关)成立的条件下，它近似服从正态分布。

Kendall's tau(τ)是将结果考虑在内的有序变量或排序变量的非参数相关性测量。系数的符号指示关系的方向，绝对值指示强度，绝对值越大则表示关系强度越高，可能的取值范围是 $-1 \sim 1$。

2.6.3 偏相关分析

1. 数学模型

有时影响一个问题的因素很多，研究者通常先假设其中的某些因素不变，再去考察其他因素对该问题的影响,从而达到简化分析的目的。偏相关分析就是源于这一思想的统计办法。

线性相关分析计算的是两个变量间的相关系数。但是在多变量的情况下，变量之间的相关关系是很复杂的，直接研究两个变量间的简单相关系数往往不能正确说明它们之间的真实关系，只有除去其他变量影响后再计算相关系数，才能真正反映它们之间的相关关系；或者说是在其他变量固定不变的情况下，计算两个指定变量之间的相关系数，这样的相关分析就是偏相关分析，经此得出的相关系数叫做偏相关系数。例如，身高、体重与肺活量间的关系，如果要分析身高和肺活量之间的相关性，就要控制体重在相关分析过程中的影响。

根据固定变量个数的多少，偏相关分析可分为零阶偏相关、一阶偏相关和 $p-1$ 阶偏相关，其中零阶偏相关就是简单相关。

设随机变量 X, Y, Z 之间彼此存在着相关关系，为了研究 Z 和 Y 之间的关系，就必须在假定 Z 不变的条件下，计算 X 和 Y 的偏相关系数，记为 $r_{xy \cdot z}$。由此可见，偏相关系数是由简单相关系数决定的，但是在计算偏相关系数时要考虑其他自变量对指定变量的影响，事实上就是把其他变量当做常数处理了。

以下标 0 代表 X，下标 1 代表 Y，下标 2 代表 Z，则 X 和 Y 之间的一阶偏相关系数定义为 $r_{01 \cdot 2} = \dfrac{r_{01} - r_{02} r_{12}}{\sqrt{1 - r_{02}^2} \sqrt{1 - r_{12}^2}}$，其中，$r_{01 \cdot 2}$ 是剔除 Z 的影响之后 X 和 Y 的偏相关系数；r_{01}, r_{02}, r_{12} 分别是 X, Y, Z 之间的两两简单相关系数。如果增加变量 T (以下标 3 表示)，则 X 和 Y 的二阶偏相关系数定义为 $r_{01 \cdot 23} = \dfrac{r_{01 \cdot 3} - r_{02 \cdot 3} r_{12 \cdot 3}}{\sqrt{(1 - r_{02 \cdot 3}^2)(1 - r_{12 \cdot 3}^2)}}$。

一般情况下，考察多个变量时，Y 与 $x_i (i = 1, 2, \cdots, p)$ 之间的 $p-1$ 阶偏相关系数可由如下的递推式定义：$r_{0i \cdot 12 \cdots (i-1)(i+1) \cdots p} = \dfrac{r_{0i \cdot 12 \cdots (i-1)(i+1) \cdots (p-1)} - r_{0ip \cdot 12 \cdots (p-1)} r_{ip \cdot 12 \cdots (i-1)(i+1) \cdots (p-1)}}{\sqrt{1 - r_{0ip \cdot 12 \cdots (p-1)}^2} \sqrt{1 - r_{ip \cdot 12 \cdots (i-1)(i+1) \cdots (p-1)}^2}}$。

2. 偏相关系数的检验

偏相关系数检验的零假设为：总体中两个变量间的偏相关系数为 0。使用 t 检验方法，公式为

$$t = \frac{\sqrt{n-k-2} \times r}{\sqrt{1-r^2}}$$

其中，r 为相应的偏相关系数；n 为样本观测数；k 为可控制变量的数目；$n-k-2$ 为自由度。当 $t > t_{0.05}(n-k-2)$ 或 $p < 0.05$ 时，拒绝原假设。

偏相关分析的一个主要应用是根据观测资料计算样本的偏相关系数，由此判断哪些自变量对因变量的影响较大，并选择其作为必须要考虑的因素；至于那些对因变量影响较小的自变量，则可舍去。经过这样的选择，在进行多元回归等分析时，就可以只考虑那些起主要作用的因素，如此就能用较少的自变量来描述因变量的变化规律。偏相关分析的应用也非常广泛，涉及自然科学和社会科学的各个方面。

例 2.18　某汽车制造商从某月中随机抽出 10 天的电力消耗、温度、日产量等有关资料，数据如表 2-5 所示。结合多年管理经验，对电力消耗、温度、日产量的关系做出相关分析。

表 2-5　某汽车制造商的电力消耗、温度、日产量等数据表

电力消耗/kW	温度/°F	日产量/辆
12	83	120
11	79	110

续表

电力消耗/kW	温度/°F	日产量/辆
13	85	128
9	75	101
14	87	105
10	81	108
12	84	110
11	77	107
14	85	112
11	84	119

选择电力消耗、温度作为待分析变量，把日产量作为控制变量，进行偏相关分析，得到结果如表 2-6 和表 2-7 所示，偏相关系数表 2-6 中的结果表明，在控制了日产量变量后，电力消耗与温度之间的偏相关系数为 0.815，概率 p 值为 0.007<0.05，从而表明两者之间有高度的相关关系。

表 2-6　偏相关系数表 a

控制变量			电力消耗	温度
日产量	电力消耗	偏相关系数	1.000	0.815
		概率 p 值	0.000	0.007
		df	0	7
	温度	偏相关系数	0.815	1.000
		概率 p 值	0.007	0.000
		df	7	0

表 2-7 中的结果表明，在没有控制变量的情况下，电力消耗与温度之间的简单相关系数为 0.838，概率 p 值为 0.002<0.05，也表明两者之间有高度的相关关系。可见，偏相关分析的结论与简单相关分析的结论基本一致，但在有些时候，偏相关分析的结论与简单相关分析的结论可能不一致。

表 2-7　偏相关系数表 b

控制变量			电力消耗	温度	日产量
无控制变量	电力消耗	偏相关系数	1.000	0.838	0.361
		概率 p 值	0.000	0.002	0.305
		df	0	8	8
	温度	偏相关系数	0.838	1.000	0.506
		概率 p 值	0.002	0.000	0.136
		df	8	0	8
	日产量	偏相关系数	0.361	0.506	1.000
		概率 p 值	0.305	0.136	0.000
		df	8	8	0

2.7　聚 类 分 析

2.7.1　概念

　　聚类(clustering)是将某个对象集划分为若干组(class)或簇(cluster)的过程，使得同一个组内的数据对象具有较高的相似度，而不同组中的数据对象是不相似的。相似或不相似的定义基于属性变量的取值确定，一般采用各对象间的距离来表示。一个聚类就是由彼此相似的一组对象所构成的集合，同组的对象常常被当做一个对象对待。本节对划分方法和层次方法两种聚类算法展开介绍。

2.7.2　划分方法

　　给定一个 n 个样本的数据集，划分方法构建数据的 k 个分区 $(k \leqslant n)$ ，其中每个分区表示一个簇。也就是说，它把数据划分为 k 个组，使得每个组至少包含一个对象。换言之，划分方法在数据集上进行一层划分。划分准则：同一个簇中的样本尽可能接近或相似，不同簇中的样本尽可能远离或不相似。以样本间的距离作为相似性度量。常用划分方法有 k-means 算法和 k-medoids 算法。

　　1. k-means 算法(k-均值算法)

　　1) 方法简介

　　k-means 算法比较简单，其基本算法如下。首先，选择 x 个初始中心，其中 k 是用户指定的参数，即所期望的簇的个数。每个点被指派到最近的中心，而指派到一个中心的点集为一个簇。然后，根据指派到簇的点，更新每个簇的中心。重复指派和更新步骤，直到簇不发生变化，或等价地，直到中心不发生变化。

　　假设数据集 D 包含 n 个欧氏空间中的对象，把 D 中的对象分配到 k 个簇 $C_1,\cdots,C_k$ 中，使得对于 $1 \leqslant i, j \leqslant k, C_i \subset D$ 且 $C_i \bigcap C_j = \varnothing$ 。一个目标函数用来评估划分的质量，使得簇内对象相互相似，而与其他簇中的对象相异。也就是说，该目标函数以簇内高相似性和簇间低相似性为目标。

　　基于形心的划分技术使用簇 C_i 的形心代表该簇。从概念上讲，簇的形心是它的中心点。形心可以用多种方法定义，如用分配给该簇的对象(或点)的均值或中心点定义。对象 $P \in C_i$ 与该簇的代表 c_i 之差用 $\text{dist}(p, c_i)$ 度量，其中 $\text{dist}(x, y)$ 是两个点 x 和 y 之间的欧氏距离。簇 C_i 的质量可以用簇内变差度量，它是 C_i 中所有对象和形心 c_i 之间误差的平方和，定义为

$$E = \sum_{i=1}^{k} \sum_{p \in C_i} \text{dist}(p, c_i)^2 \tag{2.7.1}$$

其中，E 为数据集中所有对象的平方误差的总和；k 为簇的个数；p 为簇 C_i 中的样本，即给定的数据对象；c_i 是簇 C_i 的形心(p 和 c_i 都是多维的)。换言之，对于每个簇中的每个对象，求对象到其簇中心距离的平方，然后求和。

(1) 误差平方和达到最优(小)时，可以使各聚类的类内尽可能紧凑，而使各聚类之间尽可能分开。

(2) 对于同一个数据集，因为 k-means 算法对初始选取的聚类中心敏感，所以可用该准则评价聚类结果的优劣。

(3) 通常，对于任意一个数据集，k-means 算法无法达到全局最优，只能达到局部最优。

2) k-means 算法优点

(1) 算法快速、简单。

(2) 对大样本量数据有较高的效率并且具有可伸缩性。

(3) 时间复杂度近于线性。k-means 算法的时间复杂度为 $O(nkt)$，其中，n 为数据集中对象的数量；t 为算法迭代的次数；k 为簇的数目。

3) k-means 算法缺点

(1) 在 k-means 算法中 k 是事先给定的，这个 k 值是非常难以估计的。很多时候，事先并不知道给定的数据集应该分成多少个类别才最合适。

(2) 在 k-means 算法中，首先需要根据初始聚类中心来确定一个初始划分，然后对初始划分进行优化。这个初始聚类中心的选择对聚类结果有较大的影响，一旦初始值选择得不好，就可能无法得到有效的聚类结果。

(3) 从 k-means 算法框架可以看出，该算法需要不断地进行样本分类调整，不断地计算调整后的新的聚类中心，所以当样本量非常大时，算法的时间开销非常大。因此需要对算法的时间复杂度进行分析、改进，提高算法应用范围。

(4) 对噪声和离群点数据敏感。

例 2.19　使用 k-means 算法。

考虑二维空间的对象集合，如图 2-23(a)所示。令 $k=3$，即用户要求将这些对象划分成 3 个簇。

任意选择 3 个对象作为 3 个初始的簇中心，其中簇中心用"+"标记。根据与簇中心的距离，每个对象被分配到最近的一个簇。这种分配形成了如图 2-23(a)中虚线所描绘的轮廓。

下一步，更新簇中心。也就是说，根据簇中的当前对象，重新计算每个簇的均值。使用这些新的簇中心，把对象重新分布到离簇中心最近的簇中，这样的重新分布形成了图 2-23(b)中虚线所描绘的轮廓。

重复这一过程，形成图 2-23(c)所示结果。这种迭代地将对象重新分配到各个簇，以改进划分的过程被称为迭代的重定位(iterative relocation)。最终，对象的重新分配不再发生，处理过程结束，聚类过程返回结果簇。

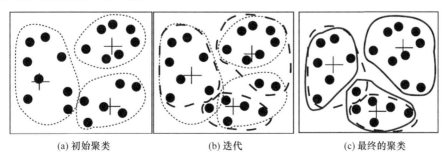

(a) 初始聚类　　　　　　(b) 迭代　　　　　　(c) 最终的聚类

图 2-23　使用 k-means 方法聚类对象集；更新簇中心，并相应地重新分配对象

每个簇的均值都用"+"标注

2. k-medoids 算法(k-中心点算法)

1) k-medoids 算法基本思想

为了降低聚类算法对离群点的敏感度，可以不采用簇中对象的均值作为参照点，而是挑选实际对象来代表簇，即选取最靠近中心点(medoid)的那个对象来代表整个簇。每个簇使用一个代表对象，其余的每个对象被分配到与其最为相似的代表性对象所在的簇中。于是，划分基于最小化所有对象 P 与其对应的代表对象之间的相异度之和的原则来进行。确切地说，使用了一个绝对误差标准。

定义为

$$E = \sum_{i=1}^{k} \sum_{p \in C_i} \text{dist}(p, o_i) \tag{2.7.2}$$

其中，E 为数据集中所有对象 P 与 C_i 的代表对象 o_i 的绝对误差之和。

例 2.20　使用 k-medoids 算法。设 $o_1, \cdots, o_k$ 是当前代表对象(即中心点)的集合，为了决定一个非代表对象 O_{random} 是否是一个当前中心点 $o_j(1 \leqslant j \leqslant k)$ 的好的替代，计算每个对象 p 到集合 $\{o_1, \cdots, o_{j-1}, o_{\text{random}}, o_{j+1}, \cdots, o_k\}$ 中最近对象的距离，并使用该距离更新代价函数。对象重新分配到 $\{o_1, \cdots, o_{j-1}, o_{\text{random}}, o_{j+1}, \cdots, o_k\}$ 中是简单的。假设对象 p 当前被分配到中心点 o_j 代表的簇中 [图 2-24(a)和图 2-24(b)]。当 o_{random} 替代代表对象 o_j 后，对于数据集中的每一个对象 p，它所属的簇的类别将有以下 4 种可能的变化。

(1) 对象 p 属于代表对象 o_j。替代后 p 最接近于 o_i，因此 p 被分配为 o_i $(i \neq j)$ [图 2-24(a)]。

(2) 对象 p 属于代表对象 o_j。替代后 p 最接近于 o_{random}，因此 p 被分配为 o_{random} [图 2-24(b)]。

(3) 对象 p 属于代表对象 o_i。替代后 p 最接近于 o_i，因此 p 无变化[图 2-24(c)]。

(4) 对象 p 属于代表对象 o_i。替代后 p 最接近于 o_{random}，因此 p 被分配为 o_{random} [图 2-24(d)]。

2) k-means 与 k-medoids 的比较

(1) 当存在噪声和离群点时，k-medoids 算法比 k-means 算法更加鲁棒。

(2) k-medoids 算法的时间复杂度为 $O(k(n-k)^2)$，k-medoids 算法执行代价比 k-means 算法要高。

两种算法都需要事先指定簇的数目 k。

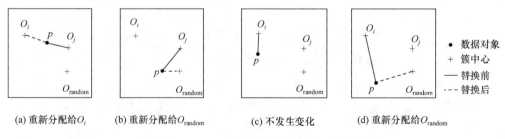

(a) 重新分配给 O_i　　(b) 重新分配给 O_{random}　　(c) 不发生变化　　(d) 重新分配给 O_{random}

图 2-24　k-medoids 聚类代价函数的 4 种情况

2.7.3　层次方法

层次聚类(hierarchical clustering)是聚类算法的一种，通过计算不同类别数据点间的相似度来创建一棵有层次的嵌套聚类树。在聚类树中，不同类别的原始数据点是树的最底层，树的顶层是一个聚类的根节点。创建聚类树有自下而上合并和自上而下分裂两种方法。因此，层次聚类可分为凝聚式层次聚类和分裂式层次聚类。凝聚式层次聚类，就是在初始阶段将每一个点都视为一个簇，之后每一次合并两个最接近的簇，当然对于接近程度的定义则需要指定簇的邻近准则。分裂式层次聚类，就是在初始阶段将所有的点视为一个簇，之后每次分裂出一个簇，直到最后剩下单个点的簇为止。

1. 凝聚式层次聚类算法

凝聚式层次聚类的合并算法通过计算两类数据点间的相似性，对所有数据点中最为相似的两个数据点进行组合，并反复迭代这一过程。简单地说是通过计算每一个类别的数据点与所有数据点之间的距离来确定它们之间的相似性，距离越小，相似度越高。并将距离最近的两个数据点或类别进行组合，生成聚类树。层次聚类可以使用欧氏距离来计算不同类别数据点间的距离(相似度)。通过创建一个欧氏距离矩阵来计算和对比不同类别数据点间的距离，并对距离值最小的数据点进行组合。

自下而上地合并聚类，具体而言，就是每次找到距离最短的两个聚类，然后合并成一个大的聚类，直到全部合并为一个聚类。整个过程就是建立一个树结构，类似于图 2-25。

图 2-26 为示例数据，通过欧氏距离计算下面 P_1 到 P_5 的欧氏距离矩阵(表 2-8)，并通过合并的方法将相似度最高的数据点进行组合，创建聚类树。

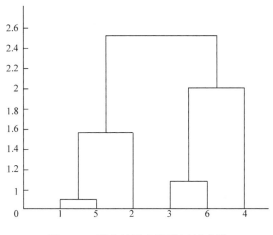

图 2-25 层次的嵌套聚类树示意图

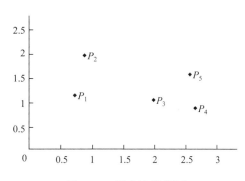

图 2-26 层次聚类举例

表 2-8 欧氏距离原始矩阵

	P_1	P_2	P_3	P_4	P_5
P_1	0	0.81	1.32	1.94	1.82
P_2	0.81	0	1.56	2.16	1.77
P_3	1.32	1.56	0	0.63	0.71
P_4	1.94	2.16	0.63	0	0.71
P_5	1.82	1.77	0.71	0.71	0

根据算法流程，首先找出距离最近的两个簇，P_3, P_4。合并 P_3, P_4 为 $\{P_3, P_4\}$，根据 MIN

原则更新矩阵如下(表 2-9):

$$MIN.distance(\{P_3, P_4\}, P_1) = 1.32;$$
$$MIN.distance(\{P_3, P_4\}, P_2) = 1.56;$$
$$MIN.distance(\{P_3, P_4\}, P_5) = 0.70。$$

表 2-9 欧氏距离更新矩阵 1

	P_1	P_2	$\{P_3, P_4\}$	P_5
P_1	0	0.81	1.32	1.82
P_2	0.81	0	1.56	1.77
$\{P_3, P_4\}$	1.32	1.56	0	0.71
P_5	1.82	1.77	0.71	0

其次继续找出距离最近的两个簇,$\{P_3, P_4\}$,P_5。合并$\{P_3, P_4\}$,P_5 为$\{P_3, P_4, P_5\}$,根据 MIN 原则继续更新矩阵(表 2-10):

$$MIN.distance(P_1, \{P_3, P_4, P_5\}) = 1.32;$$
$$MIN.distance(P_2, \{P_3, P_4, P_5\}) = 1.56。$$

表 2-10 欧氏距离更新矩阵 2

	P_1	P_2	$\{P_3, P_4, P_5\}$
P_1	0	0.81	1.32
P_2	0.81	0	1.56
$\{P_3, P_4, P_5\}$	1.32	1.56	0

然后继续找出距离最近的两个簇,P_1,P_2。合并 P_1,P_2 为$\{P_1, P_2\}$,根据 MIN 原则继续更新矩阵(表 2-11):

$$MIN.distance(\{P_1, P_2\}, \{P_3, P_4, P_5\}) = 1.32。$$

表 2-11 欧氏距离更新矩阵 3

	$\{P_1, P_2\}$	$\{P_3, P_4, P_5\}$
$\{P_1, P_2\}$	0	1.32
$\{P_3, P_4, P_5\}$	1.32	0

最后合并剩下的这两个簇即可获得最终结果,如图 2-27 所示。

2. 分裂式层次聚类算法

分裂分析(divisive analysis, DIANA)算法属于分裂的层次聚类,首先将所有的对象形成一个初始簇,根据某种原则(如簇中最近的相邻对象的最大欧氏距离)将该簇分裂。簇的分裂过程反复进行,直到最终每个新的簇只包含一个对象。

通常,使用一种称作树状图(dendrogram)的树形结构来表示层次聚类的过程。它展示对象如何一步一步被分组聚集(在凝聚方法中)或划分(在分裂方法中)。图 2-28 显示 5 个对象的树状图,其中,$l = 0$ 显示在第 0 层 5 个对象都作为单元素簇。在 $l = 1$,对象 a 和 b 被聚在一起形成第一个簇,并且它们在后续各层一直在一起。还可以用一个垂直的数轴来显示簇间的相似尺度。例如，当两组对象 $\{a,b\}$ 和 $\{c,d,e\}$ 的相似度大约为 0.16 时，它们被合并形成一个簇。

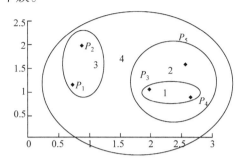

图 2-27　层次聚类举例结果

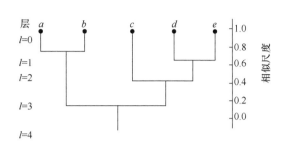

图 2-28　数据对象 $\{a,b,c,d,e\}$ 的层次凝聚的树状图表示

分裂方法的一个挑战是如何把一个大簇划分成几个较小的簇。例如，把 n 个对象的集合划分成两个互斥的子集有 $2^{n-1}-1$ 种可能的方法，其中 n 是对象数。当 n 很大时，考察所有的可能性的计算量是令人望而却步的。因此，分裂方法通常使用启发式方法进行划分，但可能导致结果不精确。为了效率，分裂方法通常不对已经做出的划分决策回溯。一旦一个簇被划分，该簇任何可供选择的其他划分都不再考虑。由于分裂方法的这一特点，凝聚方法远比分裂方法多。

2.8　判　别　分　析

判别分析是判别样品所属类型的一种统计方法,其应用之广可与回归分析媲美。在生产、科研和日常生活中经常需要根据观测到的数据资料，对所研究的对象进行分类。例如，在经济学中，根据人均国民收入、人均工农业产值、人均消费水平等多种指标来判定一个国家的经济发展程度所属类型；在市场预测中，根据以往调查所得的种种指标，判别下季度产品是畅销、平常或滞销；在地质勘探中，根据岩石标本的多种特性来判别地层的地质年代，由采样分析出的多种成分来判别此地是有矿或无矿，是铜矿或铁矿等；在油田开发中，根据钻井的电测或化验数据，判别是否遇到油层、水层、干层或油水混合层；在农林害虫预报中，根据以往的虫情、多种气象因子来判别一个月后的虫情是大发生、中发生或正常；在体育运动中，判别某游泳运动员"苗子"是适合练蛙泳、仰泳还是自由泳等；在医疗诊断中，根据某人多种体检指标(如体温、血压、白细胞等)来判别此人是有病还是无病。总之，在实际问题中需要判别的问题几乎到处可见。

2.8.1　判别分析原理

判别分析与聚类分析不同。判别分析是已知研究对象分成若干类型(或组别)并已取得各种类型的一批已知样品的观测数据，在此基础上根据某些准则建立判别式，然后对未知类型的样品进行判别分类。对于聚类分析来说，一批给定样品要划分的类型事先并不知道，需要通过聚类分析来确定类型。正因为如此，判别分析和聚类分析往往联合起来使用，例如，判别分析是要求先知道各类总体情况才能判断新样品的归类，当总体分类不清楚时，可先用聚类分析对原来的一批样品进行分类，然后再用判别分析建立判别式以对新样品进行判别。

　　判别分析有以下特点：一是根据已掌握的、历史上若干样本的 p 个指标数据及所属类别的信息，总结出该事物分类的规律性，建立判别公式和判别准则；二是根据总结出来的判别公式和判别准则，判别未知类别的样本点所属的类别。

　　判别分析内容很丰富，方法很多。判别分析按判别的组数来区分，有两组判别分析和多组判别分析；按区分不同总体所用的数学模型来分，有线性判别和非线性判别；按判别时所处理的变量方法不同来分，有逐步判别和序贯判别等。判别分析可以从不同角度提出问题，因此有不同的判别准则，如马氏距离最小准则、费歇尔(Fisher)准则、平均损失最小准则、最小平方准则、最大似然准则、最大概率准则等，按判别准则的不同又有多种判别方法。本节介绍三种常用的判别方法，即距离判别、贝叶斯判别和费歇尔判别。

2.8.2　判别分析方法

　1. 距离判别

　　首先根据已知分类的数据，分别计算各类的重心即各组(类)的均值，判别的准则是对任意给定样品，计算它到各类平均数的距离，哪个距离最小就将它判归哪个类。

　1) 两个总体的距离判别方法(方差相等)

　　先考虑两个总体的情况，设有两个协差阵 Σ 相同的 p 维正态总体，对给定的样本 Y，判别一个样本 Y 到底是来自哪一个总体。一个最直观的想法是计算 Y 到两个总体的距离，故用马氏距离来给定判别规则，有

$$y \in G_1，如 d^2(y, G_1) < d^2(y, G_2)$$
$$y \in G_2，如 d^2(y, G_2) < d^2(y, G_1)$$

待判，如 $d^2(y, G_1) = d^2(y, G_2)$，

$$\begin{aligned}
& d^2(y, G_2) - d^2(y, G_1) \\
&= (y - \mu_2)' \Sigma^{-1}(y - \mu_2) - (y - \mu_1)' \Sigma^{-1}(y - \mu_1) \\
&= y' \Sigma^{-1} y - 2y' \Sigma^{-1} \mu_2 + \mu_2' \Sigma^{-1} \mu_2 - (y' \Sigma^{-1} y - 2y' \Sigma^{-1} \mu_1) + \mu_1' \Sigma^{-1} \mu_1 \\
&= 2y' \Sigma^{-1}(\mu_1 - \mu_2) - (\mu_1 + \mu_2)' \Sigma^{-1}(\mu_1 - \mu_2) \\
&= 2\left[y - \frac{(\mu_1 + \mu_2)}{2} \right]' \Sigma^{-1}(\mu_1 - \mu_2)
\end{aligned}$$

令 $\bar{\mu} = \dfrac{\mu_1 + \mu_2}{2}$，

$$\alpha = \Sigma^{-1}(\mu_1 - \mu_2) = (a_1, a_2, \cdots, a_p)'$$
$$\begin{aligned}
W(y) &= (y - \bar{\mu})' \alpha = \alpha'(y - \bar{\mu}) \\
&= a_1(y_1 - \bar{\mu}_1) + \cdots + a_p(y_p - \bar{\mu}_p) \\
&= \alpha' y - \alpha' \bar{\mu}
\end{aligned}$$
$$y \in G_1，如 W(y) > 0$$
$$y \in G_2，如 W(y) < 0$$

待判，如 $W(y) = 0$。

　　当 μ_1, μ_2 和 Σ 已知时，$\alpha = \Sigma^{-1}(\mu_1 - \mu_2)$ 是一个已知的 p 维向量，$W(y)$ 是 y 的线性函数，称为线性判别函数。α 称为判别函数。用线性判别函数进行判别分析非常直观，使用起来最

方便，在实际使用中也最广泛。

2) 多总体的距离判别方法(协方差相等)

设有 k 个总体，分别有均值向量 $u_i(i=1,2,\cdots,k)$ 和协方差阵 $\Sigma_i=\Sigma$ ，又设 Y 是一个待判样品。则 Y 与各总体的距离(即判别函数)为

$$
\begin{aligned}
d^2(y,G_i) &= (y-\mu_i)'\Sigma^{-1}(y-\mu_i)\\
&= y'\Sigma^{-1}y - 2y'\Sigma^{-1}\mu_i + \mu_i'\Sigma^{-1}\mu_i'\\
&= y'\Sigma^{-1}y - 2(y'\Sigma^{-1}\mu_i - 0.5\mu_i'\Sigma^{-1}\mu_i')
\end{aligned}
$$

令 $f_i(y)=(y'\Sigma^{-1}\mu_i - 0.5\mu_i'\Sigma^{-1}\mu_i')$ ，则距离判别法的判别函数为

$$
f_i(y)=(y'\Sigma^{-1}\mu_i - 0.5\mu_i'\Sigma^{-1}\mu_i')
$$

判别规则为 $f_l(y)=\max\limits_{1\leqslant i\leqslant k} f_i(y)$ ，则 $y\in G_l$ ， $f_l(y)=\max\limits_{1\leqslant i\leqslant k} f_i(y)$ ，意味着 $d^2(y,G_l)=\min\limits_{1\leqslant i\leqslant k} d^2(y,G_i)$ 。

距离判别的优点：简单实用；缺点：没有考虑到每个总体出现的概率大小，即先验概率；没有考虑到错判的损失。

贝叶斯判别法可以解决这两个问题。

2. 贝叶斯判别

贝叶斯判别法是通过计算被判样本 x 属于 k 个总体的条件概率 $P(n|x)(n=1,2,\cdots,k)$ ，比较 k 个概率的大小，将样本判归为出现概率最大的总体(或归属于错判概率最小的总体)的判别方法。

1) 最大后验概率准则

设有 k 个总体 $G_1,G_2,G_3,\cdots,G_k$ ，且总体 G_i 的概率密度为 $f_i(x)$ ，样本 x 来自 G_i 的先验概率为 $q_i(i=1,2,\cdots,k)$ ，满足 $q_1+q_2+\cdots+q_k=1$ 。利用贝叶斯理论， x 属于 G_i 的后验概率，即当样本 x 已知时，它属于 G_i 的概率为

$$
P(G_i|x)=\frac{q_i f_i(x)}{\sum\limits_{i=1}^{k} q_i f_i(x)}\qquad i=1,2,\cdots,k
$$

最大后验概率判别准则： $x\in G_l$ ，若 $P(G_l|x)=\max\limits_{1\leqslant i\leqslant k} P(G_l|x)$ 。

2) 最小平均误判准则

定义(平均错判损失)：用 $P(j|i)$ 表示将来自总体 G_i 的样品错判到总体 G_j 的条件概率。

$$
P(j|i)=P(X\in D_j|G_i)=\int_{D_j} f_i(x)\mathrm{d}x\qquad i\neq j
$$

$C(j|i)$ 表示相应错判所造成的损失，则平均错判损失为 $\mathrm{ECM}=\sum\limits_{i=1}^{k} q_i\sum\limits_{j\neq i} C(j|i)P(j|i)$ ，是使 ECM 最小的分划，是贝叶斯判别分析的解。

定理：若总体 $G_1,G_2,G_3,\cdots,G_k$ 的先验概率为 $q_i(i=1,2,\cdots,k)$ ，且相应的概率密度函数为 $f_i(x)(i=1,2,\cdots,k)$ ，样本来自 G_i 而误判为 G_j 的损失为 $C(j|i)$ ，又 $D_1,D_2,\cdots,D_i$ 是 $R^{(p)}$ 的一个划分，则划分的贝叶斯判别解为

$$
D_i=\{x|h_i(x)=\min\limits_{1\leqslant j\leqslant k} h_j(x)\}\qquad i=1,2,3,\cdots,k
$$

其中， $h_j(x)=\sum\limits_{i=1}^{k} q_i C(j|i)f_i(x)$ 。

最小错判损失准则的含义是，当抽取了一个未知总体的样品值 x，要判别它属于哪个总体，只要先计算出 k 个按先验概率加权的误判平均损失，然后比较其大小，选取其中最小的，则判定样品属于该总体。

3. 费歇尔判别

费歇尔判别法，就是用投影的方法将 k 个不同总体在 p 维空间上的点尽可能分散，同一总体内的各样本点尽可能地集中。用方差分析的思想则可构建一个较好区分各个总体的线性判别法。

基本思想：设有 A、B 两个总体，分别有 n_1 和 n_2 个历史样本数据，每个样本有 p 个观测指标，每个样本可看作 p 维空间中的一点。费歇尔借助于方差分析的思想构造一个线性判别函数

$$y = c_1 x_1 + c_2 x_2 + \cdots + c_p x_p$$

其中，判别系数 $c_1, c_2, \cdots, c_p$ 的选择应使得 y 值满足：

(1) A 类和 B 类的样本点群尽可能远离。

(2) 同一类的样本点尽可能集中。

费歇尔思想：不同总体 A、B 的投影点应尽量分散，即 $\max(\bar{y}_a - \bar{y}_b)^2$；而同一总体的投影点，即 $\min(y_{ai} - \bar{y}_a)^2$ $(i=1,2,\cdots,n_a)$ 和 $\min(y_{bi} - \bar{y}_b)^2$ $(i=1,2,\cdots,n_b)$，应该尽量集中。

构造统计量 $F(c_1, c_2, \cdots, c_m) = \dfrac{(\bar{y}_a - \bar{y}_b)^2}{\sum\limits_{i=1}^{n_a}(y_{ai} - \bar{y}_a)^2 + \sum\limits_{i=1}^{n_b}(y_{bi} - \bar{y}_b)^2}$，则只要 F 取最大值就满足费歇尔准则要求。

求 $F(c_1, c_2, \cdots, c_m)$ 的最大值点确定出参数 $c_1, c_2, \cdots, c_m$ 的值，从而可以得出判别函数：

$$y(X) = c_1 x_1 + c_2 x_2 + \cdots + c_m x_m$$

为此，只需要令 $\dfrac{\partial F}{\partial c_i} = 0 (i = 1, 2, \cdots, m)$

$$v = \begin{cases} s_{11}c_1 + s_{12}c_2 + \cdots + s_{1m}c_m = d_1 \\ s_{21}c_1 + s_{22}c_2 + \cdots + s_{2m}c_m = d_2 \\ \qquad \cdots\cdots\cdots\cdots \\ s_{m1}c_1 + s_{m2}c_2 + \cdots + s_{mm}c_m = d_m \end{cases}$$

其中，$d_i = \bar{x}_{Ai} - \bar{x}_{Bi}$；$\bar{x}_{Ai} = \dfrac{1}{n_a}(x_{A1i} + x_{A2i} + \cdots + x_{An_a i})$；$\bar{x}_{Bi} = \dfrac{1}{n_b}(x_{B1i} + x_{B2i} + \cdots + x_{Bn_b i})$；$s_{jl} = \sum\limits_{i=1}^{n_a}(x_{Aji} - \bar{x}_{Aj})(x_{Ali} - \bar{x}_{Al}) + \sum\limits_{i=1}^{n_b}(x_{Bji} - \bar{x}_{Bj})(x_{Bli} - \bar{x}_{Bl})$。

费歇尔判别法实际上是致力于寻找一个最能反映组和组之间差异的投影方向，即寻找线性判别函数 $Y(x) = c_1 x_1 + \cdots + c_p x_p$。设有 k 个总体 $G_1, G_2, \cdots, G_k$，分别有均值向量 $\mu_1, \mu_2, \cdots, \mu_k$ 和协方差阵 $\Sigma_1, \cdots, \Sigma_k$，分别从各总体中得到样品：

$$X_1^{(1)}, \cdots, X_{n_1}^{(1)}$$
$$X_1^{(2)}, \cdots, X_{n_2}^{(2)}$$
$$\vdots$$
$$n_1 + n_2 + \cdots + n_k = n$$

第 i 个总体样本组内离差平方和 $V_i = \sum_{t=1}^{n_i}(X_t^{(i)} - \bar{X}_i)(X_t^{(i)} - \bar{X}_i)'$，综合的组内离差平方和

$E = V_1 + V_2 + \cdots + V_k$，组间离差平方和 $B = \sum_{i=1}^{k} n_i(\bar{X}_i - \bar{X})(\bar{X}_i - \bar{X})'$。因为 $Y(x) = c_1 x_1 + \cdots + c_p x_p$，

$$V_{iy} = \sum_{t=1}^{n_i}(Y_t^{(i)} - \bar{Y}_i)^2 = V_i = \sum_{t=1}^{n_i}(Y_t^{(i)} - \bar{Y}_i)(Y_t^{(i)} - \bar{Y})' = C'V_i C$$

$$E_0 = \sum_{i=1}^{k} V_{iy} = \sum_{i=1}^{k} C'V_i C = C'EC$$

$$B_0 = \sum_{i=1}^{k} n_i(\bar{Y}_i - \bar{Y})^2 = \sum_{i=1}^{k} n_i(\bar{Y}_i - \bar{Y})(\bar{Y}_i - \bar{Y})' = C'BC$$

如果判别分析是有效的，则所有的样品的线性组合 $Y(x) = c_1 x_1 + \cdots + c_p x_p$ 满足组内离差平方和小，而组间离差平方和大。则

$$\Delta^2(C) = \frac{B_0}{E_0} = \frac{C'BC}{C'EC} = \max$$

$\Delta^2(C) = \dfrac{B_0}{E_0} = \dfrac{C'BC}{C'EC}$ 的最大值是 Δ 最大的特征根 λ_1。

λ_1 所对应的特征向量即 $C_1 = (c_{11}, \cdots, c_{p1})'$。

判别规则：设 $y_i(X)$ 为第 i 个线性判别函数 $(i = 1, 2, \cdots, m)$，$d(x, G_k) = \sum_{i=1}^{r}(y_i(x) - y_i(\bar{x}_k))^2$，

则 $d(x, G_t) = \min_{1 \le j \le k} d(x, G_k)$，$x \in G_t$。

例 2.21　试用各种判别方法对样本进行判类。

1990 年联合国开发计划署公布的《人类发展报告》，用出生时的预期寿命 (x_1)、成人识字率 (x_2)、实际人均 GDP (x_3) 等三个变量衡量人类发展状况。现从高发展水平国家和中等发展水平国家中各选了五个样本，另选 M、N 两国作为待判样本(表 2-12)，要求：①做距离判别分析(假定两总体协方差阵相等)；②做 Fisher 判别分析。

表 2-12　相关关系的类型

类别	序号	国家	出生时的预期寿命(x_1)/岁	成人识字率(x_2)/%	实际人均 GDP(x_3)/美元
第一类(高发展水平国家)	1	A	76	99	5374
	2	B	79.5	99	5359
	3	C	78	99	5372
	4	D	72.1	95.9	5242
	5	E	73.8	77.7	5370
第二类(中等发展水平国家)	6	F	71.2	93	4250
	7	G	75.3	94.9	3412
	8	H	70	91.2	3390
	9	I	72.8	99	2300
	10	J	62.9	80.6	3799
待判样本	11	M	68.5	79.3	1950
	12	N	77.6	93.8	5233

(1) 距离判别。

a. 计算两类样本均值。

$$\overline{X}_1 = \begin{pmatrix} 75.88 \\ 94.08 \\ 5343.4 \end{pmatrix} \quad \overline{X}_2 = \begin{pmatrix} 70.44 \\ 91.74 \\ 3430.2 \end{pmatrix}$$

b. 计算样本协方差和总体协方差。

$$S_1 = \sum_{a=1}^{n_i} (X_{a1} - \overline{X}_1)(X_{a1} - \overline{X}_1)' = \begin{pmatrix} 36.228 & 56.022 & 448.74 \\ 56.022 & 344.228 & -252.24 \\ 448.74 & -252.24 & 12987.2 \end{pmatrix}$$

$$S_2 = \sum_{a=1}^{n_i} (X_{a2} - \overline{X}_2)(X_{a2} - \overline{X}_2)' = \begin{pmatrix} 86.812 & 117.682 & -4895.74 \\ 117.682 & 188.672 & -11316.54 \\ -4895.74 & -11316.54 & 2087384.8 \end{pmatrix}$$

$$\hat{\Sigma}^{-1} = \frac{1}{n_1 + n_2 - 2}(S_1 + S_2) = \frac{1}{8}\begin{pmatrix} 123.04 & 173.704 & -4447 \\ 173.704 & 532.9 & -11568.78 \\ -4447 & -11568.78 & 2100372 \end{pmatrix}$$

$$= \begin{pmatrix} 15.38 & 21.713 & -555.875 \\ 21.713 & 66.6125 & -14446.0975 \\ -555.875 & -1446.0975 & 262546.5 \end{pmatrix}$$

$$\hat{\Sigma}^{-1} = \begin{pmatrix} 0.120896 & -0.03845 & 0.0000442 \\ -0.03845 & 0.029278 & 0.0000799 \\ 0.0000442 & 0.0000799 & 0.0000434 \end{pmatrix}$$

c. 求线性判别函数。

令 $a = \hat{\Sigma}^{-1}(\overline{X}_1 - \overline{X}_2)$

$$W(X) = (X - \overline{X})'\hat{\Sigma}^{-1}(\overline{X}_1 - \overline{X}_2) = a'(X - \overline{X}) = 0.6523x_1 + 0.0122x_2 + 0.00873x_3 - 87.1525$$

d. 待判样本归类。

$$W(X) = 0.6523 \times 68.5 + 0.0122 \times 79.3 + 0.00873 \times 1950 - 87.1525 = -24.47899$$

将 M 国判别到第二类。

N 国：

$$W(X) = 0.6523 \times 77.6 + 0.0122 \times 93.8 + 0.00873 \times 5233 - 87.1525 = 4.47899$$

将 N 国判别到第一类。

(2) Fisher 判别。

a. 建立判别函数：

$$\begin{pmatrix} c_1 \\ c_2 \\ c_3 \end{pmatrix} = S^{-1}\begin{pmatrix} d_1 \\ d_2 \\ d_3 \end{pmatrix} = \frac{1}{8}\hat{\Sigma}^{-1}(\overline{X}_1 - \overline{X}_2) = \frac{1}{8}a = \begin{pmatrix} 0.0815375 \\ 0.001525 \\ 0.00109125 \end{pmatrix}$$

$$y = 0.0815375x_1 + 0.001525x_2 + 0.00109125x_3$$

b. 计算临界值 y_0。

$$\overline{y}_1 = 12.1615 \quad \overline{y}_2 = 9.6266, \quad 临界值 y_0 = \frac{n_1\overline{y}_1 + n_2\overline{y}_2}{n_1 + n_2} = 10.8941$$

c. 判别分析。

因 $\overline{y}_1 > \overline{y}_2$, $y_M = 7.8342 < y_0$

将 M 国判别到第二类。

$$y_N = 12.1809 > y_0$$

将 N 国判别到第一类。

2.9 主成分分析

在处理信息时，当两个变量之间有一定相关关系时，可以解释为这两个变量反映出的信息有一定的重叠。例如，高校科研状况评价中的立项课题数与项目经费、经费支出等之间会存在较高的相关性；学生综合评价研究中的通识基础课成绩与专业课成绩、获奖学金次数等之间也会存在较高的相关性。而变量之间信息的高度重叠和相关会给统计方法的应用带来许多障碍。

为了解决这些问题，最简单和最直接的解决方案是削减变量的个数，但这必然又会导致信息丢失和信息不完整等问题的产生。为此，人们希望探索一种更为有效的解决方法，它既能大大减少参与数据建模的变量个数，又不会造成信息的大量丢失。主成分分析(principal component analysis, PCA)正是这样一种能够有效降低变量维数的分析方法。

2.9.1 基本原理

主成分分析法的基本思想是设法将原来众多的具有一定相关性的指标(如 p 个指标) $X_1, X_2, \cdots, X_p$ 重新组合成一组较少个数的互不相关的综合指标 F_m ，来代替原来的指标。那么综合指标应该如何去提取，使其既能最大限度地反映原变量 X_p 所代表的信息，又能保证新指标之间保持相互无关(信息不重叠)呢？

设 F_1 表示原变量的第一个线性组合所形成的主成分指标，即 $F_1 = a_{11}X_1 + a_{21}X_2 + \cdots + a_{p1}X_p$ ，每一个主成分所提取的信息量可用其方差来度量，其方差 $\text{Var}(F_1)$ 越大，表示 F_1 包含的信息越多。常常希望第一主成分 F_1 所含的信息量最大，因此在所有的线性组合中选取的 F_1 应该是 $X_1, X_2, \cdots, X_p$ 的所有线性组合中方差最大的，故称 F_1 为第一主成分。如果第一主成分不足以代表原来 p 个指标的信息，再考虑选取第二个主成分指标 F_2 ，为有效地反映原信息，F_1 已有的信息就不需要再出现在 F_2 中，即 F_2 与 F_1 要保持独立、不相关，用数学语言表达就是其协方差 $\text{Cov}(F_1, F_2) = 0$ ，所以 F_2 是与 F_1 不相关的 $X_1, X_2, \cdots, X_p$ 的所有线性组合中方差最大的，故称 F_2 为第二主成分，依此类推构造出的 $F_1, F_2, \cdots, F_m$ 为原变量指标 $X_1, X_2, \cdots, X_p$ 的第一、第二、……、第 m 个主成分。

$$\begin{cases} F_1 = a_{11}X_1 + a_{12}X_2 + \cdots + a_{1p}X_p \\ F_2 = a_{21}X_1 + a_{22}X_2 + \cdots + a_{2p}X_p \\ \qquad\qquad \cdots\cdots\cdots\cdots \\ F_m = a_{m1}X_1 + a_{m2}X_2 + \cdots + a_{mp}X_p \end{cases}$$

在主成分计算时要进行旋转变换(图 2-29)，其目的是使得 n 个样本点在 F_1 轴方向上的离散程度最大，即 F_1 的方差最大。变量 F_1 代表了原始数据的绝大部分信息，也就是主成分方向。然后在二维空间中取和 F_1 方向正交的方向，就是 F_2 的方向。数据在 F_1 上的投影代表了原始数据的绝大部分信息，即使不考虑 F_2，信息损失也不多。F_1 与 F_2 除起了浓缩作用外，还具有不相关性。椭圆的长短轴相差得越大，降维也越有意义。

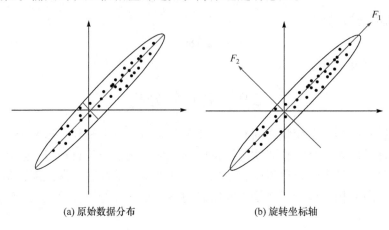

(a) 原始数据分布　　　　　　　　　　　　(b) 旋转坐标轴

图 2-29　主成分分析旋转变换

从以上分析得知：

(1) F_i 与 F_j 互不相关，即 $\mathrm{Cov}(F_i, F_j) = 0$，并有 $\mathrm{Var}(F_i) = a_i' \Sigma a_i$，其中 Σ 为 X 的协方差阵。

(2) F_1 是 $X_1, X_2, \cdots, X_p$ 的一切线性组合(系数满足上述要求)中方差最大的，若 $m > 1$，即 F_m 是与 $F_1, F_2, \cdots, F_{m-1}$ 都不相关的 $X_1, X_2, \cdots, X_p$ 的所有线性组合中方差最大者。$F_1, F_2, \cdots, F_m$ $(m \leqslant p)$ 为构造的新变量指标，即原变量指标的第一、第二、……、第 m 个主成分。

由以上分析可见，主成分分析法的主要任务有两点：

(1) 确定各主成分 F_i $(i = 1, 2, \cdots, m)$ 关于原变量 X_j $(j = 1, 2, \cdots, p)$ 的表达式，即系数 a_{ij} $(i = 1, 2, \cdots, m; m = 1, 2, \cdots, p)$。从数学上可以证明，原变量协方差矩阵的特征根是主成分的方差，所以前 m 个较大特征根就代表前 m 个较大的主成分方差值；原变量协方差矩阵前 m 个较大的特征值 λ_i(这样选取才能保证主成分的方差依次最大)所对应的特征向量就是相应主成分 F_i 表达式的系数 a_i，为了加以限制，系数 a_i 启用的是 λ_i 对应的单位化特征向量，即有 $a_i' a_i = 1$。

(2) 计算主成分载荷，主成分载荷反映主成分 F_i 与原变量 X_j 之间的相互关联程度：

$$P(Z_k, x_i) = \sqrt{\lambda_k}\, a_{ki} \quad i = 1, 2, \cdots, p; k = 1, 2, \cdots, m$$

主成分分析以最少的信息丢失为前提，将众多的原有变量综合成较少几个综合指标，通常综合指标(主成分)有以下几个特点。

(1) 主成分个数远远少于原有变量的个数。原有变量综合成少数几个因子之后，因子将可以替代原有变量参与数据建模，这将大大减少分析过程中的计算工作量。

(2) 主成分能够反映原有变量的绝大部分信息。因子并不是原有变量的简单取舍，而是原有变量重组后的结果，因此不会造成原有变量信息的大量丢失，并能够代表原有变量的绝大部分信息。

(3) 主成分之间应该互不相关。通过主成分分析得出的新的因子(主成分)之间互不相关，因子参与数据建模能够有效地解决变量信息重叠、多重共线性等给分析应用带来的许多问题。

(4) 主成分具有命名解释性。总之，主成分分析法是研究如何以最少的信息丢失将众多原有变量浓缩成少数几个因子，如何使因子具有一定的命名解释性的多元统计分析方法。

2.9.2　计算步骤

(1) 计算协方差矩阵。

计算样本数据的协方差矩阵：$\Sigma = (S_{ij})p \times p$

其中，

$$S_{ij} = \frac{1}{n-1} \sum_{k=1}^{n} (x_{ki} - \overline{x}_i)(x_{kj} - \overline{x}_j) \quad i, j = 1, 2, \cdots, p$$

(2) 求出 Σ 的特征值 λ_i 及相应的正交化单位特征向量 a_i。

λ_i 的前 m 个较大的特征值 $\lambda_1 \geqslant \lambda_2 \geqslant \cdots \geqslant \lambda_m > 0$，就是前 m 个主成分对应的方差，λ_i 对应的单位特征向量 a_i 就是主成分 F_i 的关于原变量的系数，则原变量的第 i 个主成分 F_i 为

$$F_i = a_i' X$$

主成分的方差(信息)贡献率用来反映信息量的大小，α_i 为

$$\alpha_i = \lambda_i / \sum_{i=1}^{m} \lambda_i$$

(3) 选择主成分。

最终要选择几个主成分，即 $F_1, F_2, \cdots, F_m$ 中 m 是通过方差(信息)累计贡献率 $G(m)$ 来确定：

$$G(m) = \sum_{i=1}^{m} \lambda_i / \sum_{k=1}^{p} \lambda_k$$

当累积贡献率大于80%时，就认为足够反映原来变量的信息了，对应的 m 就是抽取的前 m 个主成分。

(4) 计算主成分载荷。

主成分载荷是反映主成分 F_i 与原变量 X_j 之间的相互关联程度，变量 X_j $(j=1,2,\cdots,p)$ 在各主成分 F_i $(i=1,2,\cdots,m)$ 上的荷载为 l_{ij} $(i=1,2,\cdots,m; j=1,2,\cdots,p)$。

$$l(Z_i, X_j) = \sqrt{\lambda_i} a_{ij} \quad i = 1, 2, \cdots, m; j = 1, 2, \cdots, p$$

(5) 计算主成分得分。

计算样品在 m 个主成分上的得分：

$$F_i = a_{1i} X_1 + a_{2i} X_2 + \cdots + a_{pi} X_p \quad i = 1, 2, \cdots, m$$

实际应用时，指标的量纲往往不同，所以在主成分计算之前应先消除量纲的影响。消除数据量纲有很多方法，常用方法是将原始数据标准化，即做如下数据变换：

$$x_{ij}^* = \frac{x_{ij} - \overline{x}_j}{s_j} \quad i = 1, 2, \cdots, n; j = 1, 2, \cdots, p$$

其中，$\overline{x}_j = \frac{1}{n} \sum_{i=1}^{n} x_{ij}$；$s_j^2 = \frac{1}{n-1} \sum_{i=1}^{n} (x_{ij} - \overline{x}_j)^2$

由公式可知：①对任何随机变量做标准化变换后，其协方差与其相关系数是相同的，即标准化后的变量协方差矩阵就是其相关系数矩阵；②根据协方差的公式可以推得标准化后的

协方差就是原变量的相关系数，即标准化后变量的协方差矩阵就是原变量的相关系数矩阵。也就是说，标准化前后变量的相关系数矩阵不变化。

根据以上论述，为消除量纲的影响，将变量标准化后再计算其协方差矩阵，就是直接计算原变量的相关系数矩阵，所以主成分分析的实际常用计算步骤如下。

(1) 计算相关系数矩阵。

$$R = \begin{bmatrix} r_{11} & r_{12} & \cdots & r_{1p} \\ r_{21} & r_{22} & \cdots & r_{2p} \\ \vdots & \vdots & & \vdots \\ r_{p1} & r_{p2} & \cdots & r_{pp} \end{bmatrix}$$

其中，$r_{ij}(i, j=1, 2, \cdots, p)$ 为原变量 x_i 与 x_j 的相关系数，$r_{ij}=r_{ji}$，其计算公式为

$$r_{ij} = \frac{\sum_{k=1}^{n}(x_{ki} - \bar{x}_i)(x_{kj} - \bar{x}_j)}{\sqrt{\sum_{k=1}^{n}(x_{ki} - \bar{x}_i)^2 \sum_{k=1}^{n}(x_{kj} - \bar{x}_j)^2}}$$

(2) 求出相关系数矩阵的特征值 λ_i 及相应的正交化单位特征向量 l_i。

首先解特征方程 $|\lambda I - R| = 0$，求出特征值，并使其按大小顺序排列；再分别求出对应于特征值 λ_i 的特征向量 $e_i(i=1,2,\cdots,p)$，要求 $\sum_{j=1}^{p}e_{ij}^2 = 1$，其中 e_{ij} 表示向量 e_i 的第 j 个分量。

(3) 计算主成分贡献率及累计贡献率。

贡献率：$\dfrac{\lambda_i}{\sum_{k=1}^{p}\lambda_k}$　　$i=1,2,\cdots,p$

累计贡献率：$\dfrac{\sum_{k=1}^{i}\lambda_k}{\sum_{k=1}^{p}\lambda_k}$　　$i=1,2,\cdots,p$

一般取累计贡献率达 80%～95% 的特征值所对应的第一、第二、……、第 $m(m \leqslant p)$ 个主成分。

(4) 计算主成分载荷。计算公式为

$$l_{ij} = P(z_i, x_j) = \sqrt{\lambda_i}e_{ij} \quad i, j = 1, 2, \cdots, p$$

(5) 计算主成分得分：

$$Z = \begin{bmatrix} l_{11} & l_{12} & \cdots & l_{1p} \\ l_{21} & l_{22} & \cdots & l_{2p} \\ \vdots & \vdots & & \vdots \\ l_{n1} & l_{n2} & \cdots & l_{np} \end{bmatrix}\begin{bmatrix} x_1 \\ x_2 \\ \vdots \\ x_p \end{bmatrix}$$

2.9.3 实例

表 2-13 是某农业生态经济系统各区域单元的有关数据，对此进行主成分分析。

表 2-13　某农业生态经济系统各区域单元的有关数据

x_1: 人口密度/(人/km²)	x_2: 人均耕地面积/hm²	x_3: 森林覆盖率/%	x_4: 农民人均纯收入/(元/人)	x_5: 人均粮食产量/(kg/人)	x_6: 经济作物占农作物播种面积比例/%	x_7: 耕地占土地面积比例/%	x_8: 果园与林地面积比例/%	x_9: 灌溉田占耕地面积比例/%
363.91	0.35	16.10	192.11	295.34	26.72	18.49	2.23	26.26
141.50	1.68	24.30	1752.35	452.26	32.31	14.46	1.46	27.07
100.70	1.07	65.60	1181.54	270.12	18.27	0.16	7.47	12.49
143.74	1.34	33.21	1436.12	354.26	17.49	11.81	1.89	17.53
131.41	1.62	16.61	1405.09	586.59	40.68	14.40	0.30	22.93
68.34	2.03	76.20	1540.29	216.39	8.13	4.07	0.01	4.86
95.42	0.80	71.11	926.35	291.52	8.14	4.06	0.01	4.86
62.90	1.65	73.31	1501.24	225.25	18.35	2.65	0.03	3.20
86.62	0.84	68.90	897.36	196.37	16.86	5.18	0.06	6.17
91.39	0.81	66.50	911.24	226.51	18.28	5.64	0.08	4.48
76.91	0.86	50.30	103.52	217.09	19.79	4.88	0.00	6.17
51.27	1.04	64.61	968.33	181.38	4.01	4.07	0.02	5.40
68.83	0.84	62.80	957.14	194.04	9.11	4.48	0.00	5.79
77.30	0.62	60.10	824.37	188.09	19.41	5.72	5.06	8.41
76.95	1.02	68.00	1255.42	211.55	11.10	3.13	0.01	3.43
99.27	0.65	60.70	1251.03	220.91	4.38	4.62	0.01	5.59
118.51	0.66	63.30	1246.47	242.16	10.71	6.05	0.15	8.70
141.47	0.74	54.21	814.21	193.46	11.42	6.44	0.01	12.95
137.76	0.60	55.90	1124.05	228.44	9.52	7.88	0.07	12.65
117.61	1.25	54.50	805.67	175.23	18.11	5.79	0.05	8.46
122.78	0.73	49.10	1313.11	236.29	26.72	7.16	0.09	10.08

步骤如下。

(1) 将表 2-13 中的数据做标准差标准化处理,计算相关系数,得到相关系数矩阵(表 2-14)。

表 2-14　相关系数矩阵

	x_1	x_2	x_3	x_4	x_5	x_6	x_7	x_8	x_9
x_1	1	−0.327	−0.714	−0.336	0.309	0.408	0.79	0.156	0.744
x_2	−0.327	1	−0.035	0.644	0.42	0.255	0.009	−0.078	0.094
x_3	−0.714	−0.035	1	0.07	−0.74	−0.755	−0.93	−0.109	−0.924
x_4	−0.336	0.644	0.07	1	0.383	0.069	−0.046	−0.031	0.073
x_5	0.309	0.42	−0.74	0.383	1	0.734	0.672	0.098	0.747
x_6	0.408	0.255	−0.755	0.069	0.734	1	0.658	0.222	0.707
x_7	0.79	0.009	−0.93	−0.046	0.672	0.658	1	−0.03	0.89
x_8	0.156	−0.078	−0.109	−0.031	0.098	0.222	−0.03	1	0.29
x_9	0.744	0.094	−0.924	0.073	0.747	0.707	0.89	0.29	1

(2) 由相关系数矩阵计算特征值,以及各个主成分的贡献率与累积贡献率。由表 2-15 可知,第一,第二,第三主成分的累计贡献率已高达 86.596%(大于 85%),故只需要求出第一,第二,第三主成分 z_1, z_2, z_3 即可。

表 2-15 特征值及主成分贡献率

主成分	特征值	贡献率/%	累积贡献率/%
z_1	4.661	51.791	51.791
z_2	2.089	23.216	75.007
z_3	1.043	11.589	86.596
z_4	0.507	5.638	92.234
z_5	0.315	3.502	95.736
z_6	0.193	2.14	97.876
z_7	0.114	1.271	99.147
z_8	0.0453	0.504	99.65
z_9	0.0315	0.35	100

(3) 对于特征值为 4.6610, 2.0890, 1.0430 的主成分, 分别求出其特征向量 l_1, l_2, l_3 (表 2-16)。

表 2-16 单位特征向量

	l_1	l_2	l_3	占方差的百分数/%
x_1	0.739	−0.532	−0.0061	82.918
x_2	0.123	0.887	−0.0028	80.191
x_3	−0.964	0.0096	0.0095	92.948
x_4	0.0042	0.868	0.0037	75.346
x_5	0.813	0.444	−0.0011	85.811
x_6	0.819	0.179	0.125	71.843
x_7	0.933	−0.133	−0.251	95.118
x_8	0.197	−0.1	0.97	98.971
x_9	0.964	−0.0025	0.0092	92.939

(4) 计算主成分得分。例如, 第一主成分 z_1 的得分: $F_1 = 0.739 \times x_1 + 0.123 \times x_2 - 0.964 \times x_3 + 0.0042 \times x_4 + 0.813 \times x_5 + 0.819 \times x_6 + 0.933 \times x_7 + 0.197 \times x_8 + 0.964 \times x_9$。

得到主成分得分结果(表 2-17)。

表 2-17 主成分得分结果

F_1	F_2	F_3	F_1	F_2	F_3
559.27	106.78	−0.5773	139.55	895.47	3.22571
522.74	1651.9	7.41833	169.43	882.7	3.57088
264.5	1096	13.6878	185.98	761.26	8.91186
411.03	1330.2	5.5781	184.02	1145.8	5.22869
633.02	1417	5.8808	213.06	1132.5	3.80677
174.82	1400.1	5.81351	251.58	1128.7	4.2706
258.1	885.04	3.25148	240.93	719.69	2.39085
186.04	1374.7	7.30744	265.8	1005.5	2.99208
185.71	823.73	4.14659	208.77	718.63	3.5197
216.08	846.77	4.17781	279.41	1184.3	6.03884
212.09	149.45	1.45721			

结果分析如下。

(1) 第一主成分 z_1 与 x_1, x_5, x_6, x_7, x_9 呈现出较强的正相关, 与 x_3 呈现出较强的负相关, 而这几个变量则综合反映了生态经济结构状况, 因此可以认为第一主成分 z_1 是生态经济结构的代表。

(2) 第二主成分 z_2 与 x_2, x_4, x_5 呈现出较强的正相关, 与 x_1 呈现出较强的负相关, 其中, 除了 x_1 为人口总数外, x_2, x_4, x_5 都反映了人均占有资源量的情况, 因此可以认为第二主成分 z_2 代表了人均资源量。

(3) 第三主成分 z_3, 与 x_8 呈现出的正相关程度最高, 其次是 x_6, 而与 x_7 呈负相关, 因此可以认为第三主成分在一定程度上代表了农业经济结构。

显然, 用三个主成分 z_1、z_2、z_3 代替原来 9 个变量(x_1, x_2, $\cdots$, x_9), 描述农业生态经济系统, 可以使问题更进一步简化、明了。

2.9.4　主成分分析与因子分析的区别

因子分析是研究如何以最少的信息丢失, 将众多原始变量浓缩成少数几个因子变量, 以及如何使因子变量具有较强的可解释性的一种多元统计分析方法。有时易与主成分分析方法混淆, 二者的主要区别总结如下。

(1) 因子分析中是把变量表示成各因子的线性组合, 而主成分分析中则是把主成分表示成各变量的线性组合。

(2) 主成分分析的重点在于解释各变量的总方差, 而因子分析则把重点放在解释各变量之间的协方差。

(3) 主成分分析中不需要有假设(assumptions), 因子分析则需要一些假设。因子分析的假设包括: 各个共同因子之间不相关, 特殊因子(specific factor)之间不相关, 共同因子和特殊因子之间也不相关。

(4) 主成分分析中, 当给定的协方差矩阵或者相关矩阵的特征值唯一, 主成分一般是独特的; 而因子分析中因子不是独特的, 可以旋转得到不同的因子。

(5) 在因子分析中, 因子个数需要分析者指定, 随指定的因子数量不同而结果不同。在主成分分析中, 成分的数量是一定的, 一般有几个变量就有几个主成分。和主成分分析相比, 由于因子分析可以使用旋转技术帮助解释因子, 在解释方面更加有优势。

大致说来, 当需要寻找潜在的因子, 并对这些因子进行解释的时候, 更加倾向于使用因子分析, 并且借助旋转技术帮助更好地解释。而如果想把现有的变量变成少数几个新的变量(新的变量几乎带有原来所有变量的信息)来进入后续的分析, 则可以使用主成分分析。当然, 这种情况也可以使用因子得分做到。所以这种区分不是绝对的。

在算法上, 主成分分析和因子分析很类似, 不过在因子分析中所采用的协方差矩阵的对角元素不再是变量的方差, 而是和变量对应的共同度(变量方差中被各因子所解释的部分)。

第3章 统计关系分析

第2章提及的相关分析可以确定变量之间是否存在某种相关关系,但不能对其关系进行定量表达。本章介绍的回归模型可以对变量的统计关系进行定量分析。回归分析是根据已得的试验结果及以往的经验来建立统计模型,并研究变量间的相关关系,建立起变量之间关系的近似表达式,即经验公式,并由此对相应的变量进行预测和控制等;结构方程模型是基于变量的协方差矩阵来分析变量之间复杂关系的一种综合性的统计方法;时间序列分析主要是根据序列特征分析时间变化趋势。

本章具体结构如图 3-1 所示。首先介绍经典统计学中的多元线性回归方法及其衍生的一些常见回归模型,在此基础上,介绍分位数回归、分层回归、分段回归;然后从基本原理、建模过程、分析方法和实例四方面介绍结构方程模型;最后介绍几种常见的时间序列分析模型:指数平滑模型、ARIMA 模型、季节分解模型、MK 检验。

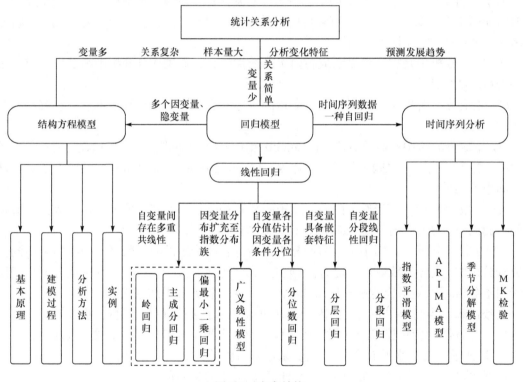

图 3-1　本章结构

3.1　回　归　模　型

回归分析是一种应用极为广泛的数量分析方法,它用于分析事物之间的统计关系,侧重考察变量之间的数量变化规律,并通过回归方程的形式描述和反映这种关系,帮助人们准确把握变量受其他一个或多个变量影响的程度,进而为控制和预测提供科学依据。通俗来讲,回归分析是研究因变量对自变量依赖关系的一种统计分析方法,目的是通过自变量的给定值来估计或预测因变量的均值,可用于预测或发现各种变量之间的因果关系。

回归分析根据已得的试验结果及经验来建立统计模型，并研究变量间的相关关系，建立起变量之间关系的近似表达式，即经验公式，并由此对相应的变量进行预测和控制等。例如，在实际中最简单的情形是由两个变量组成的关系。考虑用模型 $Y = f(x)$ 表示。但是，因为两个变量之间不存在确定的函数关系，所以必须把随机波动考虑进去，故引入模型如下：

$$Y = f(x) + \varepsilon$$

其中，Y 为随机变量；x 为普通变量；ε 为随机变量(又称为随机误差)。

3.1.1　线性回归

1. 线性回归模型

若因变量与多个自变量相关，就需要使用线性回归(linear regression，LR)进行建模。如在研究影响各地房价的因素时，不仅需要考虑当地居民的收入条件，还需要考虑如房屋建设成本、宏观经济因素、社会及人口因素等多种因素的共同作用。因此，就需要讨论多个自变量对因变量的影响问题。下式给出了线性回归模型的一般形式：

$$y = \beta_0 + \beta_1 x_1 + \beta_2 x_2 + \cdots + \beta_p x_p + \varepsilon \tag{3.1.1}$$

其中，$\beta_0, \beta_1, \beta_2, \cdots, \beta_p$ 为未知参数；y 为因变量；$x_1, x_2, \cdots, x_p$ 是 p 个自变量。$p=1$ 时，公式退化为一元线性模型的公式，$p \geq 2$ 时，为多元线性回归模型。ε 是包含在 y 里面但不能被 p 个自变量的线性关系所解释的变异性，是一个被称为误差项的随机变量。对于随机变量 ε，通常假定其均值为 0，且服从方差为 σ^2 的正态分布，即 $\varepsilon \sim N(0, \sigma^2)$。

对于一个实际问题，如果获取了 n 个空间单元上的观测数据，则线性回归方程可以表示为

$$\begin{cases} y_1 = \beta_0 + \beta_1 x_{11} + \beta_2 x_{12} + \cdots + \beta_p x_{1p} + \varepsilon \\ y_2 = \beta_0 + \beta_1 x_{21} + \beta_2 x_{22} + \cdots + \beta_p x_{2p} + \varepsilon \\ \qquad\qquad\cdots\cdots\cdots\cdots \\ y_n = \beta_0 + \beta_1 x_{n1} + \beta_2 x_{n2} + \cdots + \beta_p x_{np} + \varepsilon \end{cases} \tag{3.1.2}$$

其矩阵表达形式为

$$y = X\beta + \varepsilon \tag{3.1.3}$$

其中，

$$y = \begin{bmatrix} y_1 \\ y_2 \\ \vdots \\ y_n \end{bmatrix} \quad X = \begin{bmatrix} 1 & x_{11} & \cdots & x_{1p} \\ 1 & x_{21} & \cdots & x_{2p} \\ \vdots & \vdots & & \vdots \\ 1 & x_{n1} & \cdots & x_{np} \end{bmatrix}$$

$$\beta = \begin{bmatrix} \beta_1 \\ \beta_2 \\ \vdots \\ \beta_n \end{bmatrix} \quad \varepsilon = \begin{bmatrix} \varepsilon_1 \\ \varepsilon_2 \\ \vdots \\ \varepsilon_n \end{bmatrix}$$

X 是一个 $n \times (p+1)$ 阶矩阵，称为回归设计矩阵。因为在实验中，X 的元素是可以预先设计的，有人为的主观因素作用其中。

线性回归要点总结如下：

(1) 自变量与因变量之间必须有线性关系。

(2) 多元回归存在多重共线性、自相关性和异方差性。

(3) 线性回归对异常值非常敏感。异常值会严重影响回归线，最终影响预测值。

(4) 多重共线性会增加系数估计值的方差，使得估计值对于模型的轻微变化异常敏感，结果就是系数估计值不稳定。

(5) 在存在多个自变量的情况下，可以使用向前选择法、向后剔除法和逐步筛选法来选择最重要的自变量。

2. 回归方程的参数估计

1) 最小二乘估计

线性回归方程的参数 β_0, β_1, β_2, $\cdots$, β_p 可以使用最小二乘法进行估计，即寻找参数 $\hat{\beta}_0$, $\hat{\beta}_1$, $\hat{\beta}_2$, $\cdots$, $\hat{\beta}_p$，使离差平方和达到极小，此时参数 $\hat{\beta}_0$, $\hat{\beta}_1$, $\hat{\beta}_2$, $\cdots$, $\hat{\beta}_p$ 就称为回归参数 β_0, β_1, β_2, $\cdots$, β_p 的最小二乘估计。

$$Q(\hat{\beta}_0, \hat{\beta}_1, \hat{\beta}_2, \cdots, \hat{\beta}_p) = \sum_{i=1}^{n} (y_i - \hat{\beta}_0 - \hat{\beta}_1 x_{i1} - \hat{\beta}_2 x_{i2} - \cdots - \hat{\beta}_p x_{ip})^2$$

$$\tag{3.1.4}$$

$$= \min_{\beta_0, \beta_1, \beta_2, \cdots, \beta_p} \sum_{i=1}^{n} (y_i - \beta_0 - \beta_1 x_{i1} - \beta_2 x_{i2} - \cdots - \beta_p x_{ip})^2$$

根据微积分求极值的原理，以上方程中 $\hat{\beta}_0$, $\hat{\beta}_1$, $\hat{\beta}_2$, $\cdots$, $\hat{\beta}_p$ 应满足：

$$\begin{cases} \dfrac{\partial Q}{\partial \beta_0} \bigg|_{\beta_0 = \hat{\beta}_0} = -2\sum_{i=1}^{n} (y_i - \hat{\beta}_0 - \hat{\beta}_1 x_{i1} - \hat{\beta}_2 x_{i2} - \cdots - \hat{\beta}_p x_{ip}) = 0 \\[2mm] \dfrac{\partial Q}{\partial \beta_1} \bigg|_{\beta_1 = \hat{\beta}_1} = -2\sum_{i=1}^{n} (y_i - \hat{\beta}_0 - \hat{\beta}_1 x_{i1} - \hat{\beta}_2 x_{i2} - \cdots - \hat{\beta}_p x_{ip}) x_{i1} = 0 \\[2mm] \dfrac{\partial Q}{\partial \beta_2} \bigg|_{\beta_2 = \hat{\beta}_2} = -2\sum_{i=1}^{n} (y_i - \hat{\beta}_0 - \hat{\beta}_1 x_{i1} - \hat{\beta}_2 x_{i2} - \cdots - \hat{\beta}_p x_{ip}) x_{i2} = 0 \\[2mm] \qquad\qquad\qquad\cdots\cdots\cdots\cdots \\[2mm] \dfrac{\partial Q}{\partial \beta_p} \bigg|_{\beta_p = \hat{\beta}_p} = -2\sum_{i=1}^{n} (y_i - \hat{\beta}_0 - \hat{\beta}_1 x_{i1} - \hat{\beta}_2 x_{i2} - \cdots - \hat{\beta}_p x_{ip}) x_{ip} = 0 \end{cases} \tag{3.1.5}$$

整理后得用矩阵形式表示的正规方程组：

$$X'(y - X\hat{\beta}) = 0 \tag{3.1.6}$$

移项化简得 $X'X\hat{\beta} = X'y$，当 $(X'X)^{-1}$ 存在时，回归参数的最小二乘估计为

$$\hat{\beta} = (X'X)^{-1} X'y \tag{3.1.7}$$

2) 最大似然估计

对于线性回归模型

$$y = X\beta + \varepsilon, \quad \varepsilon \sim N(0, \sigma^2 I_n) \tag{3.1.8}$$

I_n 代表单位矩阵，即 ε 服从多变量正态分布，则 y 的概率分布满足：

$$y \sim N(X\beta, \sigma^2 I_n) \tag{3.1.9}$$

此时，似然函数为

$$L = (2\pi)^{-n/2}(\sigma^2)^{-n/2}\exp\left(-\frac{1}{2\sigma^2}(y - X\beta)'(y - X\beta)\right) \tag{3.1.10}$$

其中的未知参数是 β 和 σ^2，最大似然估计就是取似然函数 L 达到最大的 $\hat{\beta}$ 和 σ^2。

对等式两边取自然对数，得

$$\ln L = -\frac{n}{2}\ln(2\pi) - \frac{n}{2}\ln(\sigma^2) - \frac{1}{2\sigma^2}(y - X\beta)'(y - X\beta) \tag{3.1.11}$$

为使上式达到最大，等价于使 $(y - X\beta)'(y - X\beta)$ 达到最小，这又完全与最小二乘估计一样，因此在正态分布的假设下，回归参数 β 的最大似然估计与最小二乘估计完全相同，即

$$\hat{\beta} = (X'X)^{-1}X'y \tag{3.1.12}$$

由此，回归方程的因变量 y 的拟合值为

$$\hat{y} = X\hat{\beta} = X(X'X)^{-1}X'y \tag{3.1.13}$$

从形式上看，矩阵 $X(X'X)^{-1}X'$ 的作用是把因变量 y 变为拟合值向量 $\hat{y}$，像是给 y 戴上了一顶帽子，因此将该矩阵称为"帽子矩阵"，记做矩阵 H。则回归残差的计算公式为

$$e = \hat{y} - y \tag{3.1.14}$$

残差平方和定义为

$$\text{SSE}_H = \sum_{i=1}^{n}e_i^2 = (e'e) = y'(I - H)'(I - H)y \tag{3.1.15}$$

综上，可将最小二乘估计和最大似然估计两种方法总结如图 3-2 所示。

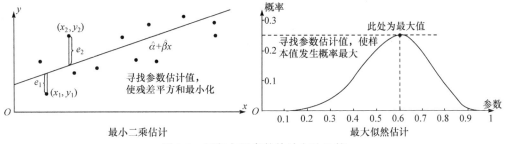

图 3-2　回归方程参数估计方法比较

3. 回归方程的显著性检验

在实际研究中，若不能断定随机变量 y 与 $x_1, x_2, \cdots, x_p$ 之间有线性关系，在进行回归参数的估计前，可以用线性方程拟合随机变量 y 与 $x_1, x_2, \cdots, x_p$ 之间的关系，当求出回归方程之后，需要对方程进行显著性检验。本节介绍回归方程显著性的 F 检验和回归系数显著性的 t 检验，以及衡量回归拟合程度的拟合优度检验。

1) F 检验

多元回归方程的显著性检验就是看自变量对随机变量 y 是否具有明显的影响，为此，原假设可以设置为

$$H_0: \beta_1 = \beta_2 = \cdots = \beta_p = 0$$

如果 H_0 成立，则随机变量 y 与 $x_1, x_2, \cdots, x_p$ 之间的关系由线性回归模型表示并不合适。为建立对 H_0 进行检验的 F 统计量，仍然会利用总离差平方和的分解式，即

$$\sum_{i=1}^{n}(y_i - \bar{y})^2 = \sum_{i=1}^{n}(\hat{y}_i - \bar{y})^2 + \sum_{i=1}^{n}(y_i - \hat{y}_i)^2 \tag{3.1.16}$$

可以简写为 SST = SSR + SSE，其中，SST(sum of squares for total)为总离差平方和；SSR(sum of squares for regression)为回归平方和；SSE(sum of squares for error)为残差平方和；构建的 F 统计量如下：

$$F = \frac{\mathrm{SSR} / p}{\mathrm{SSE} / (n - p - 1)} \qquad (3.1.17)$$

在正态假设下，当原假设 H_0：$\beta_1 = \beta_2 = \ldots = \beta_p = 0$ 成立时，F 服从自由度为 $(p, n-p-1)$ 的 F 分布。于是，可以利用 F 统计量对回归方程的总体显著性进行检验。对于给定的数据，$i = 1, 2, \cdots$ 计算出 SSR 和 SSE，进而得到 F 的值，再由给定的显著性水平 α 查 F 分布表，得到临界值 $F_\alpha(p, n-p-1)$。

当 $F > F_\alpha(p, n-p-1)$ 时，拒绝原假设 H_0，认为在显著性水平 α 下，y 与 $x_1, x_2, \cdots, x_p$ 之间有显著的线性关系，即回归方程是显著的。更通俗一些说，就是接受"自变量全体对因变量 y 产生线性影响"这一结论犯错误的概率不超过 α；反之，当 $F < F_\alpha(p, n-p-1)$ 时，则认为回归方程不显著。

2) t 检验

在多元线性回归中，回归方程显著并不意味着每个自变量对 y 的影响都显著，我们总想从回归方程中剔除那些次要的、可有可无的变量，重新建立更为简单的回归方程，所以需要对每个自变量进行显著性检验。

如果某个自变量 x_i 对 y 的作用不显著，那么在回归模型中，它的系数 β_j 就取值为 0。因此，检验变量 x_j 是否显著，等价于检验假设。

$$H_0：\ \beta_j = 0 \qquad j = 1, 2, \cdots, p \qquad (3.1.18)$$

如果接受原假设 H_0，则 x_j 对 y 的作用不显著，如果拒绝原假设 H_0，则 x_j 的作用是显著的。由于 $\beta \sim N(\beta, \sigma^2 (X'X)^{-1})$，记 $X'X^{-1} = (c_{ij})(i, j = 0, 1, 2, \cdots, p)$，则 $E(\hat{\beta}_j) = \beta_j$，$\mathrm{var}(\hat{\beta}_j) = c_{ij}\sigma^2$，即 $\hat{\beta} \sim N(\beta_j, c_{ij}\sigma^2)(j = 0, 1, 2, \cdots, p)$。可以构造统计量

$$t_j = \frac{\hat{\beta}_j}{\sqrt{c_{jj}}\ \hat{\sigma}} \qquad (3.1.19)$$

其中，$\hat{\sigma} = \sqrt{\dfrac{1}{n-p-1} \sum_{i=1}^{n} e_i^2} = \sqrt{\dfrac{1}{n-p-1} \sum_{i=1}^{n} (y_i - \hat{y}_i)^2}$ 为回归标准差。

当原假设成立时，上式 t 统计量服从自由度为 $n-p-1$ 的 t 分布。给定显著性水平 α，查出双侧检验的临界值 $t_{\alpha/2}$，当 $|t_j| \geq t_{\alpha/2}$ 时，拒绝原假设 H_0，认为 β_j 显著不为 0，自变量 x_j 对 y 的线性效果显著；当 $|t_j| < t_{\alpha/2}$ 时，接受原假设 H_0：$\beta_j = 0$，即认为自变量 x_j 对 y 的线性效果不显著。

4. 回归方程的拟合优度

拟合优度用于检验回归方程对样本观测值的拟合程度。在一元线性回归中，定义了样本决定系数 $R^2 = \mathrm{SSR}/\mathrm{SST}$；在多元线性回归中，同样可以定义样本决定系数为

$$R^2 = \frac{\mathrm{SSR}}{\mathrm{SST}} = 1 - \frac{\mathrm{SSE}}{\mathrm{SST}} \qquad (3.1.20)$$

样本决定系数 R^2 的取值在 $[0, 1]$ 内，R^2 越接近 1，表明回归拟合的效果越好；R^2 越接近 0，表明回归拟合的效果越差。与 F 检验相比，R^2 可以更清楚直观地反映回归拟合的效果，但是并不能作为严格的显著性检验。

$$R = \sqrt{R^2} = \sqrt{\frac{\text{SSR}}{\text{SST}}} \tag{3.1.21}$$

R 为 y 关于 $x_1, x_2, \cdots, x_p$ 的样本复相关系数。在两个变量的简单相关系数中，相关系数有正负之分，而复相关系数表示的是因变量 y 与全体自变量之间的线性关系，它的符号不能由某个自变量的回归系数的符号来确定，因而都取正号。用复相关系数 R 来表示回归方程对原有数据拟合程度的好坏，它衡量作为一个整体的 $x_1, x_2, \cdots, x_p$ 与 y 的线性关系。

在实际应用中，样本决定系数 R^2 到底多大时才算通过了拟合优度检验，这要根据具体情况来定。在此需要指出的是，拟合优度并不是检验模型优劣的唯一标准，有时为了使模型从结构上有较合理的解释，在 n 较大时，R^2 为 0.7 左右，我们也给回归模型以肯定的态度。在后面的回归变量选择中，还将会看到 R^2 与回归方程中自变量的数目及样本量 n 有关，当样本量 n 与自变量的个数接近时，R^2 易接近 1，其中隐含着一些虚假成分。因此，由 R^2 决定模型优劣时还需慎重。

5. 回归模型的建立过程

以中国民航客运量回归模型为例，探究线性模型的建立和检验。为研究我国民航客运量的变化趋势及成因，以民航客运量作为 y，国民收入、消费额、铁路客运量、民航航线历程、来华旅游入境人数(万人)为影响民航客运量的主要因素，依次作为自变量 x_1, x_2, x_3, x_4 和 x_5。

(1) 提出自变量与因变量，收集数据。根据上述模型，利用表 3-1 所示数据进行计算。

表 3-1　中国民航客运量数据集

年份	y/万人	x_1/亿元	x_2/亿元	x_3/万人	x_4/万人	x_5/万人
1978	231	3010	1888	81491	14.89	180.92
1979	298	3350	2195	86389	16	420.39
1980	343	3688	2531	92204	19.53	570.25
1981	401	3941	2799	95300	21.82	776.71
1982	445	4258	3054	99922	22.27	792.43
1983	391	4736	3358	106044	22.91	947.7
1984	554	5652	3905	110353	26.02	1285.22
1985	744	7020	4879	112110	27.72	1783.3
1986	997	7859	5552	108579	32.43	2281.95
1987	1310	9313	6386	112429	38.91	2690.23
1988	1442	11738	8038	122645	37.38	3169.48
1989	1283	13176	9005	113807	47.19	2450.14
1990	1660	14384	9663	95712	50.68	2746.2
1991	2178	16557	10969	95081	55.91	3335.65
1992	2886	20223	12985	99693	83.66	3311.5
1993	3383	24882	15949	105458	96.08	4152.7

(2) 做相关分析，设定理论模型。计算增广相关阵(图 3-3)，可以发现，y 与 x_1，x_2，x_4 和

x_5的相关系数均在 0.9 以上，说明所选自变量与y高度相关，用y与自变量做多元线性回归是适合的。其中，y与x_3的相关系数为 0.23，$P = 0.3981$，x_3是铁路客运量，说明铁路客运量对民航客运量无显著影响。而一般认为铁路客运量应该与民航客运量间呈负相关，因为铁路和民航共同拥有旅客，乘了火车就乘不了飞机。但仅凭简单相关系数的大小是不能决定变量的取舍的，在初步建模时还是应该包含x_3在内。

```
        y     x1    x2    x3    x4    x5              y      x1     x2     x3     x4     x5
y   1.000 0.989 0.985 0.227 0.987 0.924      y           0.0000 0.0000 0.3981 0.0000 0.0000
x1  0.989 1.000 0.999 0.258 0.984 0.930      x1 0.0000           0.0000 0.3350 0.0000 0.0000
x2  0.985 0.999 1.000 0.289 0.978 0.942      x2 0.0000 0.0000           0.2777 0.0000 0.0000
x3  0.227 0.258 0.289 1.000 0.213 0.504      x3 0.3981 0.3350 0.2777           0.4285 0.0464
x4  0.987 0.984 0.978 0.213 1.000 0.882      x4 0.0000 0.0000 0.0000 0.4285           0.0000
x5  0.924 0.930 0.942 0.504 0.882 1.000      x5 0.0000 0.0000 0.0000 0.0464 0.0000
            (a)                                           (b)
```

图 3-3　中国民航数据集相关系数(a)及P值(b)

(3) 使用 R 软件计算多元回归模型，输出计算成果(图 3-4)。

```
coefficients:
              Estimate Std. Error t value Pr(>|t|)
(Intercept) 450.909240 178.077719   2.532 0.029764 *
x1            0.353898   0.085230   4.152 0.001973 **
x2           -0.561476   0.125384  -4.478 0.001183 **
x3           -0.007254   0.002067  -3.510 0.005633 **
x4           21.577860   4.030051   5.354 0.000322 ***
x5            0.435188   0.051560   8.440 7.34e-06 ***
---
Signif. codes:  0 '***' 0.001 '**' 0.01 '*' 0.05 '.' 0.1 ' ' 1

Residual standard error: 49.49 on 10 degrees of freedom
Multiple R-squared:  0.9982,    Adjusted R-squared:  0.9973
F-statistic:  1128 on 5 and 10 DF,  p-value: 2.03e-13
```

图 3-4　线性回归参数估计及显著性检验

(4) 进行回归诊断。①回归方程的构建：$\hat{y} = 450.9 + 0.354x_1 - 0.561x_2 - 0.007x_3 + 21.578x_4 + 0.435x_5$；②回归方程的拟合优度：复相关系数$R = 0.998$，决定系数$R^2 = 0.997$，由决定系数可知，回归方程高度显著；③回归方程的显著性检验：方差分析中，$F = 1128$，$P = 2.03 \times 10^{-13}$，表明回归方程显著，说明x_1，x_2，x_3，x_4和x_5整体上对y有显著的线性影响；④回归系数的显著性检验：可以发现自变量x_1，x_2，x_3，x_4和x_5均对y有显著影响。尽管x_3的铁路客运量的P值最大，但仍然在 1%的显著性水平上对y高度显著，这也充分说明多元线性回归中，不能仅凭借相关系数的大小来决定变量的取舍。

注意到x_2的回归系数-0.561是负的，x_2是消费额，负的回归系数显然是不合理的。其原因可能是自变量之间的共线性，因而回归方程还要进一步讨论多重共线性，或用其他消除共线性的方法重新建立回归方程。

3.1.2　多重共线性

1. 多重共线性检验

在多元线性回归中，如果自变量之间存在较强的相关关系会使得模型失真或者难以估计准确，这种情况则称变量间具有多重共线性(multi-collinearity)。

在 3.1.1 节介绍的中国民航客运量回归方程中，消费额与民航客运量呈负相关，而从实际出发，二者之间应该是正相关的关系，出现这种情况主要是由于自变量之间存在多重共线性。

因此当自变量间存在多重共线性时，利用普通最小二乘估计得到的回归参数估计值很不稳定，回归系数估计值的方差会逐渐增大，回归系数的置信区间就会很宽，估计的精确性将大幅度降低，使得估计值稳定性变得很差，导致回归方程整体显著时，一些回归系数通不过显著性检验，回归系数的正负号也可能出现倒置，从而无法准确地解释回归方程代表的含义，当自变量间完全相关时，方差将变为无穷大。因此应尽可能避免多重共线性的情况。

关于多重共线性的诊断和多重共线性严重程度的度量，当前主要通过以下三种方式。

(1) 方差膨胀因子(variance inflation factor，VIF)。一个变量与其他变量间 VIF 越大，表明多重共线性越强。经验表明，当 VIF ≥ 10 时，该自变量与其他自变量之间有严重的多重共线性，且这种多重共线性可能会严重影响最小二乘估计值，从而导致最小二乘的参数估计不准确。若 R_j^2 为 x_j 对其余 $p-1$ 个自变量的复决定系数，则

$$\text{VIF}_j = \frac{1}{1 - R_j^2}$$

(2) 特征根判定法。从线性代数的角度推论，当设计矩阵的行列式 $|X'X| \approx 0$ 时，矩阵 $X'X$ 至少有一个特征根近似为 0。反之，当矩阵至少有一个特征根近似为 0 时，X 的列向量必定存在多重共线性。因此，矩阵 $X'X$ 有多少个特征根近似为 0，X 就有多少个多重共线性关系。若记 $X'X$ 的最大特征根为 λ_m，则称 k_i 为特征根 λ_i 的条件数(condition index)：

$$k_i = \sqrt{\frac{\lambda_m}{\lambda_i}} \tag{3.1.22}$$

条件数度量了矩阵 $X'X$ 的特征根的散布程度，可以用它来判断多重共线性是否存在以及多重共线性的严重程度。通常认为 $0 < k < 10$ 时，设计矩阵 X 没有多重共线性；$10 < k < 100$ 时，存在较强多重共线性；$k \geq 100$ 时，存在严重的多重共线性。

(3) 直观判定。当增加或剔除一个自变量，或者改变一个观测值时，回归系数的估计值发生较大变化，就认为回归方程存在严重的多重共线性；从定性分析角度来看，当一些重要的自变量在回归方程中没有通过显著性检验时，可初步判断存在严重的多重共线性；当有些自变量的回归系数所带正负号与定性分析结果违背时，认为可能存在多重共线性；自变量的相关矩阵中，当自变量间的相关系数较大时，认为可能存在多重共线性；当一些重要的自变量的回归系数的标准误差较大时，认为可能存在多重共线性。

有多种方式可以消除多重共线性。在涉及自变量较多时，可以剔除一些不重要的解释变量。当回归方程中的全部自变量都通过显著性检验后，回归方程中仍然存在严重的多重共线性，可把方差膨胀因子最大者所对应的自变量首先剔除，再重新建立回归方程，如果仍然存在严重的多重共线性，再继续剔除方差膨胀因子最大者所对应的自变量，直到回归方程中不再存在严重的多重共线性为止。当样本数据较少时，也可能产生多重共线性，可以采用增大样本数据的方式改进。除上述方法外，统计学家致力于改进无偏估计的最小二乘算法，提出以有偏估计为代价提高模型稳定性的办法，如岭回归法、主成分回归法和偏最小二乘法等，下面将介绍相关的方法。

2. 岭回归

1) 模型思想

当回归方程中解释变量间出现严重的多重共线性时，用普通最小二乘法估计模型参数，往往参数估计方差太大，使普通最小二乘法的效果变得很不理想。霍尔(Horel，1962)首先提出

一种改进的最小二乘估计的方法，称为岭估计。

岭回归(ridge regression，RR)采用一种较为直接的方式，当自变量间存在多重共线性时，即对于设计矩阵 X 有 $|X'X| \approx 0$ 时，若给其加上一个正整数矩阵 kI，则新矩阵 $X'X + kI$ 会比 $X'X$ 接近奇异的程度小得多。对 X 进行标准化后，如下的估计称为 β 的岭估计，其中 k 为岭参数，$\hat{\beta}(k)$ 作为 β 的估计应该比最小二乘估计 $\hat{\beta}$ 稳定，当 $k=0$ 时，岭回归估计 $\hat{\beta}(0)$ 就是普通最小二乘估计。

$$\hat{\beta}(k) = (X'X + kI)^{-1} X'y \tag{3.1.23}$$

因为岭参数 k 不是唯一确定的，所以得到的岭回归估计 $\hat{\beta}(k)$ 实际上是回归参数 β 的一个估计簇，而只有 $k=0$ 时，$E(\hat{\beta}(0)) = \beta$，当 $k \neq 0$ 时，$\hat{\beta}(k)$ 是 β 的有偏估计。有偏性是岭回归估计的一个重要特性。

2) 岭参数 k 的选择

当岭参数 k 在 $(0, +\infty)$ 内变化时，$\hat{\beta}(k)$ 是 k 的函数，在平面坐标系上把函数 $\hat{\beta}_j(k)$ 描绘出来，其曲线就称为岭迹。在实际应用中，岭迹分析可用来了解各自变量的作用及自变量间的相互关系，可以根据岭迹曲线的变化来确定适当的 k 值并进行自变量的选择。选择 k 值的一般原则是：①各回归系数的岭估计基本稳定；②用最小二乘估计时符号不合理的回归系数，使用岭估计后会变得合理；③回归系数没有不合乎实际意义的绝对值；④残差平方和增加不太多。

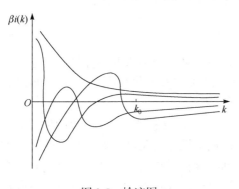

图 3-5 岭迹图

通过绘制岭迹图(图 3-5)使得岭迹趋于平稳，来选择使模型趋于稳定的 k 值。岭迹法确定 k 值缺少严格的令人信服的理论依据，存在着一定的主观性，但主观性正好有助于实现定性分析与定量分析的有机结合。

方差膨胀因子可以度量多重共线性的严重程度，应用方差膨胀因子也可以选择岭参数 k。即通过选择 k 使得所有自变量与其他自变量间的方差膨胀因子 VIF $\leqslant 10$，此时相应 k 值的岭估计 $\hat{\beta}(k)$ 就会相对固定。

3) 岭回归选择变量

岭回归的一个重要应用是选择变量，选择变量通常的原则如下。

(1) 在岭回归计算中，假定设计矩阵 X 已经中心化和标准化，这样可以直接比较标准化岭回归系数的大小，可以剔除掉标准化岭回归系数比较稳定且绝对值很小的变量。

(2) 当 k 值较小时，标准化岭回归系数的绝对值并不会很小但是会不稳定，因此随着 k 的增加会迅速趋于 0，这样的岭回归系数并不稳定，也可以予以剔除。

(3) 删除标准化岭回归系数很不稳定的自变量，如有若干个岭回归系数不稳定，究竟剔除哪个或者哪几个，并无一般原则可循，需要根据剔除某个变量后重新进行岭回归分析的效果来确定。

4) 评述

岭回归方法与普通最小二乘法的一个质的区别是，岭回归估计不再是无偏估计。长期以来，人们普遍认为一个好的估计应该满足无偏性，普通最小二乘估计就具有无偏性的重要特点。但当设计矩阵 X 退化时，最小二乘估计变得很不理想，岭回归估计就是针对一些实际问题的最小二乘估计明显变坏而提出的一种新的估计方法。岭回归法实际上是通过对最小二乘法的改进，允许回归系数的有偏估计量存在而解决多重共线性问题的方法之一。

如果一个估计量只有很小的偏差，但它的精度大大高于无偏估计量，人们可能更愿意选择这个估计量，因为它接近真实参数值的可能性较大。

岭回归估计的回归系数 $\hat{\beta}(k)$ 是有偏的，但往往比普通最小二乘估计量更稳定。因此，当回归模型有严重的多重共线性时，普通最小二乘法很不理想，可以考虑岭回归方法。需要注意的是，实际应用中只有当最小二乘回归结果不满意时才考虑使用岭回归。

3. 主成分回归

主成分回归(principal components regression，PCR)是对普通最小二乘估计的一种改进，其参数估计是一种有偏估计。

主成分回归的基本思想是将线性相关的一类变量转化成为线性无关的一类新的综合变量，利用这些新的综合变量来反映原来多个变量的信息。主成分回归是选取其中较少的几个新的综合变量而建立的回归方程，借助于主成分分析，用主成分回归求回归系数。即先用主成分分析法计算出主成分表达式和主成分得分变量，因为主成分得分变量是相互独立的，由此可以将因变量对主成分得分变量回归，然后将主成分的表达式代回到回归模型中，即可得到标准化自变量与因变量的回归模型，最后将标准化自变量转为原始自变量，从而得到主成分回归模型。

(1) 用主成分分析法计算出主成分表达式和主成分得分变量，同时将贡献小的主成分舍去。

$$\begin{cases} Z_1 = a_1'X = a_{11}X_1 + a_{21}X_2 + \cdots + a_{p1}X_p \\ Z_2 = a_2'X = a_{12}X_1 + a_{22}X_2 + \cdots + a_{p2}X_p \\ \qquad\qquad \cdots\cdots\cdots\cdots \\ Z_p = a_p'X = a_{1p}X_1 + a_{2p}X_2 + \cdots + a_{pp}X_p \end{cases} \tag{3.1.24}$$

即 $Z=A'X$。

(2) 对于 p 个主成分 $Z_1, Z_2, \cdots, Z_p$，按照模型去求和选取主成分的标准，选取前 m 个主成分 $Z_1, Z_2, \cdots, Z_m$，这样原始模型就变成了 Y 与 m 个新的综合变量之间的回归问题。用多元回归分析法将因变量与主成分得分变量进行回归，得到因变量关于主成分得分变量的回归模型。通过最小二乘法，可以得到 $\beta_0, \beta_1, \beta_2, \cdots, \beta_p$ 的估计值，由此可得因变量 Y 与 p 个主成分 $Z_1, Z_2, \cdots, Z_p$ 之间的线性回归方程。

$$y = \beta_0 + \beta_1 Z_1 + \beta_2 Z_2 + \cdots + \beta_p Z_p + \varepsilon \tag{3.1.25}$$

即 $Y=BZ+\varepsilon$。

(3) 将主成分的表达式 $Z=A'X$ 代回到回归模型 $Y=BZ+\varepsilon$ 中，即可得到 Y 与 p 个自变量 $x_1, x_2, \cdots, x_p$ 的线性回归方程。

以上的模型过程先克服了自变量间的多重共线性，然后再对所选的主成分进行线性回归进而得到主成分回归的方程。

4. 偏最小二乘回归

为了克服多重共线性的影响，可以利用主成分回归的方法，但主成分回归只是在自变量中提取主要成分，而提取的成分不能保证是对因变量具有最强解释能力的，因为主成分分析方法完全没有考虑因变量在提取成分中的作用。

在实际的研究中，会碰到自变量较多，但是观测数据较少的情况。假定 n 组由因变量 y 和 p 个自变量组成的观测数据 $(y_t, x_{t1}, x_{t2}, \cdots, x_{tp})(t=1, 2, \cdots, n)$，其线性模型的一般形式为

$$y = \beta_0 + \beta_1 x_1 + \beta_2 x_2 + \cdots + \beta_p x_p + \varepsilon \tag{3.1.26}$$

当 $n \geqslant p$ 时，最小二乘法可以对上述模型中的参数 $\beta_0, \beta_1, \cdots, \beta_p$ 做出无偏估计，当 $n<p$ 时，最小二乘法则无法使用，因为最小二乘法对参数 β 进行估计时需要找到 $X'X$ 的逆矩阵，而当 $n<p$ 时，这个矩阵是一个奇异矩阵，无法求逆矩阵，主成分回归可以通过对变量降维来解决这一问题，即寻求能够充分反映变量 $x_1, x_2, \cdots, x_p$ 信息的线性组合，但是它选择主成分变量的过程同因变量无关。偏最小二乘 (partial least squares，PLS) 则不同，它寻找 $x_1, x_2, \cdots, x_p$ 的线性函数时，需要考虑与 y 的相关性，选择与 y 相关性较强又能方便算得的 $x_1, x_2, \cdots, x_k$ 线性函数，其算法是最小二乘，但是它只选 $x_1, x_2, \cdots, x_k$ 中与 y 有相关性的变量，不考虑全部 $x_1, x_2, \cdots, x_p$ 参与估计的线性函数，因而称为偏最小二乘。

偏最小二乘提出的目的是在解释变量里寻找某些线性组合，能更好地反映变量的变异信息。偏最小二乘回归提供一种多对多线性回归建模的方法，特别当两组变量的个数很多，且都存在多重共线性，而观测数据的数量 (样本量) 又较少时，用偏最小二乘回归建立的模型具有传统经典回归分析等方法所没有的优点。

设有 q 个因变量 $\{y_1, y_2, \cdots, y_q\}$ 和 p 个自变量 $\{x_1, x_2, \cdots, x_p\}$。为了研究因变量和自变量的统计关系，观测了 n 个样本点，由此构成了自变量与因变量的数据表 $X=\{y_k\}$ 和 $Y=\{y_1, y_2, \cdots, y_q\}$。偏最小二乘回归分别在 X 与 Y 中提取出成分 t_1 和 u_1(也就是说，t_1 是 $x_1, x_2, \cdots, x_p$ 的线性组合，u_1 是 $y_1, y_2, \cdots, y_q$ 的线性组合)。在提取这两个成分时，为了回归分析的需要，有下列两个要求：① t_1 和 u_1 应尽可能大地携带它们各自数据表中的变异信息；② t_1 和 u_1 的相关程度能够达到最大。

这两个要求表明，t_1 和 u_1 应尽可能代表数据表 X 和 Y，同时自变量的成分 t_1 对因变量的成分 u_1 又有最强的解释能力。

在第一个成分 t_1 和 u_1 被提取后，偏最小二乘回归分别实施 X 对 t_1 的回归及 Y 对 u_1 的回归。如果回归方程已经达到满意的精度，则算法终止；否则，将利用 X 被 t_1 解释后的残余信息及 Y 被 t_1 解释后的残余信息进行第二轮的成分提取。如此往复，直到能达到一个较满意的精度为止。若最终对 X 共提取了 m 个成分 $t_1, t_2, \cdots, t_m$，偏最小二乘回归将通过实施 y_k 对 $t_1, t_2, \cdots, t_m$ 的回归，然后再表达成 y_k 关于原变量 $x_1, x_2, \cdots, x_p$ 的回归方程，$k=1, 2, \cdots, q$。

普通线性回归直接建立因变量关于解释变量的线性回归模型，反映二者间的线性关系，而偏最小二乘则是建立潜在因变量关于潜在解释变量的线性回归模型，间接反映因变量与解释变量之间的关系。该方法同时从解释变量和因变量中提取两组潜在变量，分别是解释变量和因变量的线性组合，满足：①两组潜在变量分别最大限度地承载解释变量或者因变量的变异信息；②相互对应的潜在解释变量和潜在因变量之间的相关性最大化。因此偏最小二乘回归方法相比于主成分分析方法具有明显的优势(图 3-6)。

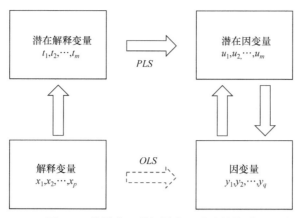

图 3-6 偏最小二乘与最小二乘法的关系

5. 应用实例

本例依旧沿用 3.1.1 节的民航数据集，探讨多重共线性及其模型优化。

1) 多重共线性的度量

使用方差膨胀因子和条件数分别对该例的多重共线性进行度量，得到的结果整理见表 3-2。可以发现，变量 x_1，x_2 的方差膨胀因子很大，远远超过 10 这一参考标准，说明民航客运量回归方程存在严重的多重共线性。x_1 是国民收入，x_2 是消费额，查看上一节，二者的简单相关系数高达 0.999。一般情况下，回归方程的多重共线性的存在就是由方差膨胀因子超过 10 的数个变量引起的，说明这些自变量间有一定的多重共线性。

表 3-2 方差膨胀因子

自变量	x_1	x_2	x_3	x_4	x_5
VIF	2021.476	1777.495	3.179	57.942	25.010

同样地，对上节建立的多元回归方程使用条件数进行多重共线性的度量，输出结果见表 3-3。可以发现，最大的条件数为 121.221，证明回归方程具有一定的多重共线性。通过查看方差分解比例(variance decomposition proportions)可以粗略判定是哪些变量造成了这样的多重共线性，容易发现，最大条件数主要是由 x_1，x_2 贡献的，这与方差膨胀因子得到的结论一致。

表 3-3 条件数

条件数	方差分解比例				
	x_1	x_2	x_3	x_4	x_5
1	0	0	0.003	0.001	0.002
2.069	0	0	0.3	0.001	0.001
7.827	0	0	0.324	0.096	0.354
18.889	0.009	0.014	0.14	0.591	0.582
121.221	0.991	0.986	0.234	0.311	0.06

通过上述结果，结合前述直观判定方法，回归模型中出现的变量 x_2 系数与实际意义不符合的情况可以判定是由于自变量 x_1，x_2 之间的多重共线性导致的，此时最小二乘法得到的参数不再是无偏估计，从而使得回归参数出现偏差。下面考虑使用多种方法改善回归方程的多

重共线性，从而对回归方程进行优化。

2) 剔除自变量的方法

考虑到 x_1 的 VIF 值最大，所以首先去除 x_1，重新建立回归方程。相应地，再次计算 VIF 值，见表 3-4。

表 3-4　去除 x_1 后回归方程各变量的方差膨胀因子

自变量	x_2	x_3	x_4	x_5
VIF	77.697	2.3157	34.292	24.284

发现最大的 VIF 值依然远大于 10，回归方程依然存在多重共线性，此时回归模型依然存在较强的多重共线性。需要继续进行变量剔除，建立新的回归方程，并计算 VIF 值(图 3-7 和表 3-5)。

```
Call:
lm(formula = y ~ x3 + x4 + x5)

Residuals:
     Min      1Q   Median      3Q      Max
-156.261  -16.330    9.968   38.491  127.558

Coefficients:
             Estimate Std. Error t value Pr(>|t|)
(Intercept) 585.329197 261.149179   2.241  0.04469 *
x3           -0.010257   0.002672  -3.839  0.00236 **
x4           26.520521   2.284809  11.607 7.00e-08 ***
x5            0.314179   0.049176   6.389 3.46e-05 ***
---
Signif. codes:  0 '***' 0.001 '**' 0.01 '*' 0.05 '.' 0.1 ' ' 1

Residual standard error: 80.71 on 12 degrees of freedom
Multiple R-squared:  0.9944,    Adjusted R-squared:  0.9929
F-statistic: 704.3 on 3 and 12 DF,  p-value: 9.488e-14
```

图 3-7　保留三个自变量的回归参数估计

表 3-5　去除 x_2 后回归方程各变量的方差膨胀因子

自变量	x_3	x_4	x_5
VIF	1.993	6.731	8.617

可以发现，此时的回归模型不存在明显的多重共线性，可以作为最终的回归模型。最终的回归方程为

$$\hat{y} = 585.329 - 0.01x_3 + 26.52x_4 + 0.314x_5 \tag{3.1.27}$$

这种方法虽然有效地改善了多重共线性，但剔除了多个变量，损失了部分原始信息。下面尝试使用岭回归进行改善多重共线性。

3) 岭回归

用岭回归解决多重共线性的问题，可以通过绘制岭迹图的方法。使用 R 软件的 "lmridge" 包[①]对民航数据集进行岭回归，通过设定岭参数 k 使其在 0～1 以 0.05 的步长变化，得到一份岭迹图，如图 3-8 所示。

---

① 不同 R 包对岭回归估计的参数略有差异。

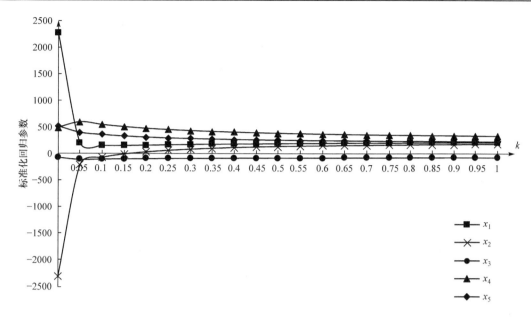

图 3-8　保留 5 个自变量的岭迹图

由图 3-8 可以直观地发现，在 $k=0.05$ 前后，各变量的回归参数在岭迹图上趋于平稳，这通常也意味着最优的岭参数 k 落在这个区间里。结合回归参数表(表 3-6)中 R^2 的值对岭回归方程的拟合优度进行判断，也可以发现各项系数逐渐趋于平稳。相应地，方程的拟合优度在逐渐下降，这主要是因为岭回归有偏估计的特性。其中，x_1 与 x_2 的系数在 k 值从 0 变为 0.05 时直接发生了剧烈变化，而其余参数则相对稳定。结合方差膨胀因子表(表 3-7)，可以发现 $k=0$ 时 x_1 的方差膨胀因子比 x_2 大，应考虑首先剔除变量 x_1。

表 3-6　不同岭参数下的岭回归估计参数及拟合优度

岭参数	调整 R^2	截距	x_1	x_2	x_3	x_4	x_5
$k=0$	0.997	445.737	0.351	−0.555	−0.007	21.401	0.429
$k=0.05$	0.947	380.600	0.032	0.041	−0.007	15.053	0.192
$k=0.1$	0.912	323.843	0.035	0.048	−0.006	13.172	0.175
$k=0.15$	0.879	283.024	0.035	0.051	−0.006	12.321	0.169
$k=0.95$	0.495	70.065	0.030	0.046	−0.001	8.882	0.139
$k=1$	0.477	68.709	0.030	0.046	−0.001	8.768	0.138

表 3-7　不同岭参数下的各个自变量的方差膨胀因子

岭参数	x_1	x_2	x_3	x_4	x_5
$k=0$	2021.476	1777.495	3.179	57.942	25.011
$k=0.05$	0.741	0.936	1.210	2.892	3.434
$k=0.1$	0.283	0.332	0.949	1.247	1.612
$k=0.15$	0.176	0.194	0.811	0.731	0.959
$k=0.95$	0.050	0.048	0.244	0.077	0.082
$k=1$	0.049	0.047	0.232	0.073	0.077

确定最优岭参数 k 的方法有多种，但相互之间差距较大，目前缺少严格的令人信服的理论依据，主观性较强。结合岭迹图，可以近似地选定 $k=0.05$，此时的回归方程在一定程度上降低了多重共线性产生的影响，调整 R^2 也达到了 0.947，由此建立相应的回归方程见式(3.1.28)。这里受步长限制，k 的最佳选值未作进一步探究，有兴趣的读者可以自行研究。

$$\hat{y} = 380.6 + 0.032x_1 + 0.041x_2 - 0.007x_3 + 15.053x_4 + 0.192x_5 \tag{3.1.28}$$

4) 主成分回归

依然以民航数据集为例，对主成分回归的流程做一个介绍。首先对原始数据集进行主成分分析，方差贡献分析结果如图 3-9 所示，可以发现在将原数据集分解为 2 个主成分时，可以解释 98.48%的原始信息。

```
Importance of components:
                         PC1     PC2     PC3      PC4      PC5
Standard deviation     1.9981  0.9654  0.25381  0.10544  0.01627
Proportion of Variance 0.7984  0.1864  0.01288  0.00222  0.00005
Cumulative Proportion  0.7984  0.9848  0.99772  0.99995  1.00000
```

图 3-9　方差贡献分析图

可以使用前两个主成分代表原始的 5 个变量的信息，则对 y 与 PC1 和 PC2 构建线性关系，得到如图 3-10 所示结果：

$$\hat{y} = 1159.12 - 453.94\text{PC1} + 186.42\text{PC2} \tag{3.1.29}$$

由于主成分 PC1、PC2 是解释变量的线性组合，作线性回归易得如下关系：

$$\text{PC1} = -5.082 + 7.663 \times 10^{-5}x_1 + 1.203 \times 10^{-4}x_2 - 1.938 \times 10^{-5}x_3 + 2.105 \times 10^{-2}x_4 + 4.037 \times 10^{-4}x_5$$

$$\text{PC2} = 8.404 + 2.665 \times 10^{-5}x_1 + 3.324 \times 10^{-5}x_2 - 8.826 \times 10^{-5}x_3 + 9.650 \times 10^{-3}x_4 - 1.101 \times 10^{-4}x_5$$

```
Coefficients:
            Estimate Std. Error t value Pr(>|t|)
(Intercept) 1159.12       27.99   41.41 3.42e-15 ***
C1           453.94       14.01   32.41 8.07e-14 ***
C2           186.42       28.99    6.43 2.24e-05 ***
---
Signif. codes:  0 '***' 0.001 '**' 0.01 '*' 0.05 '.' 0.1 ' ' 1

Residual standard error: 112 on 13 degrees of freedom
Multiple R-squared:  0.9882,    Adjusted R-squared:  0.9864
F-statistic: 545.7 on 2 and 13 DF,  p-value: 2.886e-13
```

图 3-10　主成分回归

还原后的回归方程为

$$\hat{y} = 418.912 + 0.040x_1 + 0.061x_2 - 0.008x_3 + 11.352x_4 + 0.163x_5 \tag{3.1.30}$$

主成分回归保留了所有的变量，且回归方程显示的自变量与因变量间的关系符合实际意义。

5) 偏最小二乘回归

同样地，对民航数据集使用偏最小二乘回归进行拟合，采用留一验证法进行验证，得到如下的交叉验证分析表和方差贡献表，结果如图 3-11 所示。

```
VALIDATION: RMSEP
Cross-validated using 10 random segments.
         (Intercept)   1 comps   2 comps   3 comps   4 comps   5 comps
CV             992.2     196.6     120.5     126.3    101.76     83.32
adjCV          992.2     194.9     119.3     121.9     99.52     80.68

TRAINING: % variance explained
     1 comps   2 comps   3 comps   4 comps   5 comps
X      79.71     98.48     99.02     99.99     100.0
y      96.63     98.84     99.37     99.50      99.8
Data:    X dimension: 16 5
         Y dimension: 16 1
Fit method: kernelpls
Number of components considered: 2
```

图 3-11　留一验证和方差贡献

可以发现，提取前两个主成分，其调整 CV 值趋于平稳，可以解释原始自变量 98.84%的信息。利用 R 软件的"plsr"包，设置主成分数为 2，重新构建得到如下的结果：

$$\hat{y} = 421.324 + 0.039x_1 + 0.059x_2 - 0.008x_3 + 11.708x_4 + 0.164x_5 \tag{3.1.31}$$

3.1.3　广义线性模型

多元线性回归分析在许多行业和领域的数据分析应用中发挥着极为重要的作用，然而在利用多元回归方法研究变量之间的关系或进行预测时，一般要求因变量(被解释变量)应是连续型数值变量。在实际的问题中，这种要求未必都能得到较好的满足。例如，在对是否购买房产消费决策的影响因素进行分析和预测时，可能将如职业、年收入、年龄等因素纳入模型，并希望通过模型预测新客户是否会购买房产，从而进行相应营销投入。这样构建多元回归模型的因变量则需要反映是否购买房产的消费决策(1 表示会购买，0 表示不购买)，是个纯粹的二值型变量，而这显然不满足变量为数值型数据的要求。在数据分析中，尤其在社会科学、医学等许多领域的研究中，这样的情况是很普遍的。当出现这种情况的时候，建立的普通多元回归模型就会出现以下问题：残差不再服从零均值的正态分布；因变量的取值区间受限制等。

为了扩充线性模型的使用场景，Nelder 和 Wedderburn (1972)首先提出了广义线性模型(generalized linear model)。形式上，广义线性模型是常见的一般线性模型(general linear model)的直接推广，且要求因变量通过线性形式依赖于自变量，从而保留了一般线性模型的核心特征。在传统的线性模型中，因变量一般要求是连续且服从正态分布的，同时因变量与自变量之间存在直接线性关系。广义线性模型放宽这样的约束，因变量可以是连续变量或者名义变量，可适用于连续数据和离散数据，而且自变量的线性预测值仅是因变量的函数估计值，即因变量通过一个非线性连接函数(link function)而依赖于自变量。

1. 指数分布族

在广义线性模型中，因变量 y 可以推广到其他的分布类型，如泊松分布、二项分布、指数分布等。无论是连续型变量还是离散型变量，都能表示为指数分布族(exponential family)的概率分布形式：

$$f(y \mid \theta, \phi) = \exp(\frac{y\theta - b(\theta)}{a(\phi)} + c(y, \phi)) \tag{3.1.32}$$

其中，θ 为自然参数(natural parameter)，与均值 $E(y) = \mu$ 有关；ϕ 为散布参数(dispersion parameter)，与方差 $\text{Var}(y) = \sigma^2$ 有关；$a(\phi)$，$b(\theta)$，$c(y,\phi)$ 为已知函数，$a(\phi)$ 大于 0 且为连续函数，$b(\theta)$ 的二阶导数存在且大于 0，$c(y,\phi)$ 与参数 θ 无关。每个观测值都有一个自然参数，而所有观测值的散布参数均为 ϕ，这表明，每个观测值都来自同一个分布，其均值因为自然参数的变化而不断变化，称 y 服从指数分布族。在广义线性模型中，因变量的分布通常用均值 μ 和散布参数 ϕ 来表示，而不是用自然参数 θ 来表示。常见分布的指数分布族见表 3-8。

表 3-8　常见分布的指数分布族

分布类型	概率密度函数	参数列表
正态分布 $Y \sim N(\mu, \theta^2)$	$f(y; \theta, \phi) = \dfrac{1}{\sqrt{2\pi}\sigma} \exp(-\dfrac{(y-\mu)^2}{2\sigma^2})$ $= \exp(\dfrac{y\mu - \frac{1}{2}\mu^2}{\sigma^2} - \dfrac{1}{2}(\dfrac{y^2}{\sigma^2} + \ln(2\pi\sigma^2)))$	$\theta = \mu, \phi = \sigma^2$ $a(\phi) = \phi$ $b(\theta) = \dfrac{1}{2}\mu^2 = \dfrac{1}{2}\theta^2$ $c(y,\phi) = -\dfrac{1}{2}(\dfrac{y^2}{\phi} + \ln(2\pi\phi))$
二项分布 $Y \sim B(\mu)$ $0 < \mu < 1$ 令 $Y = \dfrac{X}{m}$ m 为正整数	$P(Y = y) = P(X = my)$ $= C_m^{my}\mu^{my}(1-\mu)^{m-my}$ $= \exp(\dfrac{y\ln(\dfrac{\mu}{1-\mu}) + \ln(1-\mu)}{\dfrac{1}{m}} + \ln(C_m^{my}))$	$\theta = \ln(\dfrac{\mu}{1-\mu}), \phi = \dfrac{1}{m}$ $a(\phi) = \phi$ $b(\theta) = -\ln(1-\mu)$ $= \ln(1 + \exp(\theta))$ $c(y,\phi) = \ln(C_m^{my})$
泊松分布 $Y \sim P(\mu)$	$P(y; \mu) = \dfrac{\mu^y}{y!}\exp(-\mu)$ $= \exp(y\ln\mu - \mu - \ln(y!))$ $y = 0, 1, 2, \cdots$	$\theta = \ln(\mu), \phi = 1$ $a(\phi) = \phi$ $b(\theta) = \mu = \exp(\theta)$ $c(y,\phi) = -\ln(y!)$

此外，伽马分布、几何分布、负二项分布等也属于指数分布族。

2. 广义线性模型基本思想

y 服从指数分布族的线性模型即可定义为广义线性模型，一个广义线性模型主要由以下三个部分组成。

1) 系统成分

$$\eta = X\beta \tag{3.1.33}$$

系统成分是解释变量的线性组合，可以发现，系统成分与经典线性回归模型没有区别，仍然保持线性结构。其中，η 为模型的线性预测值，$\eta = (\eta_1, \eta_2, \cdots, \eta_i)$，$X = (x_1, x_2, \cdots, x_n)'$，$x_i = (1, x_{i1}, \cdots, x_{im})(i = 1, 2, \cdots, n)$，$\beta = (\beta_1, \beta_2, \cdots, \beta_m)'$。

2) 随机成分

随机成分指的是因变量 y 或随机误差 ε 的分布服从比正态分布更一般的概率分布，即指数族分布。因变量 y 的每个观测值相互独立且服从指数分布族中的一个分布，如正态分布、泊松分布、二项分布等。

$$\varepsilon = Y - \eta \tag{3.1.34}$$

3) 连接函数

连接函数 g 是将自变量第 i 组观测值的线性组合 $\sum_{j=1}^{p} X_{ij}\beta_j$ 与因变量的第 i 个观测值 Y_i 的数

学期望 $\mu_i = E(Y_i)$ 联系起来的函数，可以表示为

$$g(u_i) = \sum_{j=1}^{p} X_{ij}\beta_{ij} \quad i = 1,2,\cdots,n \tag{3.1.35}$$

其中，g 必须为严格单调且充分光滑的函数。

由此，广义线性模型的一般形式如下：

$$g(\mu) = \beta_0 + \beta_1 x_1 + \beta_2 x_2 + \cdots + \beta_m x_m + \varepsilon \tag{3.1.36}$$

等式右边是自变量 x_1, $x_2,\cdots$, x_m，可以是一个也可以是多个，形式可以是分类的，也可以是定量的；等式左边通过指定连接函数将线性模型与不同分布因变量的预测值均值联系起来，广义线性模型可转化成相应的具体模型。许多广泛应用的统计模型均属于广义线性模型，如逻辑(Logistic)回归模型、泊松(Poisson)回归模型等，如表 3-9 所示。

表 3-9   广义线性模型的联系函数

模型	分布	联系函数	$\eta = g(\mu)$
一般线性模型	正态分布	恒等函数	$\eta = \mu$
逻辑回归模型	二项分布	Logit 函数	$\eta = \ln(\mu / (1-\mu))$
泊松回归模型	泊松分布	对数函数	$\eta = \ln(\mu)$

3. 参数估计

由于不再符合最小二乘的前提条件，广义线性模型采用极大似然估计法进行参数估计，其对数似然函数为

$$L(\beta,\phi) = \sum_i \left(\frac{y_i\theta_i - b(\theta_i)}{a(\phi)} + c(y_i,\phi) \right) \tag{3.1.37}$$

由

$$\mu_i = b'(\theta_i) \Rightarrow \frac{\partial \theta_i}{\partial \mu_i} = \frac{1}{b''(\theta_i)}$$

$$\eta_i = g(\mu_i) \Rightarrow \frac{\partial \mu_i}{\partial \eta_i} = \frac{1}{g'(\mu_i)} \tag{3.1.38}$$

$$\eta_i = X_i\beta \Rightarrow \frac{\partial \eta_i}{\partial \beta_i} = x_{ij}$$

其似然方程为

$$\frac{\partial l}{\partial \beta_i} = 0 = \sum_i \frac{\partial}{\partial \theta_i} \frac{(y_i\theta_i - b(\theta_i))}{a(\phi)} \frac{\partial \theta_i}{\partial \mu_i} \frac{\partial \mu_i}{\partial \eta_i} \frac{\partial \eta_i}{\partial \beta_i}$$

$$\Rightarrow \frac{\partial l}{\partial \beta_i} = \sum_i \frac{(y_i - \mu_i)}{a(\phi)} \frac{1}{b''(\theta_i)} \frac{1}{g'(\mu_i)} x_{ij} \tag{3.1.39}$$

4. 假设检验

广义线性模型中，假设检验依然是线性假设，即原假设 $H_0: C\beta = \alpha$，备选假设 $H_1: C\beta \neq \alpha$。其中，β 为线性模型中的 p 个参数构成的 p 维参数向量；C 为已知的 $r \times p$ 行满秩常数矩阵。

1) Wald 检验

检验统计量为

$$\hat{w}_n = (C\beta_n - \alpha)'(C\Lambda_n^{-1}C')^{-1}(C\beta_n - \alpha) \tag{3.1.40}$$

这里的 β_n 为 β 的极大似然估计，Λ_n 为 $\text{Cov}(s(\beta))$ 的估计。当原假设成立时，将 $C\beta=\alpha$ 带入 $\hat{w}_n$ 得到

$$\hat{w}_n = (C\beta_n - \beta)'(C\Lambda_n^{-1}C')^{-1}(C\beta_n - \beta) \tag{3.1.41}$$

由于 $w_n \xrightarrow{d} \chi_\alpha^2(r)$，因此当 $\hat{w}_n > \chi^2(r)$ 时，拒绝原假设 H_0。

2) 约束检验

以 $\tilde{\beta}_n$ 为原假设 H_0：$C\beta = \alpha$ 这个约束条件下参数 β 的极大似然估计。取如下的检验统计量：

$$u_n = s(\tilde{\beta}_n)\Lambda_n^{-1}(\tilde{\beta}_n)s(\tilde{\beta}_n) \tag{3.1.42}$$

当 u 大于某个常数时，拒绝原假设。此检验的直观背景如下：因为 $s(\tilde{\beta}_n) = 0$，若 H_0 成立，则 $\tilde{\beta}_n$ 和 β_n 都为 β 的估计，理应比较接近，因此，$s(\tilde{\beta}_n) \approx s(\beta_n) = 0$，这时 u 将取很小的值。反之，若 H_0 不成立，则 $\tilde{\beta}_n$ 和 β_n 不接近，u 将取较大的值。可以证明，当原假设成立，且满足一定的条件时，有 $u_n \xrightarrow{d} \chi_\alpha^2(r)$，$\alpha \in (0,1)$ 为给定的置信水平。

3) 拟似然比检验

以 l_n 为对数似然函数，则 $\tilde{\beta}_n$ 和 β_n 分别为 β 的不受任何约束的极大似然估计及受到原假设约束的极大似然估计，构造检验统计量为

$$\lambda_n = 2(l_n(\beta_n) - l_n(\tilde{\beta}_n)) \tag{3.1.43}$$

因为 $l_n(\beta_n)$ 为 $l_n(\beta)$ 的最大值，总有 $\lambda_n > 0$。若 H_0 成立，则 $\tilde{\beta}_n$ 和 β_n 均为 β 的相似估计，理应比较接近，λ_n 倾向于取小；反之若 H_0 不成立，$\tilde{\beta}_n$ 和 β_n 有较大差距，λ_n 倾向于取大。可以证明，当原假设成立，有 $\lambda_n \xrightarrow{d} \chi_\alpha^2(r)$。因此上文所提及的常数可以取 $\lambda_n > \chi_\alpha^2(r)$ 为检验的否定域，$\alpha \in (0,1)$ 为给定的置信水平。

5. 逻辑回归

1) 模型思想

在医学研究中经常会遇到二元变量的情况，例如，分析死亡与否的概率与病人生理状况、疾病严重程度之间的关系；研究某种疾病易感性的概率与个体性别、年龄、免疫水平之间的关系等。对这类问题建立回归模型时，目标概率的取值在 0～1，但是回归方程的因变量取值却落在实数集当中，这是不能接受的。因此，可以先将目标概率做 Logit 变换，这样它的取值区间就变成了整个实数集，再做回归分析就不会有问题了，采用了这种处理方法的回归分析就是逻辑回归。逻辑回归适用于因变量是二分类变量的情形，此时因变量服从二项分布，回归函数应被设置为[0，1]内的连续曲线，而不能再沿用线性回归方程，常用的函数是 Logistic 函数(也称为 Sigmod 函数，如图 3-12 所示)。逻辑回归被广泛使用于邮件过滤、产品推荐等多种场景，如分析预测用户购买某件房产的可能性，实际上，在很多场合，逻辑回归也常常作为一种有效的分类方法来使用。

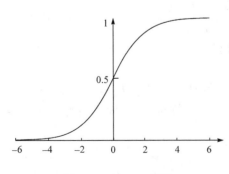

图 3-12　Sigmod 函数

$$f(x) = \frac{e^x}{1+e^x} = \frac{1}{1+e^{-x}} \tag{3.1.44}$$

对于因变量是二分类变量的情形而言，因变量 y_i 本身只取 0、1 两个离散值，不适于直接作为回归模型中的因变量。由于回归函数 $E(y_i)$ 表示在自变量为 x_i 的条件下 y_i 的平均值，而 y_i 是 0-1 型随机变量，因而 $E(y_i)$ 就是在自变量为 x_i 的条件下 y_i 等于 1 的比例。也就是说，可以用 y_i 等于 1 的比例 P 代替 y_i 本身作为因变量。

$$g(\mu) = \beta_0 + \beta_1 x_1 + \beta_2 x_2 + ... + \beta_i x_i + \cdots + \beta_m x_m \tag{3.1.45}$$

其中，$g(\mu) = \ln\left[\dfrac{P}{1-P}\right]$ 为连接函数，取值范围为[0，1]，$g(\mu)$ 是对 P 的变换，称为 Logit 变换。则对于多元逻辑回归，可得

$$P = \frac{e^{g(\mu)}}{1+e^{g(\mu)}} \tag{3.1.46}$$

逻辑回归模型与普通线性模型的主要区别在于：其因变量为二分类变量，该模型的因变量和自变量之间不存在线性关系。一般线性回归模型需要假设独立同分布、方差齐性，而逻辑回归模型不需要，且逻辑回归没有自变量分布的假设条件，可以是离散变量、连续变量甚至是哑变量。

2) 二元 Logistic 回归

设因变量为 y，其取值 1 表示事件发生，取值 0 表示事件未发生；影响 y 的 m 个自变量分别记为 $X = (x_1, x_2, \cdots, x_m)$。

记事件发生的条件概率为 $P(y=1|X) = p_i$，可以得到如下的 Logistic 回归模型：

$$p_i = \frac{1}{1+e^{-(\alpha+\sum_{i=1}^{m}\beta_i x_i)}} = \frac{e^{\alpha+\sum_{i=1}^{m}\beta_i x_i}}{1+e^{\alpha+\sum_{i=1}^{m}\beta_i x_i}} \qquad 1-p_i = 1-\frac{e^{\alpha+\sum_{i=1}^{m}\beta_i x_i}}{1+e^{\alpha+\sum_{i=1}^{m}\beta_i x_i}} = \frac{1}{1+e^{\alpha+\sum_{i=1}^{m}\beta_i x_i}}$$

其中，p_i 为在第 i 个观测中事件发生的概率；$1-p_i$ 为在第 i 个观测中事件不发生的概率；它们都是由自变量 x_i 构成的非线性函数。

事件发生与不发生的概率之比 $p_i / (1-p_i)$ 称为事件的发生比，简记为 Odds。Odds 一定为正值(因为 $0 < p_i < 1$)，并且没有上界，对 Odds 做对数变换，就能够得到 Logistic 回归模型的线性模式：$\ln(\dfrac{p_i}{1-p_i}) = \alpha + \sum_{i=1}^{m}\beta_i x_i$。

Logistic 要点如下。

(1) Logistic 回归广泛用于分类问题。

(2) Logistic 回归不要求自变量和因变量存在线性关系。它可以处理多种类型的关系，因为它对预测的相对风险指数使用了一个非线性的 log 转换。

(3) 为了避免过拟合和欠拟合，应该包括所有重要的变量。有一个很好的方法来确保这种情况，就是使用逐步筛选方法来估计 Logistic 回归。

(4) Logistic 回归需要较大的样本量，因为在样本数量较少的情况下，极大似然估计的效果比普通的最小二乘法差。

(5) 自变量之间应该互不相关，即不存在多重共线性。

(6) 如果因变量是定序变量，则称它为序 Logistic 回归。

(7) 如果因变量是多类的话，则称它为多元 Logistic 回归。

3) 应用举例

本例使用 iris 数据集中的部分数据进行建模。通过对原始数据进行预处理，提取种类 (Species)中的两种花 Versicolor 和 Virginica 作为因变量，花瓣的长度(Petal.Length)和宽度 (Petal.Width)作为解释变量建立模型(图 3-13)。

```
Coefficients:
            Estimate Std. Error z value Pr(>|z|)
(Intercept)  -45.272     13.610  -3.327 0.000879 ***
Petal.Length   5.755      2.306   2.496 0.012565 *
Petal.width   10.447      3.755   2.782 0.005405 **
---
Signif. codes:  0 '***' 0.001 '**' 0.01 '*' 0.05 '.' 0.1 ' ' 1

(Dispersion parameter for binomial family taken to be 1)

    Null deviance: 138.629  on 99  degrees of freedom
Residual deviance: 20.564  on 97  degrees of freedom
AIC: 26.564
```

图 3-13　逻辑回归

结果表明，花瓣的长度和宽度能够有效区分这两种花。构建的模型的形式为

$$g(\mu) = -45.272 + 5.755x_1 + 10.447x_2 \tag{3.1.47}$$

即

$$P = \frac{e^{-45.272+5.755x_1+10.447x_2}}{1+e^{-45.272+5.755x_1+10.447x_2}} \tag{3.1.48}$$

6. 泊松回归

1) 模型思想

Poisson 回归模型是基于事件计数变量而建立的回归模型，能对离散型随机变量进行回归建模，计数变量是指事件发生的次数。当因变量近似服从 Poisson 分布时，通常可以采用该回归模型进行统计分析。Poisson 回归常用于单位时间或单位空间内某稀有事件发生时的影响因素分析，广泛应用于生物、医学、经济学等领域。

$$\log(\mu) = \beta_0 + \beta_1 x_1 + \beta_2 x_2 + \cdots + \beta_m x_m \tag{3.1.49}$$

系数β_i表示x_i每增加一个单位，$\log(\mu)$的变动；或者说x_i每增加一个单位，对μ产生e^{β_i}的效应。因变量的对数与自变量呈线性关系，各观测量之间相互独立且各自变量水平上的因变量的方差与均值相等。

2) 应用举例

本例以 Breslow 癫痫数据集中的部分数据作为数据源[①]。数据记录了在对癫痫症患者实施药物治疗的最初八周内，抗癫痫药物对癫痫发病数的影响，提取的数据包括八周内的癫痫发病数(sumY)，治疗条件(Trt)，年龄(Age)和前八周内的基础癫痫发病数(Base)。先对这些数据使

---

① 读者可通过 http://www.ecsponline.com 网站检索图书名称，在图书详情页"资源下载"栏目中获取本书所附数据，如有问题可发邮件到 dx@mail.sciencep.com 咨询。

用泊松回归进行拟合(图 3-14 和图 3-15)，检验药物治疗是否能减少癫痫发病数。值得说明的是，将 sumY 作为因变量，Trt、Age 和 Base 作为解释变量时，其中 Trt 这一字段的记录是一个二分类变量，为 placebo(安慰剂组，即对照组)和 progabide(普罗加比，一种抗癫痫药物，即实验组)。这里可以进一步证实，泊松回归对于解释变量的分布没有要求。

```
Coefficients:
               Estimate Std. Error z value Pr(>|z|)
(Intercept)   1.9488259  0.1356191   14.370  < 2e-16 ***
Base          0.0226517  0.0005093   44.476  < 2e-16 ***
Age           0.0227401  0.0040240    5.651 1.59e-08 ***
Trtprogabide -0.1527009  0.0478051   -3.194   0.0014 **
---
Signif. codes:  0 '***' 0.001 '**' 0.01 '*' 0.05 '.' 0.1 ' ' 1

(Dispersion parameter for poisson family taken to be 1)

    Null deviance: 2122.73  on 58  degrees of freedom
Residual deviance:  559.44  on 55  degrees of freedom
AIC: 850.71
```

图 3-14　泊松回归

```
(Intercept)          Base          Age Trtprogabide
  7.0204403     1.0229102    1.0230007    0.8583864
```

图 3-15　回归参数指数化

结果表明，治疗条件(Trt)、年龄(Age)和前八周内的基础癫痫发病数(Base)三个解释变量是显著影响治疗效果(用药八周内的癫痫发病数)的。在泊松回归中，因变量以条件均值的对数形式来建模。年龄的回归参数为 0.0227，表明保持其他解释变量不变，年龄增加一岁，癫痫发病数的对数均值将相应增加 0.0227。这里可以将参数指数化以便于分析，年龄增加一岁，期望的癫痫发病数将乘以 1.023，一般年龄越大的患者发病数越高；而在施加了药物治疗的因素后，期望的发病数将乘以 0.86，这表明在其他条件不变的情况下，实验组相对于对照组的发病数降低了 14%，可以判断药物对于降低癫痫的发病次数有显著效果。

3.1.4　分位数回归

分位数回归(quantile regression)利用解释变量的多个分位数(如四分位、十分位、百分位等)来得到因变量的条件分布相对应的分位数方程，是估计一组回归变量 X 与因变量 Y 的分位数之间线性关系的建模方法，在统计、经济、金融等领域有广泛的应用。在普通线性回归中，普通最小二乘(ordinary least squares，OLS)法是线性回归估计回归系数的最基本的方法，如果模型中的随机误差项来自均值为 0 而且同方差的分布，那么回归系数的估计为最佳线性无偏估计(best linear unbiased estimator，BLUE)；如果进一步随机误差项服从正态分布，那么回归系数的普通最小二乘法或极大似然估计为最小方差无偏估计(minimum-variance unbiased estimator，MVUE)。如数据出现尖峰或厚尾的分布、存在显著的异方差等情况，若用传统的最小二乘法估计模型，得到的参数估计量不是有效估计量，也无法对模型参数进行有关的显著性检验。分位数回归能够捕捉分布的尾部特征，当自变量对不同部分的因变量的分布产生不同的影响时，它能更加全面地刻画分布的特征，从而得到全面的分析。从形式上看，传统的线性回归只能提供一条回归曲线，描述因变量的条件均值与自变量 X 的关系，而分位数回归可以按照需求设定不同的分位点，从而得到设定个数的分位数函数，可得到在这些分位点拟合的一簇曲线，相较于普通线性回归所能挖掘的信息更加丰富。分位数回归对误差项并不要求很强的假设条件，能够更加全面地描述因变量条件分布的全貌，而不是仅仅分析因变量的均值，也可以分析解释变量如何影响因变量的中位数、分位数等。不同分位数下的回归系数估计量常常不同，即解释变量对不同水平因变量的影响不同，且分位数回归的估计结果对离群值则表现得更加稳健，误差项并不要求很强的假设条件，因此对于非正态分布而言，分位数回归系数估计量则更加稳健。

1. 模型思想

1) 总体分位数

对于连续型随机变量 y，其总体 τ 分位数的值为 y_τ，即 y 小于等于 y_τ 的概率为 τ，则有

$$\tau = P(Y \leqslant y_\tau) = F(y_\tau) \tag{3.1.50}$$

总体 τ 分位数 y_τ 正好将总体分为两个部分(图 3-16)，其中小于或等于 y_τ 的概率 $P(Y \leqslant y_\tau)$ 为 τ，而大于 y_τ 的概率为 $1-\tau$。$F(y_\tau)$ 表示 y 的累积分布函数。如 $y_{0.25} = 3$，则 $y \leqslant 3$ 的概率是 0.25，即 y 的总体中有 25%的数值小于 3。

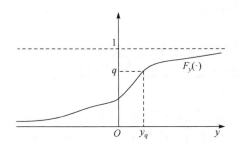

图 3-16 总体 τ 分位数及其累积分布函数

y 的 τ 分位数的定义为式(3.1.51)，则 $Q(\tau)$ 为 y 的 τ 分位数函数。则中位数可以表示为 $Q(0.5)$。

$$Q(\tau) = F^{-1}(\tau) = \inf\{y : F(y) \geqslant \tau\} \quad 0 < \tau < 1 \tag{3.1.51}$$

对于回归模型，条件分布 $y|x$ 的累积分布函数为 $F_{y|x}(\cdot)$，条件分布 $y|x$ 的总体 τ 分位数记为 $F_{y|x}(y_\tau)$，则 $\tau = F_{y|x}(y_\tau)$，假设 $F_{y|x}(\cdot)$ 严格单调递增，则有 $y_\tau = F_{y|x}^{-1}(\tau)$，所以总体条件 τ 分位数依赖于 x，记作 $y_\tau(x)$，称为"条件分位数函数"。对于线性回归模型，如果随机误差满足同方差的假设，或者其异方差形式为乘积，则 $y_\tau(x)$ 是 x 的线性函数。

$$y = x\beta + u$$
$$u = x\alpha \cdot \varepsilon \tag{3.1.52}$$
$$\varepsilon \sim iid(0, \sigma^2)$$

则条件分位数 $y_\tau(x)$ 满足

$$\begin{aligned} \tau &= P(y \leqslant y_\tau(x)) \\ &= P(x\beta + u \leqslant y_\tau(x)) \\ &= P\left(\varepsilon \leqslant \frac{y_\tau(x) - x\beta}{x\alpha}\right) \\ &= F_\varepsilon\left(\varepsilon \leqslant \frac{y_\tau(x) - x\beta}{x\alpha}\right) \end{aligned} \tag{3.1.53}$$

可得 $y_\tau(x) = x[\beta + \alpha F_\varepsilon^{-1}(\tau)]$，因此在总体分位数条件下，$y_\tau(x)$ 是 x 的线性函数。

2) 样本分位数

对于随机变量 y，其总体 τ 分位数未知，可使用样本 τ 分位数 $\hat{y}_\tau$ 来估计 $y_{(\tau)}$。将样本数据 $\{y_1, y_2, \cdots, y_n\}$ 按从小到大的顺序排列为 $\{y_{(1)}, y_{(2)}, \ldots, y_{(n)}\}$，则 $\hat{y}_\tau$ 等于第$[n\tau]$个最小观测值，其中，n 为样本容量，$[n\tau]$为大于等于 $n\tau$ 且离 $n\tau$ 最近的正整数。

普通线性回归中，采用最小二乘法的基本思想就是使样本值与拟合值之间的距离和最短，对于 y 的一组随机样本 $\{y_1, y_2, \cdots, y_n\}$，由前面的知识可知，样本均值可以使残差平方和最小，即

$$\min_{\xi \subset R} \sum_{i=1}^{n} (y_i - \xi)^2 \Rightarrow \xi = \frac{1}{n} \sum_{i=1}^{n} y_i \tag{3.1.54}$$

此时得到一般线性模型的无偏参数估计为

$$\hat{\beta} = \arg \min_{\beta \subset R^k} \left\{ \sum_{i=1}^{n} (Y_i - x_i \beta)^2 \right\} \tag{3.1.55}$$

根据 Koenker 和 Bassett(1978)证明，分位数回归寻求因变量 y 在 τ 分位下的残差绝对值之和最小，是对最小二乘法的思路延伸。但它用多个分位函数来估计整体模型，需要用非对称权重解决离差最小化，可证样本分位数可以使加权误差绝对值(weighted least absolute deviations estimator，WLAD)之和最小。

$$\min_{\xi \subset R} \left\{ \sum_{i: y_i \geqslant \xi} \tau |y_i - \xi| + \sum_{i: y_i < \xi} (1-\tau) |y_i - \xi| \right\} \Rightarrow \xi = \hat{y}_\tau \tag{3.1.56}$$

由此得到的 τ 分位参数估计为

$$\hat{\beta}_\tau = \arg \min_{\beta \subset R^k} \left\{ \sum_{i=1}^{n} \tau(Y_i - x_i'\beta_\tau) + \sum_{i=1}^{n} (1-\tau)(Y_i - x_i'\beta_\tau) \right\} \tag{3.1.57}$$

相应的第 τ 分位数的回归方程表达式是

$$\hat{y}_\tau = X\hat{\beta}_\tau \tag{3.1.58}$$

分位数回归的特殊情况是中位数回归，可以使用对称权重进行离差绝对值最小化(least absolute deviations，LAD)估计，得到此时最优的参数估计。

$$\min_{\xi \subset R} \sum_{i=1}^{n} |y_i - \xi| \Rightarrow \xi = \text{median}\{y_1, y_2, \cdots, y_n\} \tag{3.1.59}$$

对于一些特殊的数据而言，估计的分位数回归方程越多，对因变量 y_τ 条件分布的理解就越充分。以一元回归为例，如果用 LAD 法估计的中位数回归直线与用 OLS 法估计的均值回归直线有显著差别，则表明因变量 y_τ 的分布是非对称的。如果散点图上侧分位数回归直线之间与下侧分位数回归直线之间相比，相互比较接近，则说明因变量 y_τ 的分布是左偏的，反之是右偏的。对于不同分位数回归函数，如果回归系数的差异很大，说明在不同分位数上解释变量对因变量的影响是不同的。

分位数回归估计的检验包括两部分：一是与普通线性回归类似的检验，如拟合优度检验、拟似然比检验和 Wald 检验等，可以对单个分位数回归方程中的参数有效性进行检验；二是分位数回归估计特殊要求的检验，斜率相等检验即检验对于不同的分位点估计得到的结构参数(在线性模型中即为斜率)是否相等来判断一个模型是否具有位移特征，若相等则表明每个斜率对于不同分位点具有不变性，此时应采用普通最小二乘估计。斜率对称性检验用于检验对于给定的 X，Y 的分布是否是对称的，如果接受斜率相等性假设，就不必进行斜率对称性检验。如果拒绝斜率相等性假设，则可以进一步进行斜率对称性检验，若接受原假设，则认为斜率具有对称性，否则，则认为斜率不具有对称性。

2. 分位数回归应用实例

本例采用的 Engel 数据集源自 19 世纪德国统计学家恩格尔关于食品支出和个人消费支出关系的研究。数据集包含收入(income)和食品支出(foodexp)两个维度共 235 个观测数据。

1) OLS 回归

简单对数据集中的两个变量做普通最小二乘回归(图 3-17),发现二者呈现正相关的关系。回归方程的 R^2 很高,说明回归方程的拟合优度很好,食品支出和收入二者整体上的线性关系很强。

```
Coefficients:
            Estimate Std. Error t value Pr(>|t|)
(Intercept) 147.47539   15.95708   9.242   <2e-16 ***
income        0.48518    0.01437  33.772   <2e-16 ***
---
Signif. codes:  0 '***' 0.001 '**' 0.01 '*' 0.05 '.' 0.1 ' ' 1

Residual standard error: 114.1 on 233 degrees of freedom
Multiple R-squared: 0.8304,   Adjusted R-squared: 0.8296
F-statistic:  1141 on 1 and 233 DF, p-value: < 2.2e-16
```

图 3-17   多元线性回归

2) 中位数回归

中位数回归是分位数回归的特例,首先对该数据集进行中位数回归,并对参数进行显著性检验。

由图 3-18 可以发现,食品支出与收入的中位数回归,回归参数为 0.56,截距为 81.48,且均显著,说明在中位数水平上收入越高食品支出越多,符合全体样本的线性关系的趋势。注意到线性回归方程的系数略小于中位数回归的系数,说明数据局部分布可能与整体分布所得到的关系不一致,即传统的 OLS 回归可能掩盖了数据的部分分布特征。

```
Coefficients:
            Value    Std. Error t value  Pr(>|t|)
(Intercept) 81.48225 25.18563    3.23527  0.00139
  income     0.56018  0.03242   17.27747  0.00000
```

图 3-18   中位数回归

3) 分位数回归

对原始样本数据在 0.05,0.10,0.25,0.5,0.75,0.9 和 0.95 共七个分位上进行分位数回归,得到的系数如图 3-19 所示。

结合普通线性回归的相关结果,将回归曲线绘制出来(图 3-20),可以发现,在不同分位下的分位数回归曲线不一致,即收入不同的家庭在食品支出上较为不同,具体的可以使用偏差进行斜率相等性检验(图 3-21)。经过检验,发现不同分位点下收入对食品支出的影响机制是不相同的。

```
Coefficients:
            tau= 0.05  tau= 0.10  tau= 0.25  tau= 0.50  tau= 0.75
(Intercept) 124.8800408 110.1415742 95.4835396 81.4822474 62.3965855
income        0.3433611   0.4017658  0.4741032  0.5601806  0.6440141
            tau= 0.90  tau= 0.95
(Intercept) 67.3508721 64.1039632
    income    0.6862995  0.7090685
```

图 3-19 分位数回归

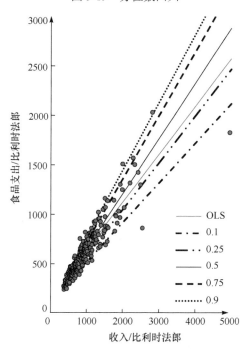

图 3-20 5 个分位上的分位数回归

```
Quantile Regression Analysis of Deviance Table

Model: foodexp ~ income
Joint Test of Equality of Slopes: tau in {  0.05 0.1 0.25 0.5 0.75 0.9
0.95  }

 Df Resid Df F value   Pr(>F)
1  6    1639   11.998 3.175e-13 ***
---
Signif. codes:  0 '***' 0.001 '**' 0.01 '*' 0.05 '.' 0.1 ' ' 1
```

图 3-21 分位数回归的斜率相等性检验

进一步地, 可以绘制出在 1~99 个分位下分位数回归的系数和相应的截距(图 3-22)。可以发现, 在不同的分位上, 不同家庭的收入和支出间的线性关系的特征不同。

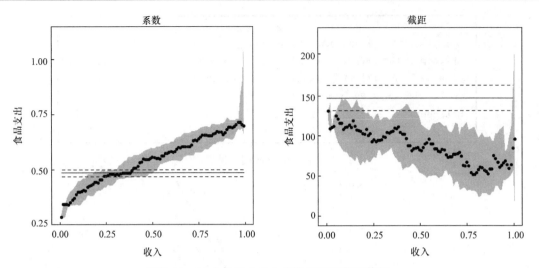

图 3-22　99 个分位上的分位数回归系数和截距

点表示不同分位上的回归系数(截距)，灰色表示回归系数置信区间，实线表示 OLS 回归系数(截距)，
虚线表示 OLS 回归参数的标准差

3.1.5　分层回归

1. 简介

分层回归是一种用于多层嵌套结构数据的线性统计方法，其主要贡献者之一，英国伦敦大学 Harvey Goldstein 教授将其称为多层分析(multilevel analysis)，而美国密歇根大学的 Stephen W. Raudenbush 教授等将其称为分层线性模型(hierarchical linear modeling)结构。在本节中称其为多层线性模型，并用其缩写 HLM 代表。多层分析技术的出现是统计分析方法的另一大突破性发展(最突出的发展是结构方程的发展和应用)，系统地解决了困扰社会科学半个多世纪的生态谬误(ecological fallacy)问题。在统计研究中，很多研究问题都体现为多水平、多层的数据结构。其中最为典型的例子就是在教育研究中，学生嵌套于班级，而班级又嵌套于学校的现象，或可以简单地把学生看成嵌套于学校。这里学生代表了数据的第一层，班级和学校分别代表数据的第二层。传统的线性回归模型只能对涉及一层数据的问题进行分析，而不能对多层数据进行综合分析，多层回归模型则提供了解决这些问题的统计方法。多层回归不仅可以减少传统最小二乘回归方法分析的统计误差，而且可以避免人为选择分析单位可能出现的错误。在多层回归中，各层样本均可作为分析单位，并且还可以研究不同层次之间的交互作用，从而拓宽了各专业的研究范围，深化了各专业的研究思路。

2. 基本统计原理

1) 适用数据形式

基本统计原理适用于镶嵌型数据。

2) 样本要求

关于样本量的要求没有确定的答案，还要参考实验的目的。一般考虑统计推断正态分布的要求及变量与样本的比例。

(1) 样本大小与统计判断和假设检验有关。一般来说，样本最少是 30 个。

(2) 样本个数同样本量的比例。在决定样本量时，也要考虑变量的个数。一般来说，这一比例要求为 1∶10。在多层分析中，上述条件要分别在不同层次中考虑。高层样本量的要求比低层样本量的要求更高。

(3) 参数估计方法：收缩估计(shrinkage estimates)。它比使用 OLS 进行"回归的回归"更为稳定或精确。这是因为，当某些第二层单位只有少量的个体样本时，例如，有的小组只有几个工人，而其他小组则有很多工人时，以小样本为基础的回归估计是不稳定的。在这种情况下，HLM 采用的收缩估计的方法是用两层估计加权得到一个更好的估计。一个是来自每一个工作小组的 OLS 估计，另一个是第二层或小组间数据的加权最小二乘(weighted least squares, WLS)估计。最后的估计是根据工作小组的样本大小进行加权。以上两种估计中，样本规模较小者更为依赖第二层的 WLS 估计，而样本规模更大者则更为依赖第一层的 OLS 估计。这就是 HLM 参数估计的概念。

(4) 普通最小二乘(OLS)回归：

$$Y_i = \beta_0 + \beta_1 X_i + \gamma_i \tag{3.1.60}$$

其中，β_0 为截距，或者说是当 X=0 时 Y 的值；β_1 为线性回归系数；γ_i 为残差，其假设为①γ_i 服从正态分布，$\gamma_i \sim N(0,\sigma^2)$；②$\gamma_i$ 是相互独立的，即 $\mathrm{Cov}(\gamma_i, \gamma_j) = 0$；③$\gamma_i$ 的方差恒定，即 $\mathrm{Var}(\gamma_i) = \sigma^2$，$\sigma^2$ 为一常数。这些关于残差的假设意味着 Y 是从某个总体内随机取样的。但是，当数据存在镶嵌结构，且某些第二层变量被认为对 Y 产生影响，即必然存在第二层单位间的方差，残差将不满足上述假设时，多层线性模型才是正确解决这一问题的统计模型。

(5) HLM 的基本形式。HLM 基本形式包括以下三个公式。

$$Y_{ij} = \beta_{0j} + \beta_{1j} X_{ij} + \gamma_{ij} \tag{3.1.61}$$

$$\beta_{0j} = \gamma_{00} + \mu_{0j} \tag{3.1.62}$$

$$\beta_{1j} = \gamma_{10} + \mu_{1j} \tag{3.1.63}$$

其中，下标 i 为第一层的单元，如学生；下标 j 为第一层的个体所隶属的第二层单元，如学校或班级；γ_{00} 和 γ_{10} 分别为 β_{0j} 和 β_{1j} 的平均值，并且它们在第二层单元之间是恒定的，是 β_{0j} 和 β_{1j} 的固定成分；μ_{0j} 和 μ_{1j} 分别为 β_{0j} 和 β_{1j} 的随机成分，它们代表第二层单元之间的变异。由以上公式可以得到

$$Y_{ij} = \gamma_{00} + \gamma_{10} X_{ij} + \mu_{0j} + \mu_{1j} X_{ij} + \gamma_{ij} \tag{3.1.64}$$

其中，$\mu_{0j} + \mu_{1j} X_{ij} + \gamma_{ij}$ 是残差项。

HLM 不仅可以从第一层模型[式(3.1.61)]的残差 γ_{ij} 中分解出 μ_{0j} 和 μ_{1j}，还可以满足 OLS 关于残差的假设；HLM 将残差项进行了分解，更符合实际情况，所以对于多层数据使用多层线性模型进行分析更为合理。

3. HLM 的基本模型形式

1) 零模型

在有些研究中，只需要把方程分解为由个体差异造成的部分和组间差异造成的部分。在这种情况下，使用的第一层和第二层模型都没有预测变量，即零模型(the null model)，这种方法也叫做方差成分分析(variance component analysis)。

第一层方程：

$$Y_{ij} = \beta_{0j} + \gamma_{ij} \tag{3.1.65}$$

其中，$\mathrm{Var}(\gamma_i) = \sigma_2$。

第二层方程：

$$\beta_{0j} = \gamma_{00} + \mu_{0j} \tag{3.1.66}$$

其中，$\mathrm{Var}(\mu_{0j}) = \tau_{00}$。

要确定 Y 的总体变异中有多大程度是由于第二层或者组间差异造成的，就要计算一个跨级相关(intra-class correlation)系数：

$$\rho = \tau_{00} / (\tau_{00} + \sigma_2) \tag{3.1.67}$$

2) 完整模型

完整模型(the full model)既包含了第一层的预测变量，又包含第二层的预测变量。这样就可以通过理论建构来说明或解释 Y 的总体变异是怎样受到第一层和第二层的因素影响。最简单的完整模型只包含一个一层变量和一个二层预测变量。

第一层方程：

$$Y_{ij} = \beta_{0j} + \beta_{1j} X_{ij} + \gamma_{ij} \tag{3.1.68}$$

第二层方程：

$$\beta_{0j} = \gamma_{00} + \gamma_{01} W_{1j} + \mu_{0j} \tag{3.1.69}$$

$$\beta_{1j} = \gamma_{10} + \gamma_{11} W_{1j} + \mu_{1j} \tag{3.1.70}$$

其中，$\mathrm{Var}(\mu_{0j}) = \tau_{00}$；$\mathrm{Var}(\mu_{1j}) = \tau_{11}$。

在零模型和完整模型之间，有一系列的模型可以用来估计第一层和第二层的参数，研究者可以根据自己的研究目的和实际情况，通过向各层方程中添加不同的变量、设定不同的随机成分与固定成分来构建各种分析模型。其中常用的有协方差分析模型和随机效应回归模型。

3) 协方差分析模型

在零模型和完整模型之间，可以通过向各层方程中增加不同的变量，设定不同的随机成分和固定成分来构建各种分析模型，称为协方差分析模型(ANCOVA model)

第一层方程：

$$Y_{ij} = \beta_{0j} + \beta_{1j}(X_{ij} - X_{均}) + \gamma_{ij} \tag{3.1.71}$$

第二层方程：

$$\beta_{0j} = \gamma_{00} + \mu_{0j} \tag{3.1.72}$$

$$\beta_{1j} = \gamma_{10} + \gamma_{11} W_{1j} + \mu_{1j} \tag{3.1.73}$$

在第一层方程中，预测变量采用总体平均数为参照来计算离差，与传统协方差分析的区别在于 β_{0j} 被进一步分解为 γ_{00} 和 μ_{0j}。β_{1j} 没有随机项，反映了协方差分析的一个重要前提，即协方差对因变量的回归系数的组间一致性。检验这种假设的方法是把 μ_{1j} 纳入方程中，并检验 $\tau_{11}=0$ 是否成立。

4) 随机效应回归模型

随机效应回归模型(random effect regression model)与完整模型的区别在于第二层方程没有预测变量；与传统 OLS 回归的区别在于第一层方程的 β_{0j} 和 β_{1j} 是随机的而非固定的，其目的是寻找第一层的截距、斜率在第二层上的变异。

第一层方程：

$$Y_{ij} = \beta_{0j} + \beta_{1j} X_{ij} + \gamma_{ij} \tag{3.1.74}$$

第二层方程：

$$\beta_{0j} = \gamma_{00} + \mu_{0j} \tag{3.1.75}$$

$$\beta_{1j} = \gamma_{10} + \mu_{1j} \tag{3.1.76}$$

在研究中可以将以上模型结合使用，能够更好地说明或解释不同层面上的变量差异及其交互作用，见表 3-10。

表 3-10　三种模型的差异

	因变量	一层预测变量	二层预测变量	目的
零模型	√			方差成分分析
随机效应回归模型	√	√	√	寻找第一层截距和斜率在第二层上的变异
完整模型	√	√	√	分析两层预测变量对总体变异的影响及其机制

5) 发展模型

上述的大多数模型也可以用于纵向研究、发展研究或追踪研究的模型建构。如在追踪模型中，不同时间的观察结果(第一层)嵌套于被观察的个体(第二层)。这时，对于第一层数据，就不能采用传统的回归模型来分析，因为传统回归模型描述的是一个结果与一系列预测变量之间的关系。而发展模型是把多次的观察结果作为时间的某种数学函数来建构模型，这时应该根据第一层数据的特点选择发展模型。

6) 三层及以上多层模型

三层模型是二层模型的直接扩展。根据研究兴趣的需要，以及三层模型中第二层和第三层数据的特点，可以选择使用零模型和完整模型之中的任何一种模型。三层模型的方差和协方差举证更为复杂，同时所包含的信息也更为丰富。以下将通过一个零模型来介绍如何分解三层模型的方差，感兴趣的同学可以尝试着逐渐增加模型的复杂程度。

示例模型：

第一层：零模型

$$Y_{ij} = \beta_{0jk} + \gamma_{ijk} \tag{3.1.77}$$

其中，$\mathrm{Var}(\gamma_i) = \sigma_2$。

第二层：零模型

$$\beta_{0jk} = \gamma_{00k} + \mu_{0jk} \tag{3.1.78}$$

其中，$\mathrm{Var}(\mu_{0jk}) = \tau_{\beta00}$。

第三层：零模型

$$\gamma_{00k} = \pi_{000} + e_{0jk} \tag{3.1.79}$$

其中，$\mathrm{Var}(e_{0jk}) = \tau_{\pi00}$。

三层模型所包含的复杂性大多数都来自于下标。下面是模型中各参数的具体含义：在第一层的方程中，β_{0jk} 的第一个下标"0"代表截距。在第二层的方程中，γ_{00k} 表示第二层方程的截距，μ_{0jk} 表示第二层方程的残差或随机项；γ_{00k} 和 μ_{0jk} 的第一个下标"0"表示这两者都是和第一层方程中的 β_{0jk} 有关，第二个下标"j"表示第二层的单位。在第三层的方程中，π_{000} 的下标中前两个"0"代表结果变量是第二层的截距 γ_{00k}，第三个"0"代表当前统计量为第三层方程的截距。在 e_{00k} 中，两个"0"代表的是当前随机项与第二层的统计量 γ_{00k} 有关，下标"k"代表的是第三层的单位。

在三层的零模型中，主要关注的是三个层之间的方差分解，即确定总方差中每一层方差所占的比例，也就是计算跨级相关，具体的表达式如下。

第一层的方差和总方差的比例：

$$\rho_1 = \sigma^2 / (\sigma^2 + \tau_{\beta 00} + \tau_{\pi 00}) \tag{3.1.80}$$

第二层的方差和总方差的比例：

$$\rho_2 = \tau_{\beta 00} / (\sigma^2 + \tau_{\beta 00} + \tau_{\pi 00}) \tag{3.1.81}$$

第三层的方差和总方差的比例：

$$\rho_3 = \tau_{\pi 00} / (\sigma^2 + \tau_{\beta 00} + \tau_{\pi 00}) \tag{3.1.82}$$

4. 模型应用范围

(1) 多层模型可以广泛应用于组织和管理研究。例如，研究者可以调查工厂的特征(如决策权的集中性)对工人生产效率的影响。这种背景下，工人和工厂是两个镶嵌的数据层，作为个体的工人隶属于工厂，研究者对这两层内的变量均可进行测量。

(2) 多层模型的第二个应用体现在对个体进行追踪、多次观测的发展研究中。重复测量包含着关于每一个个体成长轨迹的信息，心理学家对个体特征如何影响这些成长轨迹尤其感兴趣。例如，研究儿童在家庭中接触语言的差异对其词汇掌握及阅读发展趋势的影响，一直受到语言心理学家的重视。在这里，词汇和阅读发展趋势要通过对每个孩子的多次追踪观测来确定，这些追踪数据构成了第一层数据，孩子之间在阅读发展趋势及其他变量上的差异构成了第二层数据。如果每个人都在相同的时间点得到相同次数的观测，传统上这一设计可视为重复测量数据，但是，若观测时间点的数量与跨度对每个人都不相同，那么就只可以把追踪观察看作隶属于个人的多层结构，用多层模型处理。

(3) 多层模型的第三种应用可以视为前面两种应用的综合，在教育研究中广为适用。例如，对学生学业进展的研究应着眼于学生与教师围绕特定课程内容的交互作用。研究内容包含三个方面：学生在完成一段时间内学业后的学习进展；个体特征及个体教育经历对其学习进展的影响；班级组织及教师特定行为如何影响前两者之间的相关。与此相应，这一数据可分为三个层面，第一层是随时间而进行的重复观测，隶属于构成第二层的个体或学生，而学生又隶属于构成第三层的班级、老师或学校。

(4) 多层模型还可以用来做文献综述，即对众多的研究成果进行定量综合。面对大量研究，研究者可能想弄清楚不同研究过程中的处理、研究方法、被试验者和背景上的差异与效应之间的关系，HLM 可以给这些研究活动提供极具普遍性的统计框架。

(5) 多层模型的另一种应用是利用多层的数据来回答单层数据的问题，这种方法充分利用多层模型中较为高级的统计估计方法，来改善单层回归的估计和分析。例如，学生是镶嵌于学校而非从总体中随机取样，使用普通最小二乘回归将违反残差随机分布的假设，而多层模型更适合这类数据的分析。另外，有些镶嵌数据中，第二层单位在底层的取样甚少，不能进行有效的统计分析，这种情况下，可以借助其他二层单位和预测变量，运用分层模型，对取样较少的一层单位进行回归分析。

5. 评述

与传统线性回归模型比较，分层回归避免了没有考虑数据混合时的分析谬误。一元回归(或散点图)揭示出的规律可能是假的，因为没有控制其他变量的影响。

通常，数据具有簇(面板或表格)结构。经典统计中假设观测变量都是独立且恒等分布的。对于簇结构数据，这种假设可能导致错误的结果。相比之下，混合效应模型对簇结构考虑更加充分，假设变异有簇内部及不同簇间两种来源，在混合模型中两种类型的系数是有区别的，分别代表总体平均水平与簇特异性。前者与经典统计中意义相同，而后者是随机的且用后验概率估算。由此可见，若忽略数据的簇结构可能导致错误的推测。

3.1.6　分段回归

1. 概述

分段函数，是指在函数定义域的不同部分不是用一个解析式表示，而是用几个不同的解析式来表达的函数，有时可能要用无穷多个解析式。现在通过两个图来说明分段线性回归方法的提出。

设因变量 Y 与自变量 X 的散点如图 3-23 所示，显然，图中(a)和(b)均不呈直线关系，图(a)为一下凹曲线，但曲线的形式尚不能确定。图(b)则是一个不连续的函数，使用传统的方法就比较困难，但我们可以发现两个图形有一个共同的地方，在图(a)自变量 X 以 A 为分界点，把数据分成两段，这两段分别呈线性关系；在图(b)中以 B 为分界点也把数据分成两段，前后也分别呈线性关系。因此这就启发我们若能区别不同阶段分别用线性回归方法来进行拟合，也许能达到较好的效果，而且方法也比较简单，因为解线性回归一般比较容易。所以分段线性回归方法实际上就是设法把一个比较复杂的曲线分段割成线性的处理方法。

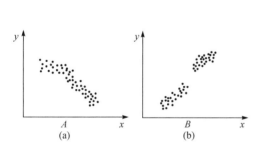

图 3-23　分段函数

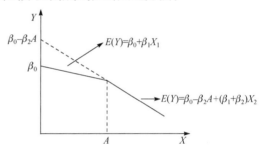

图 3-24　一个转折点的分段线性回归

2. 分段线性回归方法

1) 有一个转折点的分段线性回归

如图 3-24 所示，回归曲线在 A 处为转折点，前后可分为两段直线。设一段直线的线性回归方程为 $E(Y) = \beta_0 + \beta_1 X_1$，现在用一个指示变量 X_2，令 $X_1 < A$ 时，$X_2 = 0$，$X_1 > A$ 时，$X_2 = 1$，那么这一数据的分段线性回归方程可写成

$$E(Y) = \beta_0 + \beta_1 X_1 + \beta_2 (X_1 - A) X_2 \tag{3.1.83}$$

当 $X_1 < A$ 时，把 $X_2 = 0$ 代入式(3.1.83)中，上面的回归函数就变为 $E(Y) = \beta_0 + \beta_1 X_1$；当 $X_1 > A$ 时，把 $X_2 = 1$ 代入式(3.1.83)中，其回归函数就变为

$$\begin{aligned} E(Y) &= \beta_0 + \beta_1 X_1 + \beta_2 (X_1 - A) X_2 \\ &= \beta_0 - \beta_2 A + (\beta_1 + \beta_2) X_1 \end{aligned} \tag{3.1.84}$$

2) 两个以上转折点的分段回归

上面的分段回归方法也可以推广到两个转折点上，只要增加指示变量即可，现在假设有 A 和 C 两个转折点，这时就把曲线分割成三段直线，这时的回归模型可写为

$$E(Y) = \beta_0 + \beta_1 X_1 + \beta_2 (X_1 - A) X_2 + \beta_3 (X_1 - C) X_3 \tag{3.1.85}$$

定义指示变量 X_2 和 X_3 为：当 $X_1 > A$ 时，$X_2 = 1$；当 $X_1 < A$ 时，$X_2 = 0$；当 $X_1 > C$ 时，$X_3 = 1$；当

$X_1<C$ 时，$X_3=0$。

很显然，当 $X_1<A$ 时，把 $X_2=0$ 及 $X_3=0$ 代入式(3.1.85)得 $E(Y)=\beta_0+\beta_1X_1$；当 $C>X_1>A$ 时，把 $X_2=1$ 和 $X_3=0$ 代入式(3.1.85)得 $E(Y)=\beta_0-\beta_2A+(\beta_1+\beta_2)X_1$；当 $X_1>C$ 时，把 $X_2=1$ 和 $X_3=1$ 代入式(3.1.85)得 $E(Y)=\beta_0-\beta_2A-\beta_3C+(\beta_1+\beta_2+\beta_3)X_1$。这是三条不同截距和斜率的直线，可用图 3-25 表示。

3) 回归函数不连续的情况

如图 3-23(b)所示，分段直线在 B 处有一个跳跃点。在这种情况下，可以用两个指示变量，设 B 处为跳跃点，则线性回归方程可以写为

$$E(Y)=\beta_0+\beta_1X_1+\beta_2(X_1-D)X_2+\beta_3X_3 \tag{3.1.86}$$

定义指示变量 X_2 和 X_3 为：当 $X_1>D$ 时，$X_2=1$，$X_3=1$；当 $X_1<D$ 时，$X_2=0$，$X_3=0$。

显然，在 $X_1<D$ 时，把 $X_2=X_3=0$ 代入式(3.1.86)中得

$$E(Y)=\beta_0+\beta_1X_1 \tag{3.1.87}$$

在 $X_1>D$ 时，把 $X_2=X_3=1$ 代入式(3.1.86)中得

$$E(Y)=(\beta_0-\beta_2D+\beta_3)+(\beta_1+\beta_2)X_1 \tag{3.1.88}$$

该直线的截距为 $\beta_0-\beta_2D+\beta_3$，斜率为 $\beta_1+\beta_2$，这时的图形如图 3-26 所示。

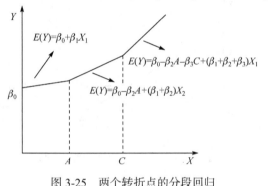

图 3-25　两个转折点的分段回归

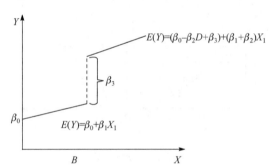

图 3-26　有一个不连续点的分段线性回归

3.2　结构方程模型

3.2.1　基本原理

结构方程模型(structural equation modeling/ structural equation model/ structure equation modeling，SEM)是一种建立、估计和检验因果关系模型的方法，是基于变量的协方差矩阵来分析变量之间关系的一种综合性统计方法，因此又称为协方差结构分析。通常结构方程模型被归类于高等统计学范畴中，属于多变量统计，它整合了因子分析与路径分析两种统计方法，同时检验模型中包含可观测的显性变量、无法直接观测的潜在变量，干扰或误差变量间的关系，进而获得自变量对因变量影响的直接效果(direct effects)、间接效果(indirect effects)或总效果(total effects)。结构方程模型分析的基本假定与多变量总体统计法相同，样本数据要符合多变量正态性(multivariate normality)假定，数据必须为正态分布数据，测量指标呈现线性关系。

结构方程模型可以替代多重回归、通径分析、因子分析、协方差分析等方法，清晰分析单项指标对总体的作用和单项指标间的相互关系。简而言之，与传统的回归分析不同，结构方程分析能同时处理多个因变量，并可比较及评价不同的理论模型。与传统的探索性因子分析不同，

在结构方程模型中，可以提出一个特定的因子结构，并检验它是否吻合数据。通过结构方程多组分析，可以了解不同组别内各变量的关系是否保持不变，各因子的均值是否有显著差异。

结构方程模型由如下几个部分组成。

1) 测量变量

测量变量也可称为显变量或者显在变量，指在试验中可以直接测量的变量，通常为指标。测量变量又可以分为内生测量变量和外生测量变量。

内生测量变量：用于衡量内生潜在变量的指标，也称内生指标。

外生测量变量：用于衡量外生潜在变量的指标，也称外生指标。

2) 潜在变量

潜在变量也可称为隐变量或者潜变量，是无法直接观测并测量的变量，但潜在变量可以通过涉及若干指标间接加以反映或衡量。潜在变量不仅可以通过被观测变量所衡量，并且潜在变量之间也会相互作用影响。潜在变量又分为内生潜在变量和外生潜在变量。

内生潜在变量：受到其他潜在变量影响的变量，也称内生因子、因变量。

外生潜在变量：受系统外其他因子影响的变量，也称外生因子、自变量。

3) 外生变量

指那些在结构方程模型或系统中，只起解释变量作用的变量。它们在模型或系统中，只影响其他变量，而不受其他变量的影响。在路径图中，只有指向其他变量的箭头，没有箭头指向它的变量均为外生变量。外生变量不产生测量误差。

4) 内生变量

内生变量是指那些在结构方程模型或系统中，受模型或系统中其他变量(包括外生变量和内生变量)影响的变量，即在路径图中，有箭头指向它的变量。它们也可以影响其他变量。内生变量可以产生误差项。

上述变量所组成的结构方程模式称为测量方程(measurement model)和结构方程(structural model)，由此共同组成结构方程模型。

(1) 测量方程。使用测量变量来建构潜在变量的模型就是测量方程。也就是，用测量变量来反映潜在变量。因此，在结构方程模型中的测量变量有时也被称为反映指标。

测量方程在结构方程模型的体系里就是一般所称的验证性因子分析(confirmatory factor analysis，CFA)模式。在结构方程模型中的验证性因子分析的技术是用于评鉴测量变量可以定义测量变量的程度。在结构方程模型中，测量方程可以分为外因测量变量或独立测量变量与内因测量变量或依赖测量变量两类。测量方程以回归方程式表示为

$$x = \Lambda_x \xi + \delta \qquad y = \Lambda_y \eta + \varepsilon \tag{3.2.1}$$

其中，x 为外生显变量；y 为内生显变量；Λ_x 为外生指标在外生潜在变量上的因子荷载；Λ_y 为内生指标在内生潜在变量上的因子荷载；δ 为外生测量变量 x 的误差项；ε 为内生测量变量 y 的误差项；η 为内生潜在变量。

(2) 结构方程。结构方程又称为潜在变量模式(latent variable models)或线性结构关系(linear structural relationships)。结构方程主要是建立反映潜在变量与潜在变量之间的关系。结构方程类似于路径分析模式，不同的是路径分析使用的是测量变量，而结构方程使用潜在变量。

常用的结构方程有数种形式，例如，一个外生潜在变量预测一个内生潜在变量。两个内生潜在变量之间有互惠的关系(reciprocal relationship)。两个外生潜在变量相关联地预测一个内

生潜在变量。一个外生潜在变量预测一个内生潜在变量，此内生潜在变量再预测第三个潜在变量。一个外生潜在变量预测两个内生潜在变量，其中一个内生潜在变量预测另一个内生潜在变量。结构方程的表达式为

$$\eta = B_\eta + \Gamma_\xi + \zeta \tag{3.2.2}$$

其中，B 为内生潜在变量间的关系；Γ 为外生潜在变量对内生潜在变量的影响；ζ 为残差项，反映了内生潜在变量 η 未能被解释的部分；η 为内生潜在变量；ξ 为外生潜在变量。

3.2.2　建模过程

结构方程模型是一个应用相当广泛的统计技术，但是在执行结构方程模型的分析时，不同类型的结构方程模型却有着非常类似的基本分析步骤，如图 3-27 所示。

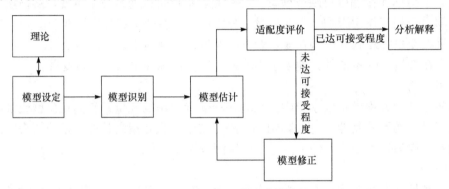

图 3-27　结构方程模型建模步骤

1) 理论

结构方程模型主要是一种验证性的技术，它也可以用在探测社会世界中的现象，但是最终还是回归到研究者对于现象的肯定与证明。因此，结构方程模型变量间关系的建立，需要依靠理论支撑，而且理论是假设模型成立的主要解释依据。所以，理论的建立是结构方程模型的第一个步骤。

2) 模型设定

根据先前的理论和已有的知识，经过推论和假设形成一个关于一组变量之间的相互关系(常常是因果关系)的模型。也就是可以用路径图明确指定变量间的因果联系。

3) 模型识别

设定结构方程模型时的一个基本考虑是模型识别，如果假设的模型本身不能识别，则无法得到系统各个自由参数的唯一估计值。检查模型识别的基本原则是，模型的自由参数不能多于观测数据的方差和协方差总数。

4) 模型估计

结构方程模型的基本假设是，观察变量的方差、协方差矩阵是一套参数的函数。固定参数值和自由参数的估计将被代入结构方程，然后推导出一个方差协方差矩阵 Σ，使矩阵 Σ 中的每一个元素尽可能地接近于样本中观察变量的方差协方差矩阵 S 中的相应元素，即使 Σ 与 S 之间的差异最小化。尽管参数估计的数学运算方法很多，其中最常用的的还是最大似然法(maximum likelihood，ML)和广义最小二乘法(generalized least squares，GLS)。

5) 适配度评价

在已有的证据与理论范围内，考察所提出的模型拟合样本数据的程度。关于模型的总体拟合程度的测量指标主要有卡方检验、规范拟合指数(normalized fit index，NFI)、不规范拟合指数(non-normed fit index，NNFI)、比较拟合指数(comparative fit index，CFI)、增量拟合指数(incremental fit index，IFI)、拟合优度指数(goodness-of-fit index，GFI)、校正的拟合优度指数(adjusted goodness-of-fit index，AGFI)、相对拟合指数(relative fit index，RFI)、均方根残差(root mean-square residual，RMR)、近似均方根残差(root mean square error of approxi mation，RMSEA)。学术界普遍认为在大样本情况下：NFI、NNFI、CFI、IFI、GFI、AGFI、RFI 大于 0.9，RMR 小于 0.035，RMSEA 小于 0.08，表明模型与数据的拟合程度很好。关于模型每个参数估计值的评价可以用给出的"t"值。评价单个模型参数的指标还有标准化残差、修正指数(modification indices，MI)及各种拟合指数等。

6) 模型修正

模型修正是为了改进初始模型的适合程度。当尝试性初始模型不能拟合观察数据，即这个模型被数据所拒绝时，就需要将模型进行修正，再用同一组观察数据来进行检验。

7) 分析解释

分析解释是对模型的统计结果进行分析、解释。通常在结果呈现时，牵涉非标准化参数(unstandardized parameters)估计与标准化参数(standardized parameters)估计，以及直接效果、间接效果与总效果。非标准化参数与量尺本身的规模有关，非标准化估计反映所有其他独立变量维持平均数状态下，一个单独的独立变量的改变造成依赖变量改变的程度。标准化估计是非标准化估计的转变形式，其目的是去除量尺规模的影响。因此，可以做模型参数的比较，比较参数的影响力大小。直接效果是指某一变量对另一变量的直接影响。间接效果则是指某一变量对另一变量的影响是通过其他变量形成的。总效果是指某一变量对另一变量的直接效果加上间接效果的总和。

结构方程模型只是一种研究思路，使用它必须依赖于正确的理论构想，这是研究的前提条件。要得到科学的研究结论，就必须有正确的理论构想，结构方程模型只能在理论构想的前提下去说明关系，而不能通过它来发现事物之间的因果关系，也就是结构方程模型只能判定一个模型是不合理的，或者是判定一个模型在理论前提下该是怎样的，却不能发现和证明因果关系。

结构方程模型研究所需要的样本容量也是影响分析的重要方面。一般来说，样本容量不能少于 150，否则，样本容量太小，可能违反了变量的正态分布假设。因此，要取得较为稳定的结果必须有较大的样本容量。另外，如果使用的样本不具有代表性，或者是有偏样本，那么结构方程模型所得的结论是不可靠的，不能推广到更大的总体中去。

3.2.3　分析方法

结构方程模型基本上有两种分析方法：偏最小二乘法(partial least squares，PLS)及协方差方法，后者又称最大似然法(ML)、LISREL(软件名字)方法、AMOS(软件名字)方法或者 ML-LISREL 方法等。这两种方法除了目标都是结构方程模型之外，没有任何内容上的交叉，很难比较它们的结果。它们的模型假定、计算过程及输出均有很大区别。

偏最小二乘法(PLS)完全根据原始数据，通过迭代算法，找到各个变量之间完全的线性关系，而且估计出全部隐变量的值。ML-LSREL 方法则在对数据的多元正态性的假定之下，加上图模型所确定的协方差关系(而 PLS 方法总是假定变量之间相关,图上及公式中无须注明),得到似然函数,然后以最大似然法来得到各种估计,但最大似然法无法估计出隐变量的值,也无法得到线性关系的绝对系数(只有相对系数)。ML-LISREL 方法可以仅用均值、协方差矩阵及样本量来得到所有结果,这与多元分析中的因子分析类似。实际上,从某种意义来说,因子分析为结构方程模型的一个特例,各个因子就是隐变量因子。

PLS 方法是将主成分分析与多元回归结合起来的迭代估计,是一种因果建模的方法。PLS 方法对不同潜变量的观测变量抽取主成分,建立回归模型,然后通过调整主成分分析权数的方法来进行参数估计,其基本思路是,首先对不同的隐变量测量变量子集抽取主成分估计潜变量得分,然后使用普通最小二乘估计载荷系数和路径系数。

在形式上,PLS 结构方程模型与 ML-LSREL 模型完全一样,可以表示为

$$\eta = B\eta + \Gamma\xi + \zeta$$
$$x = \Lambda x \xi + \sigma \qquad y = \Lambda y \eta + \varepsilon \tag{3.2.3}$$

其中,x 为外生观测变量;ξ 为外生潜在变量;Λx 为外生观测变量与外生潜在变量之间的关系,是外生观测变量在外生潜在变量上的因子载荷矩阵;σ 为外生变量的误差项向量;y 为内生观测变量;η 为内生潜在变量;Λy 为内生观测变量与内生潜在变量之间的关系,是内生观测变量在内生潜在变量上的因子载荷矩阵;ε 为内生变量的误差项向量;B 和 Γ 均为路径系数,B 表示内生潜在变量之间的关系,Γ 则表示外生潜在变量对于内生潜在变量值的影响;ζ 为结构方程的误差项。

为了论述方便,潜在变量记为 η_i,观测变量记为 X_{in},PLS 路径估计的具体步骤如下。

1) 用迭代方法估计权重和潜在变量得分

(1) 对潜在变量进行标准化变化后,它的外部估计 Y_i 为

$$Y_i = \sum \tilde{W}_{in}\left(X_{in} - \bar{X}_{in}\right) \tag{3.2.4}$$

潜在变量的估计为 $\hat{\eta}_i = \sum \tilde{W}_{in} X_{in}$,其中,$\tilde{W}_{in}$ 为外部权重。

(2) 对潜在变量进行标准化变化后,它的内部估计 Z_i 为

$$Z_i = \sum V_{ij} Y_j \tag{3.2.5}$$

其中,V_{ij} 为内部权重。

(3) 内部权重 V_{ij}。内部权重指在 PLS 结构方程模型中有箭头联系的两个潜在变量之间的关系。内部权重的确定方法有三个:因子加权法、重心法和路径加权法。

(4) 外部权重 $\tilde{W}_{in}$ 为

$$\tilde{W}_{in} = \mathrm{Cov}(X_m - Z_i)/\mathrm{Var}(Z_i) \tag{3.2.6}$$

开始时权重可以任意赋值,然后进行以上 1～4 步的迭代计算,直到收敛为止。

2) 估计路径系数和载荷系数

3) 估计位置参数

ML-LSREL 方法在建立协方差结构的基础上,从变量之间的协方差结构入手,通过拟合模型估计协方差 $\sum \theta$ 与样本协方差 S 来估计模型参数。ML-LSREL 使用极大似然法(ML)、非加权最小二乘(unweighted least squares,ULS)、广义最小二乘(GLS)或其他方法,构造一个模型估计协方差与样本协方差的拟合函数,然后通过迭代方法,得到使拟合函数最优的参数估计。例如,采用 ML 方法的拟合函数的形式为

$$F_{\mathrm{ML}} = \log\left|\sum(\theta)\right| + tr\left(S\sum{}^{-1}(\theta)\right) - \log|S| - (p+q) \tag{3.2.7}$$

其中，p 为内生测量变量的个数；q 为外生测量变量的个数。

为了得到最优估计，ML 方法的计算量很大，如果模型可识别，信息矩阵(Hessian 矩阵，即似然函数对模型中任意两个参数的二阶偏微分矩阵)必须是正定的。

下面列举它们的一些区别。

(1) PLS 方法不用对数据做任何分布假定，而 ML-LSREL 方法必须假定数据服从多元正态分布。

(2) PLS 方法假定所有隐变量都是相关的 (即使在图模型中它们之间没有箭头)，假定它们之间的相关严格为零，并体现在后续的计算之中。

(3) PLS 方法用全部数据建模，而 ML-LISREL 方法由于假定了分布，只要有各变量的均值，协方差矩阵和样本量就可以计算。

(4) 如果假定了数据变量的正态性，则 ML-LISREL 方法可以输出四十多种不同的统计量，检验的 p 值等，而 PLS 方法无法做这些检验，PLS 有一些其他指标。

(5) PLS 适用于关注隐变量得分的情况，而 ML-LISREL 方法无法直接得到隐变量得分。

(6) PLS 适用于小样本情形。

(7) PLS 收敛速度快，因此适用于较大、较复杂的结构方程模型，计算效率比 ML-LISREL 更高。

(8) ML-LISREL 方法是理论导向的，强调从探索到确认性分析的转换，PLS 主要是在高度复杂但又没有什么理论信息时做因果预测分析。

在实际应用中，通径分析(path analysis)是一种常用的结构方程模型，通径分析的主要目的是检验一个假想的因果模型的准确和可靠程度，测量变量间因果关系的强弱，回答下述问题：①模型中两变量 x_j 与 x_i 间是否存在相关关系；②若存在相关关系，则进一步研究两者间是否有因果关系；③若 x_j 影响 x_i，那么 x_j 是直接影响 x_i，还是通过中介变量间接影响或两种情况都有；④直接影响与间接影响两者大小如何。通径分析可以说是 SEM 的特例，其只有观测变量而无潜在变量，故可将 SEM 视为通径分析的多变量形式，通径分析视为 SEM 的单变量形式。下面对通径分析法进行简单介绍。

通径分析的基本模型为

$$\begin{cases} P_{1y} + r_{12}P_{2y} + r_{13}P_{3y} + \cdots + r_{1k}P_{ky} = r_{1y} \\ r_{12}P_{1y} + P_{2y} + r_{23}P_{3y} + \cdots + r_{2k}P_{ky} = r_{2y} \\ r_{31}P_{1y} + r_{32}P_{2y} + P_{3y} + \cdots + r_{3k}P_{ky} = r_{3y} \\ \qquad\qquad \cdots\cdots\cdots\cdots \\ r_{1k}P_{1y} + r_{k2}P_{2y} + r_{k3}P_{3y} + \cdots + P_{ky} = r_{ky} \end{cases} \tag{3.2.8}$$

其中，P_{iy} 为直接通径，代表 X_i 对 Y 的直接影响效果；$r_{ij}P_{iy}$ 为间接通径，代表 X_j 通过 X_i 对因变量的间接通径效应；r_{ij} 为 X_i 和 X_j 的简单相关系数；r_{iy} 为 X_i 和 Y 的简单相关系数。

因为研究现象之间的相互影响，实际工作中不可能把所有因变量的所有影响因素都包括在内，所以应进一步计算未研究的自变量和误差对因变量 Y 的通径效应系数 P_{ry}，即剩余效应，计算公式为

$$P_{ry} = \sqrt{1 - \left(P_{1y}r_{1y} + P_{2y}r_{2y} + P_{3y}r_{3y} + \cdots + P_{ky}r_{ky}\right)} \tag{3.2.9}$$

如果剩余效应很小，说明通径分析已经抓住了主要的影响因素，否则，表示通径分析可能遗漏了主要影响因素，需进一步寻找其他因素进行分析。

根据通径系数计算结果，可进行如下分析。

(1) 按绝对值的大小排列通径系数，用以说明每一通径效应对因变量 Y 的作用所占位置的相对重要性。

(2) 如果 P_{iy} 接近于 r_{iy} 说明 r_{iy} 反映了 X_i 和 Y 的真实关系，通过改变 X_i 的数量来改变 Y 是有效的。

(3) 如果 r_{iy} 大于 0，但 P_{iy} 小于 0，则说明间接效应是相关的主要原因，直接通过 X_i 改变 Y 是无效的，必须通过 X_j 方可有效。

3.2.4 实例

借助结构方程模型分析空气污染暴露(本例中采用 PM$_{2.5}$ 污染表征)、土地利用格局(本例采用植被覆盖率、工业用地覆盖率和建设用地覆盖率表征)和邻里社会经济地位(本例采用低学历率表征)三者之间的潜在关联机制。

通过空气污染空间格局可以发现，研究区域内 PM$_{2.5}$ 浓度并不是均匀分布的，不同社会经济地位的居民小区暴露 PM$_{2.5}$ 浓度是不同的，这初步揭示了环境不平等现象的存在。相关领域的文献指出，弱势群体(如低学历、低收入人群)聚集区的周边工业用地比重较高，绿化率较低，从而可能造成空气污染暴露。基于此，本例初步构建的三者关联假设模型如图 3-28 所示。

在假设模型的基础上，准备好各小区评价指标数据，构建 AMOS 结构方程模型，并通过输出结果中提供的修正指标来修正假设关系。模型成果如图 3-29 所示。

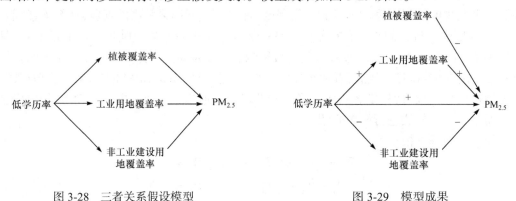

图 3-28　三者关系假设模型　　　　　　　　图 3-29　模型成果

3.3　时间序列分析模型

3.3.1 基本原理

时间序列(times series)是同一现象在不同时间上的相继观察值排列而成的序列。空间数据的属性信息大多以时间序列的形式给出。根据观察时间的不同，时间序列中的时间可以是年份、季度、月份或其他任何时间形式。

时间序列可以分为平稳序列和非平稳序列两大类。平稳序列(stationary series)是基本上不存在趋势的序列。这类序列中的各观察值基本上在某个固定的水平上波动，虽然在不同的时间段波动的程度不同，但并不存在某种规律，其波动可以看成是随机的，如图 3-30 所示。

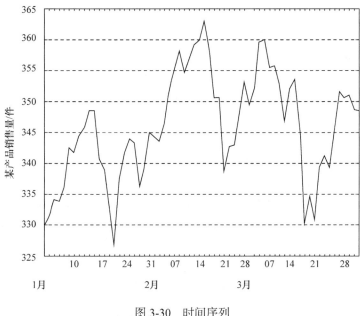

图 3-30　时间序列

非平稳序列(non-stationary series)是包含趋势、季节性或周期性的序列，它可能只含有其中一种成分，也可能是几种成分的组合。因此，非平稳序列又可以分为有趋势的序列、有趋势和季节性的序列、几种成分混合而成的复合型序列。

趋势(trend)是时间序列在长时期内呈现出来的某种持续上升或持续下降的变动，也称长期趋势。时间序列中的趋势可以是线性的，也可以是非线性的，这样简单的时间序列数据可以通过一般的回归模型进行拟合，来预测发展趋势，如图 3-31 所示。

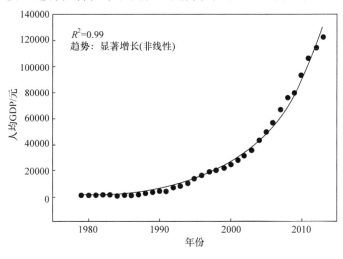

图 3-31　时间序列趋势性

3.3.2　模型及检验

时间序列分析按分析目的不同，可以划分为时域分析和频域分析两个类别，前者将序列的观察值视为历史值的函数，重点分析事物随时间发展变迁的趋势，常用于人口、经济、气象等研究领域；后者则将序列看成不同频率的正弦或余弦波叠加的结果，重点分析其频率特征，常用于电力、工程等方面。

移动平均法、指数平滑法是早期时间序列分析的主流方法。在 20 世纪 70 年代后，求和自回归滑动平均(autoregressive integrated moving average，ARIMA)模型被大量用于时间序列资料的分析，现在一般提到的时间序列模型，都是指 ARIMA 模型或它的某种表述形式。

预测是时间序列分析的重要内容，几乎所有的时域分析方法，最初都是用于预测。主流时间序列分析方法对数据资料要求严格，不允许有缺失值，所以，缺失值填补也是时间序列分析的内容之一，而缺失值填补也是基于预测的。本节重点介绍时间序列分析的三种模型：指数平滑模型、ARIMA 模型、季节分解模型。

1. 指数平滑模型

指数平滑法最初只应用于以无趋势、非季节性作为基本形式的时间序列分析。后经研究和发展，它逐步适用于更多类型的数据序列。指数平滑法的估计是非线性的，它的目标是使预测值和观测值之间的均方误差(mean square error，MSE)达到最小。

1) 简单加权平均

记 $x_i,x_2,\cdots,x_t,\cdots$ 为一时间序列，用前 t 期的观测值预测第 $t+1$ 期的取值时，设赋予第 i 期观测的权重为 $w_{t+1-i}(i=1,2,\cdots,t),w_1>w_2>\cdots>w_t$，则计算公式为 $\hat{x}_{t+1}=\dfrac{w_1x_t+w_2x_{t-1}+\cdots+w_tx_1}{w_1+w_2+\cdots+w_t}$，这就是加权平均法。此方法需要自行设定权重，主观性较大，且计算复杂。

2) 自动加权平均

自动取权重的思路是：自当前期向前，让各期权重按指数规律下降，把第 $t,t-1,\cdots$ 期观测的权重依次记为 $\alpha,\alpha\beta,\alpha\beta^2,\cdots(\alpha>0,0<\beta<1)$；为使权重之和等于 1，令 $t\to\infty$ 时，有下式成立：$\alpha+\alpha\beta+\alpha\beta^2+\cdots=1$。由此可得，第 $t,t-1,\cdots$ 期观测的权重依次为：$\alpha,\alpha(1-\alpha)+\alpha(1-\alpha)^2,\cdots$。

继续考虑 t 充分大时的情形，这时有下式成立：$T_t=\alpha x_t+\alpha(1-\alpha)x_{t-1}+\alpha(1-\alpha)x_{t-2}+\cdots$，把滞后 1 期的估计值单独提出，可得：$T_t=\alpha x_t+(1-\alpha)T_{t-1}$，此式称为指数平滑法的基本公式，这个公式是由递推形式得出的，α 为平滑指数，且满足 $0<\alpha<1$；T_t 为时间序列 x_t 第 t 期的指数平滑值。

指数平滑法的预测方程就为 $\widehat{X}_{t+1}=T_t$，即把第 t 期的指数平滑值作为第 $t+1$ 期的预测值，它既继承了加权平均法重视近期数据的思想，又能克服权重不易确定的局限性。

2. ARIMA 模型

ARIMA 模型可以对含有季节成分的时间序列数据进行分析，它包含三个主要的参数——自回归阶数(p)、差分阶数(d)和移动平均阶数(q)，一般模型的形式记为 ARIMA(p,d,q)。

处理非平稳的时间序列时，可以先建立一个包含趋势成分的模型，对由此初步模型得到的残差项，再使用 ARIMA(p,d,q)模型来拟合。

1) 差分

差分是使序列平稳化的主要手段，常用的有一般性差分和季节性差分两种。

令 y_t 为原始时间序列，B 为延迟算子，于是有：$By_t=y_{t-1},B^dy_t=y_{t-d}$，则一阶差分为 $\nabla y_t=(1-B)y_t=y_t-y_{t-1}$；$d$ 阶差分为 $\nabla^d y_t=\nabla(\nabla^{d-1}y_t)=(1-B)^d y_t$。

如果 y_t 还是一个周期为 T 的序列，以 ∇_T 表示季节差分算子，有 $\nabla_T y_t=y_t-y_{t-T}$。

这两种差分可以任意组合，直至差分后的序列为平稳的。平稳性可以通过检查差分后序列的自(偏)相关序列图来判断。对于非季节性数据，通常求一阶差分就足够了；对于周期为 12

的季节性数据,当季节效应是相加属性时,通常使用差分算子 ∇_{12},当季节效应是相乘属性时,通常使用差分算子 ∇_{12}^2;对于以季度为周期的数据,通常使用差分算子 ∇_4。

2) ARIMA 模型的分类

ARIMA 模型,就是对差分后的序列建立 ARMA 模型。根据参数个数不同,ARMA 模型可分为如下几个基本类型,它们是相对简单而且被广泛研究的模型,理解了这些基本模型的原理,就能掌握一般的 ARMA 和 ARIMA 模型。

(1) 自回归模型。自回归模型的一般形式为:$x_t = \phi_1 x_{t-1} + \phi_2 x_{t-2} + \cdots + \phi_p x_{t-p} + \varepsilon_t$,体现了时间序列 x_t 的某个时刻 t 和它之前 p 个时刻间的相互联系,其中:ε_t 为白噪声序列,且和 t 时刻之前的原始序列 $x_k(k < t)$ 互不相关。此式称为 p 阶自回归模型,记为 AR(p)。

AR(p)模型的偏自相关函数在 p 阶之后应为零,称其具有截尾性;AR(p)模型的自相关函数不能在某一步之后为零(截尾),而是按指数衰减(或呈正弦波形式),称其具有拖尾性。实际应用中,可以根据自(偏)相关函数的这些特征来识别 AR(p)模型。

(2) 移动平均模型。移动平均模型的一般形式为:$x_t = \varepsilon_t + \theta_1 \varepsilon_{t-1} + \theta_2 \varepsilon_{t-2} + \cdots + \theta_q \varepsilon_{t-q}$,其中,$\varepsilon_t$ 为白噪声序列,说明时间序列 x_t 能表示为若干个白噪声的加权平均和。此式称为 q 阶移动平均模型,记为 MA(q)。

MA(q)模型的自相关函数在 q 阶之后应为零,称其具有截尾性;MA(q)模型的偏自相关函数不能在某一步之后为零(截尾),而是按指数衰减(或呈正弦波形式),称其具有拖尾性。实际应用中,可以根据自(偏)相关函数的这些特征来识别 MA(q)模型。

(3) 自回归移动平均模型。自回归移动平均模型是自回归模型与移动平均模型的综合,其一般形式为 $x_t = \theta_1 x_{t-1} + \theta_2 x_{t-2} + \cdots + \theta_p x_{t-p} + \varepsilon_t + \theta_1 \varepsilon_{t-1} + \theta_2 \varepsilon_{t-2} + \cdots + \theta_q \varepsilon_{t-q}$,其中,$\varepsilon_t$ 为白噪声序列,且和 t 时刻之前的原始序列 $x_k(k < t)$ 互不相关,记为 ARMA(p,q)模型。

ARMA(p,q)模型的自相关函数和偏相关函数都具有拖尾性。

(4) 关于序列相关性的总结。AR(p)模型、MA(q)模型都是 ARMA(p,q)模型的特例,有 AR(p) = ARMA($p,0$), MA(q)=ARMA($0,q$)。

3. 季节分解模型

季节分解,就是通过某些手段把时间序列中的四种变动趋势分解出来,并分别对其加以分析,再将分析结果综合起来组成对原始时间序列的总模型。

1) 时间序列的四种成分

(1) 长期趋势(long term trend),记为 T,表示序列取值随时间逐渐增加、减少或不变的长期发展趋势。

(2) 季节趋势(seasonal component),记为 S,表示由于受到季节因素或某些习俗的影响而出现的有规则的变化规律。

(3) 循环趋势(cyclical component),记为 C,表示序列取值沿着趋势线有如钟摆般循环变动的规律。循环趋势的周期长度和波动幅度是主要的研究对象。有时一个时间序列的循环是由多个小循环组合而成的。

(4) 不规则趋势(irregular component),记为 I,表示把时间序列中的长期趋势、季节趋势和循环趋势都去除后余下的部分。一般而言,长期趋势、季节趋势和循环趋势都受到规则性因素的影响，只有不规则趋势是随机性的，它发生的原因有自然灾害、天气突变、人为的意外因素等。

2) 季节分解模型的种类

对于时间序列中各变动因素之间的关系，通常有两种不同的假设：加法关系假设和乘法关系假设，相应地就有了时间序列季节分解的加法模型和乘法模型。

(1) 加法模型。加法模型假设：时间序列是由 4 种成分相加而成的；各成分之间彼此独立，没有交互影响。如果以 Y 表示某个时间序列，它的加法模型就为 $Y = T + C + S + R$。按照加法模型的假设，季节因素、周期因素和不规则因素都围绕着长期趋势而上下波动，它们可以表现为正值或负值，反映了各自对时间序列的影响方式和程度。

(2) 乘法模型。乘法模型假设：时间序列是由 4 种成分相乘而成的；各成分之间存在着相互依赖的关系。如果以 Y 表示某个时间序列，它的乘法模型就为 $Y = T \times C \times S \times R$。按照乘法模型的假设，季节因素、周期因素和不规则因素也围绕着长期趋势上下波动，但这种波动表现为一个大于或小于 1 的系数，反映它们在长期趋势的基础上对原始序列的相对影响方式和程度。

4. M-K 检验

Mann-Kendall(M-K)的检验方法是非参数方法。非参数检验方法又称无分布检验，其优点是不需要样本遵从一定的分布，也不受少数异常值的干扰，更适用于类型变量和顺序变量，计算也比较简便。

由于最初由曼(Mann)和肯德尔(Kendall)提出了原理并发展了这一方法，故称其为曼-肯德尔(Mann-Kendall)法。但是，当时这一方法仅用于检测序列的变化趋势，后来经其他人进一步完善和改进，才形成目前的计算格式。

对于时间序列 X，Mann-Kendall 趋势检验的统计量为

$$S = \sum_{i=1}^{n-1} \sum_{j=i+1}^{n} \text{sgn}\left(x_j - x_i\right) \tag{3.3.1}$$

其中，x 为时间序列的第 j 个数据值；n 为数据样本的长度；sgn 是符号函数，其定义如下：

$$\text{sgn}(\theta) = \begin{cases} 1 & \theta > 0 \\ 0 & \theta = 0 \\ -1 & \theta < 0 \end{cases} \tag{3.3.2}$$

Mann(1945)和 Kendall(1975)证明，当 $n \geqslant 8$ 时，统计量 S 大致地服从正态分布，其均值为 0，方差为

$$\text{Var}(S) = \frac{n(n-1)(2n+5) - \sum_{i=1}^{n} t_i(i-1)(2i+5)}{18} \tag{3.3.3}$$

其中，t_i 为第 i 组的数据点的数目。

标准化统计量，按照如下公式计算：

$$Z_c = \begin{cases} \dfrac{S-1}{\sqrt{\mathrm{Var}(S)}} & S > 0 \\ 0 & S = 0 \\ \dfrac{S+1}{\sqrt{\mathrm{Var}(S)}} & S < 0 \end{cases} \tag{3.3.4}$$

即 Z_c 服从标准正态分布。

衡量趋势大小的指标为

$$\beta = \mathrm{Median}\left(\frac{x_i - x_j}{i - j}\right) \tag{3.3.5}$$

其中，$1 < i < j < n$，正的 β 值表示上升趋势，负的 β 值表示下降趋势。

Mann-Kenddall 趋势检验的方法是：

零假设 $H_0 : \beta = 0$，当 $|Z_c| > Z_{(1-\alpha)/2}$ 时，拒绝零假设。其中，$Z_{(1-\alpha)/2}$ 为标准正态方差，α 为显著性检验水平。

第4章 空间依赖与空间异质性

经典统计学是基于抽样理论而建立起来的，数据的独立性假设和正态分布假设是进行统计分析和回归分析的基础。对于空间数据而言，"所有的事物或现象在空间上都是有联系的，但相距近的事物或现象之间的联系一般较相距远的事物或现象间的联系要紧密"(Tobler，1970)，即空间实体之间普遍存在着相互关联，这使得空间实体并非完全独立，因而用传统的数理统计方法无法很好地分析空间数据。

空间实体间的相关性或关联性(spatial association)是自然界存在秩序、格局和多样性的根本原因之一，这一现象通常也被称为空间依赖(spatial dependence)(Anselin, 1988)。空间依赖是事物和现象在空间上的相互依赖、相互制约、相互影响和相互作用，是事物和现象本身所固有的属性，是地理现象和空间过程的本质特征(Anselin and Rey, 1991)。同时，空间异质性(spatial heterogeneity)指每一个空间单元上的事物和现象都有别于其他区位上的事物和现象(Anselin, 1988)，反映了事物和现象在空间上的非平稳性。空间依赖和空间异质性是空间现象的两大重要特性，二者看似对立但并不矛盾，在研究中与所关注的空间范围有关。在一定的局部范围内，空间实体之间可能更多地表现为空间依赖性，而在更大范围的研究空间上，空间实体不一定是均匀同质的，可能随着空间位置的不同而有所变化，也就是空间异质性。

探究空间依赖与空间异质性，首先要认识空间实体之间的邻接关系，因此本章首先引入空间关系的表达方法——空间权重矩阵；在此基础上介绍空间依赖和空间异质性的度量方法——全局和局部空间自相关统计量；接着介绍顾及空间自相关性和空间异质性的空间数据建模方法，并重点解读空间分析领域常见的一些空间回归模型。本章的逻辑结构如图4-1所示。

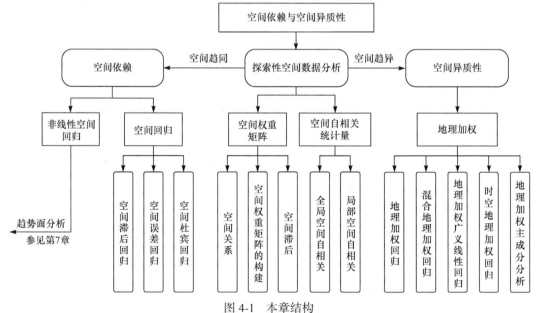

图 4-1　本章结构

4.1　空　间　依　赖

空间依赖反映的是一个区域某种地理现象或空间实体属性值与邻近区域同一地理现象或

空间实体属性值的相关程度，这种空间上的邻近程度与空间依赖的范围密切相关。空间自相关统计量是反映空间依赖程度的重要指标，空间权重矩阵是反映空间对象之间邻近程度的一种数学表达，也是计算空间自相关统计量的重要基础。空间相关性的检验对于认识地理现象的空间格局及构建空间回归模型具有重要意义。一般而言，在对空间数据进行建模分析前，首先要检验该数据是否存在空间依赖。

4.1.1 空间权重矩阵

1. 空间关系

空间数据蕴含了丰富的位置信息，与空间数据位置有关的重要空间概念是邻接(contiguity)和距离(distance)。这些概念都从某些方面描述了空间中对于邻近(neighborhood)的定义。

1) 邻接关系

空间数据间的邻接关系描述空间单元间有公共边界且公共边界长度非 0 的现象，可以认为是名义的、双向的和相等的距离。图 4-2 为空间邻接关系的分类，一般根据两种方式来确定：①边界相邻，即两个地理单元有共同边界，则认为它们相邻，称为 Rook 相邻。在国际象棋中，Rook 代表"车"，按照规则可以前、后、左、右四个方向直走。②顶点相邻，即两个地理单元有公共顶点，则认为它们相邻，称为 Bishop 相邻。Bishop 为国际象棋里的"相"，按规则只能斜走。③边界或顶点相邻，即两个地理单元有共同边界或相同的顶点，则认为它们相邻，称为 Queen 相邻。Queen 为国际象棋里的"后"，按规则可直走，也可以斜走。因此，根据邻接方式，可以分为 Rook(共边为邻接)、Bishop(共点为邻接)和 Queen(共边或共点均为邻接)三种。由此，一般而言基于 Queen 邻近的空间权重矩阵常常与周边的区域有着更加紧密的关联结构。如果假定空间单元间公共边界的长度不同，其空间作用的强度也不相同的话，则还可以通过将公共边界的长度纳入空间权重矩阵的构建中，这样描述邻近关系会更加准确。

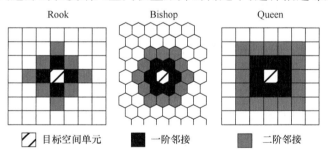

图 4-2 空间邻接关系

构建空间权重矩阵时还要考虑相邻的阶。根据是否是直接邻接，可分为一阶邻接(first order spatial contiguity，即直接邻接)、二阶邻接(second order spatial contiguity，通过一阶邻接区域单元与其他区域单元形成的邻接)、高阶邻接(higher order spatial contiguity，二阶邻接的推广)，见图 4-3。二阶邻接和高阶邻接表示了一种空间滞后的邻近矩阵，反映了空间单元对相邻空间单元的影响进行扩散的进程，即随着时间的推移，起初对相邻区域产生的影响将会扩散到更多的区域，从而表达了特定空间单元的邻近空间单元的信息。类比时间序列分析的应用，时间滞后算子 B 定义了一阶时间滞后($By_t=y_{t-1}$)，而 k 阶时间滞后则可以通过 $B^k y_t=y_{t-1}$ 反映。值得注意的是，k 阶空间权重矩阵不能由一阶二进制邻接矩阵乘以 k 次幂得到，这样会产生冗余邻接，会在构建空间模型时对结果产生影响。因此，必须从高阶邻接关系中直接创建 k 阶空间权重矩阵。

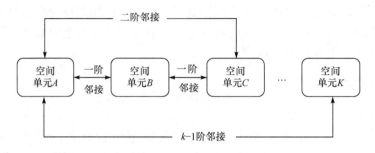

图 4-3 邻接关系示意

2) 距离关系

空间数据中的距离是指空间对象间的直线距离或者球面距离。在小尺度研究中，通常使用欧氏距离进行描述。

$$d_{ij} = \sqrt{(x_i - x_j)^2 + (y_i - y_j)^2} \tag{4.1.1}$$

对于较大尺度的研究，地球曲率的影响不可忽视，必须使用球面距离来衡量空间数据间的距离。

$$\mathrm{Lat}_r = \frac{(\mathrm{Lat}_d - 90) \times \pi}{180} \tag{4.1.2}$$

$$\mathrm{Lon}_r = \frac{(\mathrm{Lon}_d - 90) \times \pi}{180} \tag{4.1.3}$$

$$d_{ij} = R \times \arccos[\cos\Delta\mathrm{Lon} \times \sin\mathrm{Lat}_{r(i)} \times \sin\mathrm{Lat}_{r(j)} + \cos\mathrm{Lat}_{r(i)} \times \cos\mathrm{Lat}_{r(j)}] \tag{4.1.4}$$

其中，R 为地球曲率；$\Delta\mathrm{Lon} = \mathrm{Lon}_{r(i)} - \mathrm{Lon}_{r(j)}$。

由于距离近的空间实体之间的关系往往更加密切，从而可以根据距离的远近定义空间实体之间的关系。通常可以用距离的倒数来定义：

$$w_{ij} = \frac{1}{d_{ij}^k} \tag{4.1.5}$$

其中，w 为距离为 d 的两个实体 i，j 之间的交互权重。k 控制着权重的变化率，距离越近，权重越大，空间实体之间产生交互的可能性就越强，其联系就越紧密。除了空间距离之外，这种联系也可以使用其他的距离定义，如可以使用两个地区的经济联系来定义地区间的联系程度。

2. 空间权重矩阵的概念

空间权重矩阵(spatial weight matrix)是描述地理单元之间邻接关系必不可少的一部分。空间权重的定义是空间数据分析区别于经典统计分析显著的特点之一，也是进行空间探索分析的前提和基础。理论上讲，不存在最优的空间权重矩阵，即无法找到一个完全描述空间相关关系的空间矩阵。一般而言，空间权重矩阵的构造必须满足空间相关性随着"距离"的增加而递减的原则。这里的"距离"由地理空间单元的邻近关系产生，是广义的，可以指地理学上的空间距离，也可以是经济意义上的合作关系等。

空间权重矩阵定义了空间单元的相邻关系，决定了任意空间单元的特征对其邻近空间单元的贡献程度。空间权重矩阵通常用一个二元对称阵来表达 n 个空间单元之间的邻近关系。

空间权重矩阵 W 可以表示为

$$W = \begin{bmatrix} w_{11} & w_{12} & \cdots & w_{1n} \\ w_{21} & w_{22} & \cdots & w_{2n} \\ \vdots & \vdots & & \vdots \\ w_{n1} & w_{n2} & \cdots & w_{nn} \end{bmatrix} \tag{4.1.6}$$

其中，w_{ij} 表示区域 i 与 j 的邻近关系，且 $w_{ij}= w_{ji}$。可以根据邻接标准或者距离标准来度量，其中对角线上的元素被设为 0(即同一区域间的距离为 0)。

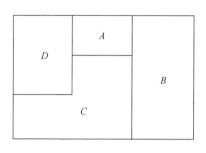

图 4-4　四个相邻区域的空间关系

假设如图 4-4 所示的 A、B、C、D 四个区域相邻，若采用 Rook 邻接矩阵描述空间关系，其空间权重矩阵如式 (4.1.7)所示。矩阵第一行表示区域 A 与 B、C、D 三个区域都相邻；第二行表示区域 B 与区域 A、区域 C 相邻，但不与区域 D 相邻；依此类推。值得注意的是，这里的空间权重矩阵考虑的是一阶相邻，还可以考虑二阶甚至高阶相邻。

$$W = \begin{bmatrix} 0 & 1 & 1 & 1 \\ 1 & 0 & 1 & 0 \\ 1 & 1 & 0 & 1 \\ 1 & 0 & 1 & 0 \end{bmatrix} \tag{4.1.7}$$

3. 空间权重矩阵的构建

在空间数据分析中，空间权重矩阵通常是根据实际需要指定的，不需要通过模型进行估计。空间权重矩阵可以基于邻接、距离关系构建，如图 4-5 所示。

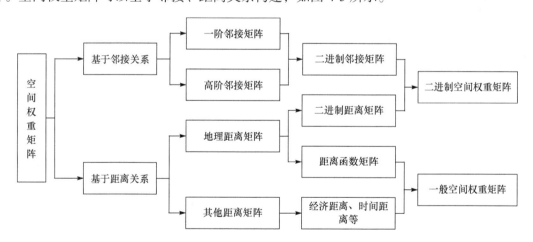

图 4-5　空间权重矩阵的构建方法分类

基于邻接关系构建的空间权重矩阵主要面向多边形空间区域进行设定，根据需要可以设定为一阶甚至高阶邻接矩阵，因为这类矩阵由 0 和 1 表示邻接与否，所以也称为二进制邻接矩阵或 "0-1" 矩阵；基于距离关系可以采用地理距离和其他特殊意义上的距离来对空间关系进行描述。常见的空间权重矩阵设定方法见表 4-1。

表 4-1　空间权重矩阵设定方法比较

空间权重矩阵		公式		适用范围
邻接矩阵	Rook 邻接矩阵	$w_{ij} = \begin{cases} 1 & 区域i和j共边 \\ 0 & i=j或区域i和j不共边 \end{cases}$	(4.1.8)	多边形空间单元
	Queen 邻接矩阵	$w_{ij} = \begin{cases} 1 & 当区域i和j共边或共顶点 \\ 0 & i=j或区域i和j无共边且不共顶点 \end{cases}$	(4.1.9)	多边形空间单元
距离函数矩阵	二进制地理距离矩阵	$w_{ij} = \begin{cases} 1 & d_{ij} \leqslant d_0 \\ 0 & d_{ij} > d_0 \end{cases}$	(4.1.10)	离散点空间单元
	阈值权重矩阵	$w_{ij} = \begin{cases} 0 & i=j \\ a_1 & d_{ij} < d_0 \\ a_2 & d_{ij} \geqslant d_0 \end{cases}$	(4.1.11)	离散点空间单元
	Cliff-Ord 矩阵	$w_{ij} = (d_{ij})^{-a}(\beta_{ij})^{b}$	(4.1.12)	多边形空间单元
	Decay 权重矩阵	$w_{ij} = d_{ij} \cdot \alpha_i \cdot \beta_{ij}$	(4.1.13)	多边形空间单元
	k 近邻矩阵	$w_{ij} = \begin{cases} 1/d_{ij} & d_{ij} \leqslant d_{\circ}^{(k)} \\ 0 & i=j或d_{ij} > d_{\circ}^{(k)} \end{cases}$	(4.1.14)	离散点空间单元
其他距离矩阵	基于引力模型的空间邻接矩阵	$w_{ij} = \begin{cases} \dfrac{m_i m_j}{d_{ij}^2} & i \neq j \\ 0 & i=j \end{cases}$	(4.1.15)	两两间具有某种联系的空间单元,这种联系的强度可以使用万有引力的形式进行估计

1) 基于邻接关系的二进制邻接矩阵

从空间方位上考虑,可以基于邻接关系构建空间权重矩阵,将地理空间单元间是否邻接描述为离散值,从而把空间概念转化为数学表达。基于邻近概念的空间权重矩阵有一阶权重矩阵(first order contiguity matrix)和高阶权重矩阵(higher order contiguity matrix)。一阶权重矩阵假定两个空间单元邻接时才会发生空间关联,相邻空间单元 i 和 j 邻接时用 1 表示,否则用 0 表示。

特别地,可以采用 Rook 邻接和 Queen 邻接的空间关系来定义空间权重矩阵,两种方式的主要区别在于公共边的长度上。Rook 邻接仅用空间单元间有公共边界来定义两个空间单元相邻,而 Queen 邻接的空间矩阵认为空间单元间有公共边或公共顶点时就相邻。可以认为,公共顶点是公共边长度趋于无限小的一种状态,因此相对于 Rook 邻接而言,Queen 邻接判断相邻的条件更加宽泛,因而其对应的空间权重矩阵所反映的空间联系会较为紧密。

作为最简单的二进制邻接矩阵,一阶邻接矩阵只考虑直接相邻的空间单元之间的依赖关系,并假定稍远的空间实体之间不存在相互影响,这显然与多数情况并不相符。相对其他更为复杂的权重矩阵而言,二进制邻接矩阵的优点是简单直观、设定方便且计算量小,在地理分析模型中发挥重要的作用,但其灵活性差,不能用于描述通过社会、经济往来而建立起密切联系的不相邻空间单元之间的相互关系,不能描述离散点区域的邻接关系,只能通过共有边界或顶点来定义多边形区域的邻接关系。

2) 基于距离的邻接矩阵

当空间单元由离散点构成时,通过将距离函数引入到权重矩阵中,可以在一定程度上克服二进制邻接矩阵不能描述离散点间空间关系的缺陷。除了邻接关系外,二进制邻接矩阵也可以基于距离关系设定，多边形地理单元之间的距离往往根据各区域质心之间的欧氏距离来确定。

(1) 基于距离的二进制邻接矩阵。基于距离关系的二进制邻接矩阵，是通过设定阈值距离 d_0，得到一个以区域 i 为圆心，以阈值距离 d_0 为半径的缓冲区。如果区域 j 的质心落在缓冲区内，则表明与区域 i 的距离足够近，可以认为两区域之间的特性存在一定程度的空间关联，权重值为 1；反之，如果区域 j 落在缓冲区外，则认为两区域间距较远，空间依赖关系不存在或可忽略不计，权重值为 0。公式如表 4-1 中式(4.1.10)所示。

(2) 阈值权重矩阵。阈值权重矩阵在普通二进制邻接矩阵的基础上进行优化，通过设定阈值，对距所研究的地理单元一定距离内外的地理单元设置不同的权重。公式如表 4-1 中式(4.1.11)所示。

(3) Cliff-Ord 矩阵。Cliff 和 Ord(1973)为解决简单邻接矩阵的拓扑不变性问题，把空间单元的共有边界长度引入到距离函数矩阵中，完善了 Moran 指数和 Geary 指数等空间自相关统计量的计算。公式如表 4-1 中式(4.1.12)所示，其中，a 和 b 为参数；d_{ij} 为区域 i 和区域 j 之间的距离；β_{ij} 为两区域共有边界长度占区域 i 总边界长度的比例，即权重值与共有边界长度成正比，与距离成反比。特别地，因为区域 i 和区域 j 的总边界长度不一致，所以该矩阵不满足对称条件。

(4) Dacey 权重矩阵。Dacey(1968)根据研究区域与不同地理单元的邻接程度设定重要性，以公共边的长度作为空间单元间关系的一个显著特征，可以将权重矩阵中每一个元素定义为一个动态衰减的函数。公式如表 4-1 中式(4.1.13)所示，其中，d_{ij} 为二进制邻接矩阵的元素，即取值为 1 或 0；α_i 为单元 i 的面积占所有地理单元总面积的比例；β_{ij} 为 i 单元被 j 单元共享的边界长度占 i 单元边界长度的比例。

(5) 基于 k 近邻(k-nearest neighbors)权重的邻接矩阵。对于 k 值最邻近空间矩阵，w_{ij} 为距离为 d 的两个对象 i,j 之间的交互权重；指定 k 个相邻空间单元作为目标空间单元的"邻居"。其中，区域 i 与自身不属于邻接关系，即 $w_{ii} =0$。距离越近，权重越大，空间对象之间产生关联的可能性就越强。之所以提出这种距离矩阵，主要是因为一般使用的基于阈值距离(threshold distance)的简单空间矩阵常常会导致一种非常不平衡的邻近矩阵结构。在空间单元的面积相差甚大的情况下，就会出现小一些的地理单元具有很多邻近单元，而较大的地理单元则可能很少有邻近单元，甚至没有邻近单元而成为"飞地"。在这种情况下，可以采用 k 近邻的方法。一般在给定空间单元周围选择最邻近的 4 个单元(也可选 4 个以上，根据实际的空间关联情况由研究者确定)来计算 k 近邻权值的大小。公式如表 4-1 中式(4.1.14)所示。

3) 其他空间权重矩阵

基于万有引力定律的空间邻接矩阵，公式如表 4-1 中式(4.1.15)所示，其中，d_{ij} 为地区 i 与地区 j 之间的距离；m_i 和 m_j 分别为 i 和 j 的引力要素，可以是人口、GDP 等社会经济因素。从理论上来看，相较于邻近矩阵，基于经济距离的空间权重矩阵在度量空间依赖和揭示空间关联中应该是比较科学和理想的一个指标。但是，在实际应用中，这种方法实行起来比较困难，一方面是由于社会经济距离的实际统计数据难以获得；另一方面是因为模型中权值的计算是外生的。当然，基于经济、社会因素的权值计算方法更加接近区域经济的现实，因而在数据可获得和模型结构清晰的情况下，可以考虑选择这种类型的权值。

4) 空间权重矩阵的标准化

通常，为了减少或消除空间单元间的外在影响，在使用空间权重矩阵前需要进行标准化。

标准化主要有行标准化和双重标准化两种。

(1) 行标准化。行标准化保证了矩阵行元素之和为1，但其列和不一定为1，因此标准化后的空间权重矩阵不一定是对称阵。行标准化的好处在于，将行标准化矩阵 W 乘以区域观测值向量 y，则可得到每个区域邻居的平均值，这种状况称为空间滞后(spatial lag)。

$$W_{ij}^* = W_{ij} / \sum_{j=1}^{n} W_{ij} \tag{4.1.16}$$

行标准化的形式为

$$W = \begin{bmatrix} 0 & 0.33 & 0.33 & 0.33 \\ 0.5 & 0 & 0.5 & 0 \\ 0.33 & 0.33 & 0 & 0.33 \\ 0.5 & 0 & 0.5 & 0 \end{bmatrix} \tag{4.1.17}$$

(2) 双重标准化。双重标准化保证矩阵行列元素之和为1，标准化后的空间权重矩阵是对称阵。

$$W_{ij}^* = W_{ij} / \sum\sum W_{ij} \tag{4.1.18}$$

双重标准化的形式为

$$W = \begin{bmatrix} 0 & 0.1 & 0.1 & 0.1 \\ 0.1 & 0 & 0.1 & 0 \\ 0.1 & 0.1 & 0 & 0.1 \\ 0.1 & 0 & 0.1 & 0 \end{bmatrix} \tag{4.1.19}$$

4. 空间滞后

空间单元间存在一定的相互关系，而且距离越近产生这种关系的可能性就越强。空间依赖产生于直接邻接的空间实体间，也随着时间的推移扩散到邻近的区域，继而扩散至更多的空间单元。根据空间权重矩阵的构建过程，权重由空间邻接关系或空间距离关系确定，特定空间单元会受到相邻空间单元的影响，反映了一定的空间效应。这种由邻域向邻域不断扩散的空间效应，可以从"空间滞后"的角度来理解。在规则的网格中，"空间滞后"意味着空间单元之间相隔多个单位距离。而在实际问题中，空间单元不再是规则的，此时的空间滞后意味着对一个邻近地区的最初影响随着时间的推移扩散至更多的地区。式(4.1.20)定义了空间滞后的数学表达：

$$y^* = Wy \tag{4.1.20}$$

其中，空间权重矩阵(这里也称空间滞后算子)W 类似于时间序列分析的滞后算子，而与时间滞后不同的是，空间滞后算子意味着空间上的推移，通过空间滞后算子可以得出实际上相邻的空间单元观测值依距离加权的平均值。值得说明的是，一阶二进制邻接矩阵 W 简单地乘以 p 次方，从而创建一个 p 阶空间滞后是合理的。然而这样会产生冗余邻接(Blommestein，1985)。因此，创建空间滞后算子的一个合适方法就是直接使用高阶邻接关系所创建的空间权重矩阵。

4.1.2 空间自相关统计量

空间自相关是指同一个变量在不同空间位置上的相关性，是空间依赖的一种度量。空间自相关性使用全局和局部两种指标，全局指标用于探测整个研究区域的空间模式，使用单一的值来反映该区域的自相关程度；局部指标计算每一个空间单元与邻近单元就某一属性的相关程度。

1. 全局空间自相关

全局空间自相关主要用于描述区域单元某种现象的整体空间分布情况，以判断该现象在空间上是否存在聚集性。Moran's I 统计量和 Geary's C 统计量是两个用来度量空间自相关的全局指标。其中，Moran 指数(又称莫兰指数)反映的是空间邻接或空间邻近的区域单元属性值的相似程度。Geary 指数与 Moran 指数存在负相关关系。

1) 全局 Moran's I

全局 Moran's I(Moran，1950b)计算公式如下：

$$\text{Moran's } I = \frac{\sum_{i=1}^{n}\sum_{j=1}^{n} w_{ij}(x_i - \bar{x})(x_j - \bar{x})}{S^2 \sum_{i=1}^{n}\sum_{j=1}^{n} w_{ij}} \tag{4.1.21}$$

其中，方差为 $S^2 = \frac{1}{n}\sum_{i=1}^{n}(x_i - \bar{x})^2$；$\bar{x} = \frac{1}{n}\sum_{i=1}^{n}x_i$，$x_i$ 为第 i 地区的观测值；n 为地区总数；w_{ij} 为空间权重矩阵中的第 i 行第 j 列的一个元素，以度量区域 i 与区域 j 之间的距离；$\sum_{i=1}^{n}\sum_{j=1}^{n} w_{ij}$ 为所有空间权重之和，如果空间权重矩阵为行标准化，则 $\sum_{i=1}^{n}\sum_{j=1}^{n} w_{ij}$ 为 n。

Moran's I 统计量的取值一般在 $-1\sim 1$ 之间，小于 0 表示负相关，等于 0 表示不相关，大于 0 表示正相关。Moran's I 统计量绝对值越接近 0，表示空间事物的属性值差异越大或分布越不集中；绝对值越接近 1，则代表空间单元间的关系越密切，性质越相似(接近于 1 时表明具有相似的"高-高""低-低"属性聚集在一起，接近于 -1 时表明具有相异的"高-低""低-高"属性聚集在一起)；越接近 0，则表示单元间不相关，在空间上表现为随机分布，满足经典统计分析所要求的独立、随机分布假设。

空间自相关分析也以经典统计学为基础，对空间分布中相邻位置的这种依赖性进行度量。空间自相关的零假设为"H_0：n 个区域单元的观测值不存在空间自相关关系"。Z_α 为标准化莫兰指数。

$$Z_\alpha = \frac{I - E(I)}{\sqrt{\text{Var}(I)}} \tag{4.1.22}$$

其中，$E(I) = -\frac{1}{n-1}$；$\text{Var}(I) = \frac{n^2 w_1 + n w_2 + 3w_0^2}{w_0^2(n^2-1)} - E^2(I)$；$w_0 = \sum_{i=1}^{n}\sum_{j=1}^{n} w_{ij}$；$w_1 = \frac{1}{2}\sum_{i=1}^{n}\sum_{j=1}^{n}(w_{ij} + w_{ji})^2$；$w_2 = \sum_{i=1}^{n}\sum_{j=1}^{n}(w_{i*} + w_{j*})^2$；$w_{i*}$ 和 w_{j*} 分别为空间权重矩阵中第 i 行和第 j 列之和。

可以证明，在零假设成立的条件下，Z_α 服从渐进正态分布，由此可以用标准正态的临界值对其进行假设检验。一般情况下假设显著性水平 α 等于 0.05，查正态分布表知 Z_α=1.96。那么当 $Z_\alpha \geqslant 1.96$ 时，表明地理分布中具有相似属性的区域单元倾向于集聚在一起，具有显著的正空间自相关性；当 $Z_\alpha \leqslant -1.96$ 时表明地理分布中不同的属性值倾向于聚集在一起，具有显著的负空间自相关性；当 $-1.96 < Z_\alpha < 1.96$ 时，表明地理分布中的属性值高或低呈无规律的随机分

布状态，空间自相关性不显著。

2) Geary's C 系数

Moran's I 不能判断空间数据是高值集聚还是低值集聚，因此，Geary(1954)提出全局 Geary's C 系数。Geary 统计量计算公式为

$$C = \frac{(n-1)\sum\limits_{i=1}^{n}\sum\limits_{j=1}^{n}w_{ij}(x_i - x_j)^2}{2\sum\limits_{i=1}^{n}\sum\limits_{j=1}^{n}w_{ij}\sum\limits_{k=1}^{n}(x_k - \overline{x})^2} \qquad (4.1.23)$$

其中，C 为 Geary 统计量；其他变量同上式。Geary 统计量 C 的取值一般在[0，2]，大于 1 表示负相关，等于 1 表示不相关，小于 1 表示正相关。类似于 Moran's I，也可以对 Geary 统计量进行标准化，标准化后的 Geary 指数服从渐进标准正态分布。

$$Z(C) = \frac{(C - E(C))}{\sqrt{\text{Var}(C)}} \qquad (4.1.24)$$

其中，$E(C)$ 为数学期望；$\sqrt{\text{Var}(C)}$ 为方差。正的 $Z(C)$ 表示存在高值集聚，负的 $Z(C)$ 表示存在低值集聚。

2. 局部空间自相关指标

全局自相关建立在空间平稳性这一假设基础之上，认为整个区域只存在集聚、分散或随机分布三者中的一种趋势。而探究是否存在观测值的局部空间集聚，哪个空间单元对于全局空间自相关有更大的贡献，以及空间自相关的全局评估在多大程度上掩盖了局部不稳定性时，就必须使用局部空间自相关分析。即仅使用单一的值来反映整个研究区域的自相关程度，忽略了局部空间潜在不平稳问题,而空间过程很可能是不平稳的,特别是当数据量非常庞大时，空间平稳性的假设就变得非常不现实。实际上，在研究区域内部，各局部区域常常存在着不同水平与性质的空间自相关，这种现象称为空间异质性。局部空间自相关就是通过计算每一个空间单元与邻近单元就某一属性的相关程度，对各局部区域中的属性信息进行分析，探究整个区域上同一属性的变化是否平滑(均质)或者存在突变(异质)。局部空间自相关计算结果一般可以采用地图的方式直观地表达出来，通过构造不同的空间权重矩阵，可以更为准确地把握空间要素在整个区域中的异质性特征。常见的局部空间自相关统计量是空间联系局部指标 (local indicators of spatial association，LISA)(Anselin，1995)，这是一组统计量的合称，常用的包括局部 Moran 指数(local Moran's I)和局部 Geary 指数(local Geary's C)。

1) 局部 Moran 指数

局部 Moran 指数被定义为

$$I_i = \frac{(x_i - \overline{x})}{S^2}\sum_j w_{ij}(x_j - \overline{x}) \qquad (4.1.25)$$

其中，$S^2 = \frac{1}{n}\sum\limits_{i=1}^{n}(x_i - \overline{x})^2$；$\overline{x} = \frac{1}{n}\sum\limits_{i=1}^{n}x_i$。

正的 I_i 表示该空间单元与邻近单元的观测属性呈现正相关(高值集聚或者低值集聚)，表示一个高值被高值所包围(高-高)或是一个低值被低值所包围(低-低)；负的 I_i 表示一个高值被低值所包围(高-低)或是一个低值被高值所包围(低-高)。

进一步推导可得

$$I_i = \frac{n(x_i - \overline{x})\sum_j w_{ij}(x_j - \overline{x})}{\sum_i (x_j - \overline{x})^2} = \frac{nz_i\sum_j w_{ij}z_j}{Z^T Z} = z_i' \sum_j w_{ij}z_j' \qquad (4.1.26)$$

其中，z_i 和 z_j 为经过标准差标准化的观测值。类似地，可以用如下公式进行检验：

$$Z(I_i) = \frac{I_i - E(I_i)}{\sqrt{\mathrm{Var}(I_i)}} \qquad (4.1.27)$$

则有 $\sum_i I_i = S_0 I$，因此局部 Moran 指数是一种描述空间联系的局部指标，即 LISA。

2) Getis-Ord 指数 G_i

局部 Moran's I 和 Geary's C 指数都能够用于检验局部空间自相关性，但其共同缺点在于无法区分"冷点"(cold spot)和"热点"(hot spot)区域。热点区域即为高值与高值集聚的区域，冷点区域则是低值与低值集聚的区域。Getis 和 Ord(1992)提出了 Greary 指数的一个局部聚类检验，称为 G_i 指数，是一种基于距离权重矩阵的局部空间自相关指标，能探测出高值集聚和低值集聚。计算公式为

$$G_i^* = \frac{\sum_j w_{ij}x_i}{\sum_k x_k} \qquad (4.1.28)$$

在各区域不存在空间相关的情况下，Getis 和 Ord 简化了 G_i^* 的数学期望和方差的表达式，

$$E(G_i^*) = \frac{\sum_j w_{ij}}{n-1} = \frac{w_i}{n-1}; \quad \mathrm{Var}(G_i^*) = \frac{w_i(n-1-w_i)}{(n-1)^2(n-2)}\frac{Y_{i2}}{Y_{i1}^2}, \text{ 其中, } Y_{i1} = \frac{\sum_j w_{ij}}{n-1}, \quad Y_{i2} = \frac{\sum_j x^2}{n-1} - Y_{i1}^2 \text{。将 } G_i^*$$

标准化，得到 $Z_i = \dfrac{G_i^* - E(G_i^*)}{\sqrt{\mathrm{Var}(G_i^*)}}$ 。

如果样本区域中高值集聚在一起，则 G 较大；如果低值集聚在一起，则 G 较小。在无空间自相关的原假设下，若 $Z_i > 1.96$，则可在 5% 的置信区间水平上拒绝无空间自相关的原假设，认为存在空间正自相关，即显著的正值表示高观测值的区域单元趋于空间集聚；而显著的负值表示低观测值的区域单元趋于空间集聚。

3) Moran 散点图

Moran 散点图是描绘相邻空间单元观测变量的局部相关类型及其空间分布的图形，主要描述某一空间单元的观测变量 x 与其空间滞后变量 W_x(即该空间单元周围单元的观测变量值的加权平均值)之间的相关关系。Moran 散点图不仅能提供局部的空间不稳定性测度，而且形象地展示了全局 Moran's I 指数值，如图 4-6 所示。

Moran 散点图中第一、三象限代表正的空间联系，第二、四象限代表负的空间联系。图中，第一象限为空间单元的观测值及其相邻单元观测变量的空间加权平均值(即空间滞后值)都大于平均值，表明高值被高值所包围，呈现出高-高(H-H)的空间集聚类型；第二象限为某空间单元的观测值小于平均值，而其空间滞后大于平均值，表明低值被高值所包围，呈现出低-高(L-H)的空

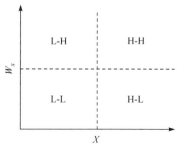

图 4-6　Moran 散点图的分区

间集聚类型；第三象限为空间单元的观测值及其空间滞后都小于平均值，表明低值被低值包围，呈现出低-低(L-L)的空间集聚类型；第四象限为空间单元的观测值大于平均值，而其空间滞后小于平均值，表明高值被低值所包围，呈现出高-低(H-L)的空间集聚类型。

4.1.3 应用实例

本实例以 2015 年中国各省(区、市)人均国内生产总值(人均 GDP)为指标探索中国各省(区、市)经济发展的空间自相关效应。数据源自国家统计局发布的《2016 中国统计年鉴》。首先对 2015 年中国各省(区、市)人均 GDP 进行地理可视化，并使用四分位分级法进行分级(图 4-7)。可以发现，我国人均国内生产总值较大的区域主要集中在东南沿海省份，西部地区等内陆省份的国内生产总值较低。从空间上看，各个类别的省份在空间上呈现一定的连续性，如东部沿海的江苏、上海、浙江、福建和广东等地的人均国内生产总值都较高，而西部地区的西藏、云南、贵州、广西等省份的人均国内生产总值都较低。可以通过进一步的指标检验来验证人均国内生产总值这一指标是否呈现出空间自相关性。

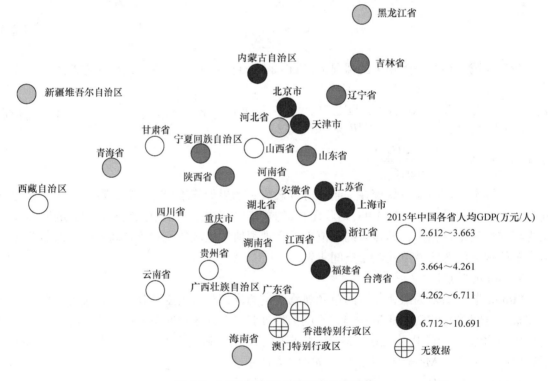

图 4-7　2015 年中国人均国内生产总值

1) 构建空间权重矩阵

以中国全境为例，对中国各省市构建一阶空间权重矩阵。一般对于具有平面投影且包含离岸岛的地理数据，推荐使用基于距离的空间权重矩阵，如 k 近邻权重矩阵。

2) 绘制 Moran 散点图

Moran 散点图是以当前变量人均国内生产总值为 X 轴，该变量的空间滞后因子为 Y 轴的散点图，上述计算的空间权重矩阵可以立即用于分析空间相关性。绘制 Moran 散点图，需要

结合前述的空间权重矩阵计算人均 GDP 的空间滞
后；Moran 散点图的斜率的值等于全局 Moran's *I* 指
数值，经验证其 *p* 值小于 0.05。通过图 4-8 可以发
现，2015 年人均 GDP 指标存在一定的全局空间自
相关性。

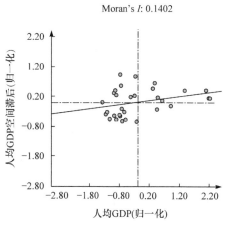

图 4-8　2015 年中国人均国内生产总值 Moran 散点图

　　3) 绘制 LISA 聚类图

　　通过计算人均 GDP 的局部空间自相关指标，
并绘制该指标的 LISA 聚类图，可以发现人均 GDP
存在一定的空间集聚性，其中西部地区的新疆、青
海、西藏、四川、广西等地呈现低-低集聚，东部地
区的上海、江苏、山东等地呈现高-高集聚的特点，
如图 4-9 所示。

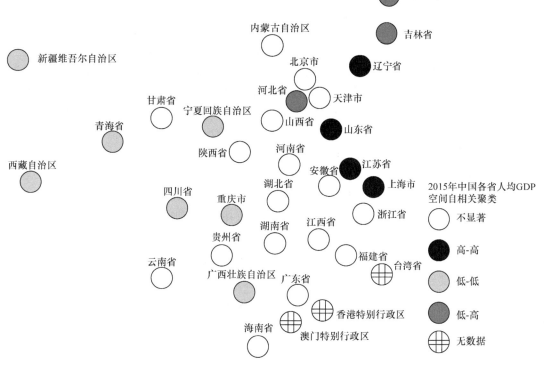

图 4-9　2015 年中国人均国内生产总值局部空间自相关聚类图

👆**特别提示**

　　度量空间自相关的方法还有很多，不仅仅包括空间自相关统计量 Moran's *I*、Geary's *C*。
对于全局空间自相关分析而言，Join count 统计量也是一种简单易行的方法，主要用于处理
名义变量的空间自相关分析，有兴趣的读者可以自行了解；适用于空间点模式的 Ripley's *K*
分析方法及适用于地统计学分析的半变异函数也可以用于度量空间自相关程度，本章不再
赘述，读者可以参考本书 6.1 节和 7.2 节的相应内容。

4.2　空　间　回　归

经典的线性回归模型具有严格的前提假设条件——独立、正态和方差齐性。因为空间自相关性的存在，使得这些假设条件很难满足。所以，在使用传统回归模型解决空间问题时，会造成模型参数错误估计并降低模型的有效性。因此需要构建适用于空间数据的回归模型。因为在空间上相邻近的地理单元间可能存在空间依赖，所以在构建空间回归模型探究地理要素间的空间关联时，空间相邻是所要考虑的重要信息因素，也是空间回归模型区别于普通回归模型最主要的特征。通常使用空间邻接矩阵对空间临近加以展示并以此构建变量的空间依赖关系，其本质是在经典回归模型的基础上考虑临近地理空间单元的相互影响。通过在构建模型时显式地引入空间滞后变量，可以估算和检验空间自相关对空间关联的贡献。

4.2.1　空间回归的一般形式

Anselin(1990，1988)给出了空间回归模型的一般形式：

$$Y = \rho W_1 Y + X\beta + u, \quad u = \lambda W_2 \varepsilon + \mu, \quad \mu \sim N[0, \sigma^2 I] \tag{4.2.1}$$

其中，Y 为因变量；X 为解释变量；β 为解释变量的空间回归系数；u 为随空间变化的误差项；μ 为白噪声；W_1 为反映因变量自身空间趋势的空间权重矩阵；W_2 为反映残差空间趋势的空间权重矩阵，通常根据邻接关系或者距离函数关系确定空间权重矩阵；ρ 为空间滞后项的系数，其值为 0 到 1，越接近 1，说明相邻地区的因变量取值越相似；λ 为空间误差系数，其值为 0 到 1，越接近于 1，说明相邻地区的解释变量取值越相似。其中，W_1 可以等于 W_2。

一般形式的空间自回归模型可以派生出以下几种模型。

(1) $\rho = 0$，$\lambda = 0$ 时，模型为普通线性回归模型(ordinary linear regression)，表明模型中没有空间自相关的影响。

(2) 当 $\rho \neq 0$，$\beta = \lambda = 0$ 时，为一阶空间自回归模型(the first-order spatial autoregressive model，SAR(1))。这个模型类似时间序列分析中的一阶自回归模型，反映了变量在空间上的相关特征，即所研究区域的因变量如何受到相邻区域因变量的影响，在实际中运用较少。

(3) 当 $\rho \neq 0$，$\beta \neq 0$，$\lambda = 0$ 时，为空间滞后模型(spatial lag model，SLM)。在这个模型中，所研究区域的因变量不仅与本区域的解释变量有关，还与相邻区域的因变量有关。

(4) 当 $\rho = 0$，$\beta \neq 0$，$\lambda \neq 0$ 时，为空间误差模型(spatial error model，SEM)。注意到这个模型可以改写为

$$(I_n - \lambda W)Y = (I_n - \lambda W)X\beta + \varepsilon \tag{4.2.2}$$

即所研究区域的因变量 Y 不仅与本区域解释变量 X 有关，还与相邻区域的因变量(表现为 WY)及解释变量(表现为 WX)有关。

(5) 当 $\rho \neq 0$，$\beta \neq 0$，$\lambda \neq 0$ 时，为空间杜宾模型(spatial Dubin model，SDM)。

空间依赖不仅意味着空间上的观测值缺乏独立性，而且意味着潜在于这种空间相关中的数据结构，也就是说空间相关的强度及模式由绝对位置(格局)和相对位置(距离)共同决定。空间相关性表现出的空间效应可以用以下两种模型来表征和刻画：当模型的误差项在空间上相关时，即为空间误差模型 SEM；当变量间的空间依赖性对模型显得非常关键而导致了空间相关时，即为空间滞后模型 SLM。

4.2.2　空间滞后回归

1. 模型思想

在空间滞后模型中，空间自相关在回归模型右边加以考虑，即在模型中引入空间滞后因子 WY 作为解释变量，认为相邻研究区域间的因变量存在空间自相关性。因其与时间序列分析中的自回归类似，所以又称为空间自回归模型(spatial autoregressive model, SAR)。

$$Y = \rho WY + X\beta + \varepsilon , \quad \varepsilon \sim N[0, \sigma^2 I] \tag{4.2.3}$$

其中，Y 为 $N \times 1$ 维因变量 $Y = (Y_1, \cdots, Y_N)'$；X 为包含 K 个解释变量的 $N \times K$ 维向量 $X = (X_1, \cdots, X_K)$；ρ 为空间自相关系数；WY 为空间滞后因子，$\beta = (\beta_1, \cdots, \beta_K)'$ 为参数向量；ε 为服从正态分布的 N 维随机误差向量；W 为 $N \times N$ 维空间权重矩阵，是空间回归模型的核心，具体表达式为

$$W = \begin{bmatrix} 0 & w_{12} & \cdots & w_{1n} \\ w_{21} & 0 & \cdots & w_{2n} \\ \vdots & \vdots & & \vdots \\ w_{n1} & w_{n2} & \cdots & 0 \end{bmatrix} \tag{4.2.4}$$

其中，w_{ij} 描述了第 j 个个体与第 i 个个体在空间上的邻近程度，可以是二进制邻接矩阵，也可以是基于距离关系定义的空间权重矩阵。

假定误差服从均值为零，方差为 σ_2 的独立同分布(independent identically distributed)，且与解释变量不相关。在空间滞后模型中，模型参数值反映了自变量对因变量的影响。然而，空间滞后因子 WY 在模型中成为内生变量，同解释变量一起解释 Y 的观测值特征，反映了周围邻近区域的地理空间单元对于所研究地理空间单元的影响。

虽然空间滞后模型以空间自相关性为前提，但实际上还是一种全局空间回归模型，模型中常数和解释变量的系数在不同研究区域间仍然是相同的(即平均值)，研究区域间的空间差异性体现不足。

2. 参数估计

如果研究的变量存在一定的空间相关性，则仅仅考虑自身的解释变量 X 不足以很好地估计和预测该变量的变化趋势。例如，一个地区的房价会受到相邻地区房价的影响，但如果只考虑当地供需情况，便忽略了周边地区人口和资金的流动性对该地区的潜在影响。而在模型中适当地考虑由于空间结构造成的影响，便可以很好地控制这一空间效应所造成的影响，这便是空间滞后模型的意义。

总的来看，空间滞后回归模型是在普通线性回归的基础上整合了空间滞后因子。由于模型中因变量与误差项相关，普通最小二乘法(OLS)将不再适用于模型的参数估计，而极大似然估计(ML)是比较常用的方法。Anselin(1988)给出了空间滞后模型的极大似然估计方法。

1) 构造 ML 统计量

令 $A = I - \rho W$，则空间滞后模型可以写为

$$AY = X\beta + \varepsilon \tag{4.2.5}$$

其中，$\varepsilon \sim N(0, \Omega)$。利用 ML 估计一阶极值条件：$0 = X'B'\Omega^{-1}BAY - X'B'\Omega^{-1}BX\beta$，并且令 $B = I$，解一阶条件得到 β 的估计量为

$$b = [X'\Omega^{-1}X]^{-1}X'\Omega^{-1}AY \tag{4.2.6}$$

即 $b = [X'\Omega^{-1}X]^{-1}X'\Omega^{-1}Y - \rho[X'\Omega^{-1}X]^{-1}X'\Omega^{-1}WY$ 。

定义：

$$b_1 = [X'\Omega^{-1}X]^{-1}X'\Omega^{-1}Y \tag{4.2.7}$$

$$b_2 = [X'\Omega^{-1}X]^{-1}X'\Omega^{-1}WY \tag{4.2.8}$$

显然，b_1 是模型 $Y = X\beta_1 + \varepsilon_1$ 的广义最小二乘(GLS)估计量，b_2 是模型 $WY = X\beta_2 + \varepsilon_2$ 的 GLS 估计量。两个模型估计的残差分别为 ε_1 和 ε_2，原模型的估计残差为 $\varepsilon = \varepsilon_1 - \rho\varepsilon_2$。

2) ML 估计步骤

(1) 对模型 $Y = X\beta_1 + \varepsilon_1$ 进行 OLS 估计。

(2) 对模型 $WY = X\beta_2 + \varepsilon_2$ 进行 OLS 估计。

(3) 计算残差估计量 $\varepsilon_1 = Y - X\hat{\beta}_1$ 和 $\varepsilon_2 = WY - X\hat{\beta}_2$。

(4) 将残差估计量带入似然函数，找到使得似然函数取极大值的估计量 ρ。

$$L_c = C - \left(\frac{n}{2}\right)\ln\left(\frac{1}{n}\right)(\varepsilon_1 - \rho\varepsilon_2)'(\varepsilon_1 - \rho\varepsilon_2) + \ln(I_n - \rho W) \tag{4.2.9}$$

(5) 给定使 L_c 最大的 $\hat{\rho}$，计算 $\hat{\beta} = (\hat{\beta}_1 - \rho\hat{\beta}_2)$ 和 $\hat{\sigma}_\varepsilon^2 = \left(\frac{1}{n}\right)(\varepsilon_1 - \rho\varepsilon_2)'(\varepsilon_1 - \rho\varepsilon_2)$。

空间滞后回归的参数估计还可以使用工具变量估计和广义矩估计，这里不再详述。

4.2.3 空间误差回归

1. 模型思想

在空间误差模型中，空间相关性的存在不直接影响回归模型的结构，但此时误差项则存在着类似于空间滞后模型的结构，模型表达式如下：

$$Y = X\beta + \varepsilon, \quad \varepsilon = \lambda W\varepsilon + u, \quad u \sim N[0, \sigma^2 I] \tag{4.2.10}$$

其中，λ 为空间误差相关系数，度量邻近地理空间单元关于因变量的误差对目标地理空间单元属性的影响程度；空间矩阵 W 的元素 w_{ij} 描述了第 j 个个体与第 i 个个体误差项之间的相关性；u 为回归误差模型的误差项，假设其服从均值为 0，方差为 σ^2 的独立同分布。由于 SEM 模型与时间序列中的序列相关问题类似，也被称为空间自相关模型(spatial autocorrelation model, SAC)或者空间残差自回归模型(spatial residual autoregressive model, SRAR)。这个模型中，所研究地理空间单元的因变量与相邻区域的因变量取值相互独立，因变量不存在空间自相关性。但是相邻研究区域间的同一种解释变量存在空间自相关性，表明模型中的残差项不满足独立性。SEM 与 SLM 一样，也是一种全局空间回归模型，模型中常数和解释变量的系数在不同研究区域间是相同的。

2. 参数估计

空间误差模型描述了空间扰动相关，即随机误差项出现了空间相关性，若直接采用 OLS 估计回归参数，虽然参数估计具有无偏一致性，但不是有效估计，可以采用极大似然(maximuru likelihood, ML)估计或广义矩估计(generalized method of moments, GMM)。这里介绍 ML 估计方法的步骤。

空间误差模型的一般公式，令 $B = I - \lambda W$，则对数似然函数可以写成：

$$\ln L = -\frac{n}{2}\ln 2\pi - \frac{1}{2}\ln\{|\Omega|\cdot[|B|]^{-2}\} - \frac{1}{2}[BY - BX\beta]'\Omega^{-1}[BY - BX\beta] \tag{4.2.11}$$

利用 ML 估计的一阶极值条件：$0 = X'B'\Omega^{-1}BAY - X'B'\Omega^{-1}BX\beta$，解一阶条件得到的 β 估计量为

$$b = [X'B'\Omega^{-1}BX]^{-1}X'B'\Omega^{-1}BY \tag{4.2.12}$$

假设随机项协方差矩阵 $\Omega = \sigma^2 I$，从而得到估计量：

$$b = [X'B'BX]^{-1}X'B'BY, \hat{\Omega} = \frac{1}{n}[Be]'[Be] \cdot I \tag{4.2.13}$$

其中，$e = Y - Xb$，将 $\hat{\Omega}$ 和 b 带入似然函数，求解得

$$\max_\lambda \left\{ -\frac{n}{2}\ln 2\pi - \frac{1}{2}\ln\{|\hat{\Omega}| \cdot [|B|]^{-2}\} - \frac{1}{2}[BY - BXb]'\hat{\Omega}[BY - BXb] \right\} \tag{4.2.14}$$

得到估计量 $\hat{\lambda}$，进一步可以利用 $\hat{B} = 1 - \hat{\lambda}W$，重新估计 b，并反复迭代直到收敛。

4.2.4　空间杜宾回归

当解释变量的空间滞后影响因变量时，就应该考虑建立空间杜宾模型(SDM)。空间杜宾模型是一个通过加入空间滞后变量而增强了的 SAR 模型：

$$Y = \rho WY + X\beta + W\overline{X}\gamma + \varepsilon \tag{4.2.15}$$

其中，$n \times (Q-1)$ 阶矩阵 $\overline{X}$ 是一个可变的解释变量矩阵，模型可以简化为

$$Y = (1 - \rho W)^{-1}(X\beta + W\overline{X}\gamma + \varepsilon) \tag{4.2.16}$$

其中，$\varepsilon \sim N[0, \sigma^2 I]$；$\gamma$ 为一个 $(Q-1) \times 1$ 阶的参数向量，用于度量相邻区域的解释变量对因变量 y 的边际影响，同 $W\overline{X}$ 相乘，得到反映相邻地理空间平均观测值的空间滞后解释变量。

使用 SDM 模型的原因在于，当对样本区域数据进行空间回归建模时，同时存在：①普通最小二乘回归模型的误差项中有空间相关性；②当处理区域样本数据时会有一些与模型中的解释变量的协方差不为 0 的解释变量被忽略。

此外，空间杜宾模型之所以在空间回归分析领域占据重要的位置，是因为它囊括了众多应用广泛的模型。

(1) 当 $\gamma = 0$ 时，它包含了因变量的空间滞后因素，而排除了空间滞后解释变量的因素，称为空间滞后回归模型。

(2) 当 $\rho = 0$ 时，假设因变量之间的观测值不相关，但是因变量与相邻区域的特性有关，此时模型成为解释变量的空间滞后模型。

(3) 当 $\rho = 0$ 且 $\gamma = 0$ 时，该模型成为标准最小二乘模型。

模型中，不仅相邻研究区域间的因变量存在空间自相关性，而且相邻区域间的同一种解释变量也存在空间自相关性，表明模型中的因变量和自变量都不满足独立性。然而，SDM 也是一种全局空间回归模型，模型中的常数和各影响因素的系数在不同研究区域间仍然是相同的。

4.2.5　空间回归模型的检验与选择

1. 空间回归模型的检验

空间回归模型的检验主要是基于拉格朗日乘数(Lagrange multiplier，LM)检验进行的。

1) 不存在空间自回归时空间残差相关的 LM 检验

该检验由 Burridge(1980)提出。不存在空间自回归时，空间残差相关检验的原假设是模型残差不存在空间相关。即

$$H_0 : Y = X\beta + \varepsilon, \quad \varepsilon \sim N(0, \sigma^2 I_n) \tag{4.2.17}$$

利用对数似然函数：

$$l = -\frac{n}{2}\ln 2\pi - \frac{1}{2}\ln\{|\hat{\Omega}|\cdot[|B|]^{-2}\} - \frac{1}{2}[BY - BX\beta]'\hat{\Omega}^{-1}[BY - BX\beta] + \frac{1}{2}\gamma\lambda \tag{4.2.18}$$

通过一阶条件 $\frac{\partial l}{\partial \lambda} = 0$，得到 $\gamma = \frac{1}{\sigma^2}e'We$。构造的检验统计量为

$$\mathrm{LM} = \frac{(e'We/s^2)^2}{T} \sim \chi^2(1) \tag{4.2.19}$$

其中，$s^2 = \frac{1}{n}e'e$；$T = tr(W'W + W^2)$，在原假设成立下，$LM \sim \chi^2(1)$。

该检验统计量有两个备选假设，$H_1 : \varepsilon = \lambda W\varepsilon + \mu$ 和 $H_1 : \varepsilon = \lambda W\mu + \mu$，即该统计量对于空间残差自相关和空间残差移动平均两种空间效应均有检验效力。

2) 存在空间自回归时空间残差相关的 LM 检验

该检验是由 Bera 和 Yoon(1993)提出的 Robust 检验方法。存在空间自回归时，空间残差相关检验的原假设依然是空间模型残差不存在空间相关，即

$$H_0 : Y = \rho WY + X\beta + \varepsilon, \quad \varepsilon \sim N(0, \sigma^2 I_n) \tag{4.2.20}$$

构造的检验统计量是

$$\mathrm{LM} = \frac{[e'We/s^2 - T(R\tilde{J})^{-1}(e'WY/s^2)]^2}{T - T^2(R\tilde{J})^{-1}} \tag{4.2.21}$$

其中，$s^2 = \frac{1}{n}e'e$；$R\tilde{J} = \left[T + \frac{(WX\hat{\beta})'M_X(WX\hat{\beta})}{S^2}\right]^{-1}$；$M_X = I - X(X'X)^{-1}X'$；$T = tr(W'W + W^2)$；

$\hat{\beta}$ 为原假设模型的 OLS 估计量。在原假设成立的前提下，$LM \sim \chi^2(1)$。

同样地，该检验统计量有两个备选假设，$H_1 : \varepsilon = \lambda W\varepsilon + \mu$ 和 $H_1 : \varepsilon = \lambda W\mu + \mu$，即该统计量对于空间残差自相关和空间残差移动平均两种空间效应均有检验效力。

3) 不存在空间残差相关时空间自回归效应相关的 LM 检验

该检验由 Anselin(1988)提出，旨在检验模型是否存在显著性。在不存在空间残差相关时，检验的原假设是

$$H_0 : Y = X\beta + \varepsilon, \quad \varepsilon \sim N(0, \sigma^2 I_n) \tag{4.2.22}$$

备选假设是

$$H_1 : Y = \rho W + X\beta + \varepsilon, \quad \varepsilon \sim N(0, \sigma^2 I_n) \tag{4.2.23}$$

构造的检验统计量是

$$\mathrm{LM} = \frac{(e'We/s^2)^2}{R\hat{J}} \sim \chi^2(1) \tag{4.2.24}$$

其中，$R\tilde{J} = \left[T + \dfrac{(WX\hat{\beta})'M_X(WX\hat{\beta})}{S^2} \right]^{-1}$；$M_X = I - X(X'X)^{-1}X'$；$T = tr(W'W + W^2)$；$s^2 = \dfrac{1}{n}e'e$；

$\hat{\beta}$ 是原假设模型的 OLS 估计量。在原假设成立的前提下，$LM \sim \chi^2(1)$。

4) 存在空间残差相关时空间自回归效应相关的 LM 检验

Bera 和 Yoon(1992)提出了一个当模型存在空间残差性时空间自回归效应的 Robust 检验方法。该模型检验的原假设是 $H_0 : Y = X\beta + \lambda W\varepsilon + \mu$，其备选假设是 $H_1 : Y = \rho W + X\beta + \lambda W\varepsilon + \mu$，其中 $\varepsilon \sim N(0, \sigma^2 I_n)$，如果原假设成立，则模型可以是空间残差自回归模型；如果原假设被拒绝，则可以确定模型的设定形式为空间自回归-残差自回归模型，模型不仅存在空间残差相关，还存在空间实质相关。模型的检验统计量是

$$LM = \frac{(e'WY/s^2 - e'We/s')^2}{R\hat{J} - T} \sim \chi^2(1) \tag{4.2.25}$$

2. 空间回归模型的选择

为了在两种空间滞后模型中选出更具有客观实际意义的那个，可以借助空间计量经济学中的拉格朗日乘数统计量进行判断(图4-10)。LM统计量共有五种形式，分别是LM-lag，LM-error，Robust LM-lag，Robust LM-error 和 LM SARMA。其中 LM SARMA 是与空间滞后和空间误差项的高阶模型相关的，实际中并没有很大作用。

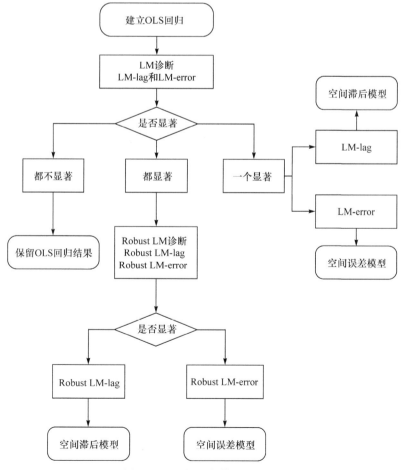

图 4-10 空间回归模型的选择

基于拉格朗日乘数统计量，Anselin 提出了如下判别准则。

(1) 首先建立 OLS 回归模型，借助 LM 统计量对回归结果做出空间自相关性诊断。

(2) 比较 LM-lag 和 LM-error 检验统计量。若两者都不显著，则保留 OLS 回归的结果；若 LM-lag 显著而 LM-error 不显著，则建立空间滞后模型；相应地，若 LM-error 显著而 LM-lag 不显著，则建立空间误差模型。若两者都显著，则转入(3)。

(3) 比较 Robust LM-lag 和 Robust LM-error 检验统计量。一般地，这两者只会有一个是显著的；如若不然，则比较两者的显著性程度，选择更显著的那个统计量对应的空间模型。

如果 LM 或 Robust-LM 检验验证空间自相关的存在，则需要通过 Wald 检验和似然比(likelihood ratio, LR)检验来确定合适的空间模型。Wald 和 LR 检验是从空间杜宾模型(SDM)出发，观察能不能简化为空间滞后模型(SLM)或空间误差模型(SEM)。SDM 是 SLM 和 SEM 的一般表现形式。事实上，除了上述提及的 LM 统计量外，还可以借助一些常用的判断标准来检验模型的优劣。常用的判断标准有：自然对数似然函数值(log likelihood, LogL)、似然比(LR)、赤池信息准则(akaike information criterion, AIC)、施瓦茨准则(Schwartz criterion, SC)。对数似然值越大，AIC 和 SC 值越小，模型拟合效果越好。另外，因为自变量之间可能会存在多重共线性，从而导致回归模型估计的失真。所以可以采用 Anselin 提出的多重共线性条件数(condition number)来进行判断，如果条件数的值大于 30，则说明回归模型的自变量之间存在显著的多重共线性。

4.2.6　应用实例

1) 数据收集

数据源自美国南部各县的室内极端案件与相关的社会经济数据(表 4-2)，以 10 年为单元分四次进行统计，分别是 1960，1970，1980 和 1990 年(Baller et al., 2001)。

表 4-2　美国南部各县室内极端案件数据集

指标名	指标含义
HR+年份	表示此类案件发生每 10 万人中发生的比例
HC+年份	表示此类案件发生的数量
PO+年份	县城的人数(county population)
RD+年份	资源剥夺，县城资源不足的水平(resource deprivation)
PS+年份	人口结构(population structure)
UE+年份	失业率(unemployment rate)
DV+年份	离婚率(divorce rate)
MA+年份	人口年龄中位数(median age)
POL+年份	人口对数(log of population)
DNL+年份	人口密度对数(log of population density)
MFIL+年份	家庭收入中位数(log of median family income)

指标名	指标含义
FP+年份	贫困家庭比例(families below poverty)
BLK+年份	黑人比例(black)
GI+年份	家庭收入基尼系数(Gini index of family income inequality)
FH+年份	女性户主家庭数(female headed households)

为了探究 1960 年室内案件发生率(图 4-11)与社会经济变量之间的关系，选取资源剥夺(RD60)、人口结构(PS60)、人口年龄(MA60)、离婚率(DV60)和失业率(UE60)等社会经济变量作为影响因素。

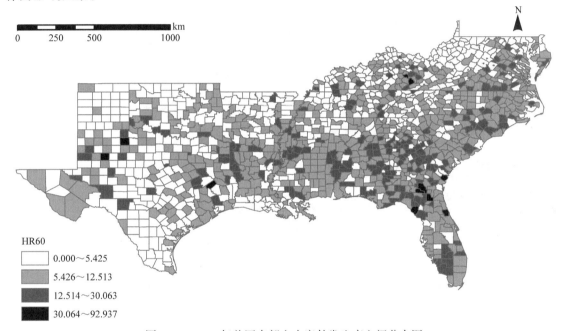

图 4-11　1960 年美国南部室内案件发生率空间分布图

2) 建立 OLS 模型

首先使用传统的一般线性回归进行探究。值得说明的是，在模型构建过程中，需要输入空间权重矩阵以便对模型的空间自相关性进行诊断。模型选择 Rook 一阶邻接矩阵进行计算。

结果表明(图 4-12)，回归模型的拟合优度不是很理想，$R^2=0.104$ 和调整 $R^2=0.100$ 较小。模型除人口结构指标外，各个系数均较为显著。回归诊断参数 Jarque-Bera 较大且显著，表明模型误差显示出非常大的非正态性；Breusch-Pagan 检验和 Koenker-Bassett 检验显示出模型存在明显的方差异性；而空间自相关性诊断表明存在高度的空间自相关性，LM-lag 和 LM-error都是显著的；但在 Robust 形式的统计量中，Robust LM-lag 统计量高度显著，Robust LM-error统计量不显著。由此可以得出结论：传统的一般线性回归模型并不适用，根据空间回归模型的选择条件，可以发现这里应选用空间滞后模型进行建模。

值得注意的是，这里做普通线性回归需要输入空间权重矩阵，对模型进行空间相关性诊断。

回归结果总结: 最小二乘回归

因变量	Dependent Variable	:	HR60	Number of Observations: 1412	观测样本个数
因变量均值	Mean dependent var	:	7.29214	Number of Variables : 6	自变量个数
因变量标准差	S.D. dependent var	:	6.41874	Degrees of Freedom : 1406	自由度

判定系数R²	R-squared	:	0.103657	F-statistic : 32.5193	F统计量
调整R²	Adjusted R-squared	:	0.100470	Prob(F-statistic) :1.85631e-031	P值
残差平方和	Sum squared residual:		52144.5	Log likelihood : -4551.5	对数似然值
方差	Sigma-square	:	37.0872	Akaike info criterion : 9115.01	赤池信息准则(AIC)
回归标准误	S.E. of regression	:	6.08992	Schwarz criterion : 9146.52	施瓦茨准则(SC)
方差（极大似然）	Sigma-square ML	:	36.9296		
回归标准误（极大似然）	S.E of regression ML:		6.07697		

变量名	回归系数	回归系数标准误	t统计量	P值
Variable	Coefficient	Std.Error	t-Statistic	Probability
常数项 CONSTANT	13.2155	1.12457	11.7516	0.00000
RD60	1.76448	0.198244	8.90057	0.00000
PS60	0.299302	0.214257	1.39693	0.16266
自变量 MA60	-0.275209	0.0380642	-7.23014	0.00000
DV60	1.17945	0.243517	4.84341	0.00000
UE60	-0.291856	0.0711715	-4.10074	0.00004

回归诊断	REGRESSION DIAGNOSTICS		
多重共线性条件数	MULTICOLLINEARITY CONDITION NUMBER	18.899123	
误差正态性检验	TEST ON NORMALITY OF ERRORS		
	TEST	DF	VALUE	PROB
Jarque-Bera检验	Jarque-Bera	2	87427.8750	0.00000

异方差性诊断	DIAGNOSTICS FOR HETEROSKEDASTICITY		
	RANDOM COEFFICIENTS		
	TEST	DF	VALUE	PROB
Breusch–Pagan检验	Breusch-Pagan test	5	599.4759	0.00000
Koenker–Bassett检验	Koenker-Bassett test	5	30.1069	0.00001

空间自相关性诊断	DIAGNOSTICS FOR SPATIAL DEPENDENCE		
空间权重矩阵归一化方法	FOR WEIGHT MATRIX : (row-standardized weights)		
	TEST	MI/DF	VALUE	PROB
	Moran's I (error)	0.1356	8.3495	0.00000
	Lagrange Multiplier (lag)	1	80.3219	0.00000
	Robust LM (lag)	1	19.0122	0.00001
	Lagrange Multiplier (error)	1	66.4285	0.00000
	Robust LM (error)	1	5.1188	0.02367
	Lagrange Multiplier (SARMA)	2	85.4407	0.00000

图 4-12 普通最小二乘回归统计报表

3) 构建空间滞后模型

根据 OLS 模型实验的初步结果, 对上述变量以空间滞后构建回归模型并进行计算, 如图 4-13 所示。

通过对比 OLS 模型(图 4-12)下拟合优度参数, 自然对数似然函数 log likelihood= –4551.5, AIC 指数 AIC=9115.01 及 SC 指数 SC=9146.52, 同空间滞后模型(图 4-13)中的 log likelihood= –4518.64, AIC 指数 AIC=9051.28 及 SC 指数 SC=9088.05。可以发现对数似然指数增长, AIC 和 SC 指数都相对于 OLS 下降, 证明空间滞后变量有助于改进模型的拟合程度。而对于模型参数而言, 空间滞后因子的参数 W_HR60 与资源剥夺(RD60)、人口年龄(MA60)、离婚率(DV60)和失业率(UE60)等社会经济变量的参数均显著。Breusch-Pagan 检验表明模型依然存在方差异性, 而似然比检验进一步确信了空间滞后模型中回归系数的显著性。

对模型残差和预测误差进行空间相关性检验(图 4-14), 发现模型残差的空间自相关统计量 Moran's I 几乎为 0, 表明模型中的空间滞后自变量基本排除了空间自相关。

回归结果总结: 空间滞后回归——最大似然估计

	SUMMARY OF OUTPUT: SPATIAL LAG MODEL - MAXIMUM LIKELIHOOD ESTIMATION	
	Data set : south	
	Spatial Weight : south	
因变量	Dependent Variable : HR60 Number of Observations: 1412	观测样本个数
因变量均值	Mean dependent var : 7.29214 Number of Variables : 7	自变量个数
因变量标准差	S.D. dependent var : 6.41874 Degrees of Freedom : 1405	自由度
滞后系数	Lag coeff. (Rho) : 0.291639	
判定系数R²	R-squared : 0.158910 Log likelihood : -4518.64	对数似然值
	Sq. Correlation : - Akaike info criterion : 9051.28	赤池信息准则(AIC)
残差平方和	Sigma-square : 34.6531 Schwarz criterion : 9088.05	施瓦茨准则(SC)
回归标准误	S.E of regression : 5.88669	

变量名	回归系数	回归系数标准误	z值	P值
Variable	Coefficient	Std.Error	z-value	Probability
因变量滞后 W_HR60	0.291639	0.0363962	8.01289	0.00000
常数项 CONSTANT	9.26817	1.15997	7.98999	0.00000
RD60	1.37722	0.197301	6.98029	0.00000
PS60	0.18666	0.20738	0.900084	0.36808
MA60	-0.20248	0.0372972	-5.42882	0.00000
DV60	0.929869	0.235674	3.94557	0.00008
UE60	-0.199602	0.0689376	-2.8954	0.00379

回归诊断	REGRESSION DIAGNOSTICS
异方差性诊断	DIAGNOSTICS FOR HETEROSKEDASTICITY
	RANDOM COEFFICIENTS

	TEST	DF	VALUE	PROB
Breusch-Pagan检验	Breusch-Pagan test	5	671.3716	0.00000

空间自相关性诊断	DIAGNOSTICS FOR SPATIAL DEPENDENCE
空间权重矩阵归一化方程	SPATIAL LAG DEPENDENCE FOR WEIGHT MATRIX : south

	TEST	DF	VALUE	PROB
似然比检验	Likelihood Ratio Test	1	65.7278	0.00000

图 4-13 空间滞后模型统计报表

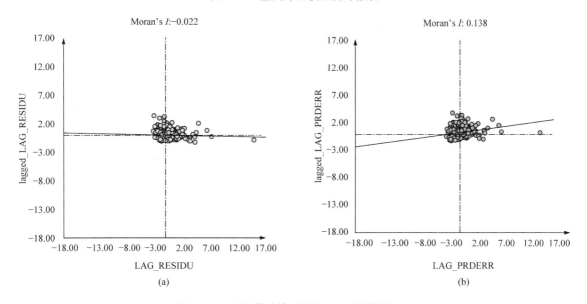

图 4-14 空间滞后模型残差(a)和预测误差(b)

4.3 空间异质性

空间异质性一方面在于各种事物和现象在空间上缺乏平稳的结构，另一方面也在于空间单元本身不是均质的，在面积和形状上具有较大差别。在空间数据分析中，变量的观测值(数据)一般都是以某给定的空间单元为抽样单位得到的，随着地理位置的变化，变量间的关系或者结构会发生变化，这种因地理位置的变化而引起的变量间关系或结构的变化称为空间非平稳性(spatial nonstationarity)。局部空间自相关统计量在一定程度上反映了空间数据在整个区域中的异质性特征。这种空间非平稳性普遍存在于空间数据中，如果采用普通线性回归模型进行分析，一般很难得到满意的结果，因为全局模型在分析之前就假定了变量间的关系具有同质性(homogeneity)，从而掩盖了变量间关系的局部特性，所得结果也只是研究区域内的某种"平均"，所以需要对传统的回归分析方法进行改进，形成一种考虑局部特性的回归模型，使得回归系数的估计可以依据局部空间特征得到，这就是 4.3.1 节地理加权回归(geographical weighted regression，GWR)(Fotheringham et al.，1998；Brunsdon et al.，1996)的基本思想。

4.3.1 地理加权回归

之前的章节介绍了普通线性回归分析的方法，确定两种及以上变量间相互依赖的线性定量关系。线性回归模型包括全局和局部模型。全局模型变量间的关系具有同质性，即假定在研究区域内回归系数不随空间位置的变化而变化，从而可以保持全局一致性，其中一元线性回归和多元线性回归模型是最常见的全局模型。局部模型假定在不同区域内，回归系数并不相同，而是随着空间位置的变化而变化。地理加权回归是典型的局部模型。地理加权回归模型认为回归系数随着空间位置的变化而变化，具有空间非平稳性。

考察化工厂对可吸入颗粒物 $PM_{2.5}$ 影响的例子，在化工厂附近的区域，可吸入颗粒物的含量较高，空气质量较差；而距离化工厂较远的地区，受化工厂影响较小，可吸入颗粒物的含量相对较低，空气质量较好。因此，化工厂对 $PM_{2.5}$ 的影响不是全局性的，探究其影响因素则使用地理加权回归模型更为合适。

1. 基本模型

在空间数据分析中，n 组观测数据通常是在 n 个不同地理位置上获取的样本数据，全局空间回归模型就是假定回归参数与样本数据的地理位置无关，或者说在整个空间研究区域内保持稳定一致，那么在 n 个不同地理位置上获取的样本数据，就等同于在同一地理位置上获取的 n 个样本数据，采用最小二乘估计得到的回归参数既是该点的最优无偏估计，又是研究区域内所有点上的最优无偏估计。而在实际问题研究中我们经常发现回归参数在不同地理位置上往往表现不同，也就是说回归参数随地理位置变化。这时如果仍然采用全局空间回归模型，得到的回归参数估计将是回归参数在整个研究区域内的平均值，不能反映回归参数的真实空间特征。

很多学者(Brunsdon et al.，1998；Fotheringham et al.，1998；Brunsdon et al.，1996)基于局部平滑的思想，提出了地理加权回归模型，将数据的空间位置嵌入到回归参数中，利用局部加权最小二乘方法进行逐点参数估计，其中权是回归点所在的地理空间位置到其他各观测点的地理空间位置之间的距离函数。可以将地理加权回归模型看作是对普通线性回归模型的扩展。将样点数据的地理位置嵌入到回归参数之中，即

$$y_i = \beta_0(u_i, v_i) + \sum_{k=1}^{p} \beta_k(u_i, v_i) x_{ik} + \varepsilon_i \tag{4.3.1}$$

其中，(u_i, v_i)为第 i 个采样点的坐标；$\beta_k(u_i, v_i)$为第 i 个采样点上第 k 个回归参数，是地理位置的函数；ε_i为第 i 个区域的随机误差，满足零均值、同方差、相互独立等基本假定。

回归方程可以简记为$y_i = \beta_{i0} + \sum_{k=1}^{p} \beta_{ik} x_{ik} + \varepsilon_i$，若$\beta_{1k} = \beta_{2k} = \cdots = \beta_{nk}$，则地理加权回归模型变为普通线性回归模型。

2. 参数估计

因为地理加权回归模型中的回归参数在每个数据采样点上都是不同的，所以其未知参数的个数为 $n \times (p+1)$，远远大于观测个数 n，这样就不能直接利用参数回归估计方法估计其中的未知参数，而一些非参数光滑方法为拟合该模型提供了一个可行的思路。假设回归参数为一连续表面，位置邻近的回归参数非常相似，在估计采样点 i 的回归参数时，以采样点 i 及其邻域采样点上的观测值构成局部样本子集 $\hat{\beta}_{ik}$，对该子集建立全局线性回归模型，然后采用最小二乘方法得到回归参数估计。对于另一个采样点采用另一个相应的样本局部子集来估计，以此类推。在回归分析过程中，以其他采样点上的观测值来估计 i 点上的回归参数，因此得到的 i 点上的参数估计不可避免存在偏差，即参数估计为有偏估计。显然，参与回归估计的样本局部子集规模越大，参数估计的偏差就越大，参与回归估计的样本局部子集规模越小，参数估计的偏差就越小。从降低偏差这一角度考虑应尽量减少样本局部子集规模，但样本局部子集规模的减少必然导致回归参数估计值的方差增加。一般而言，接近兴趣区域 i 的观测值比那些离 i 位置远一些的观测值对因变量的估计有更强的影响。可以利用加权最小二乘法(WLS)来估计参数，i 点的回归参数可通过使用如下公式进行估计。

$$\sum_{j=1}^{n} w_{ij} \left(y_j - \beta_{i0} - \sum_{k=1}^{p} \beta_{ik} x_{ik} \right) \tag{4.3.2}$$

此时 w_{ij} 为回归点 i 与其他观测点 j 之间的地理距离 d_{ij} 的单调递减函数。令 $\beta_i = [\beta_{1k} \ \beta_{2k} \ \cdots \ \beta_{np}]'$，$W_i = \mathrm{diag}(w_{i1}, w_{i2}, \cdots, w_{in})$，这里的空间权重矩阵是对角阵。则 i 点上的回归参数估计为

$$\hat{\beta}_i = (X'W_i X)^{-1} X'W_i y \tag{4.3.3}$$

$$\hat{y}_i = X_i \hat{\beta}_i = X_i (X'W_i X)^{-1} X'W_i y \tag{4.3.4}$$

令 $S_i = X_i (X'W_i X)^{-1} X'W_i$，称为 i 点的帽子向量，则该点的残差 $e_i = y_i - \hat{y}_i = y_i - S_i y_i$。

按照如上的方法逐点进行回归计算，可以得到各采样点上回归参数的估计矩阵如下。

$$\hat{\beta} = \begin{bmatrix} \hat{\beta}_{10} & \hat{\beta}_{20} & \cdots & \hat{\beta}_{n0} \\ \hat{\beta}_{11} & \hat{\beta}_{21} & \cdots & \hat{\beta}_{n1} \\ \vdots & \vdots & & \vdots \\ \hat{\beta}_{1p} & \hat{\beta}_{2p} & \cdots & \hat{\beta}_{np} \end{bmatrix} \tag{4.3.5}$$

其中，每一行表示同一个解释变量的回归参数在不同采样点上的估计值，它反映了该参数所对应的变量间的关系在研究区域内的变化情况，这样通过地理加权回归模型就可以探测到空

间关系的非平稳性。由此，可以求得各个采样点上的回归值为

$$\hat{y} = \begin{bmatrix} S_1 \\ S_2 \\ \vdots \\ S_n \end{bmatrix} y = \begin{bmatrix} X_1(X'W_1X)^{-1}X'W_1 \\ X_2(X'W_2X)^{-1}X'W_2 \\ \vdots \\ X_n(X'W_nX)^{-1}X'W_n \end{bmatrix} y = Sy \tag{4.3.6}$$

这里 S 也称为帽子矩阵，由此可以计算残差：

$$e = \begin{bmatrix} y_1 \\ y_2 \\ \vdots \\ y_n \end{bmatrix} - \begin{bmatrix} S_1 \\ S_2 \\ \vdots \\ S_n \end{bmatrix} y = (1-S)y \tag{4.3.7}$$

令 SSE 表示残差平方和，则

$$\text{SSE} = e'e = y'(I-S)'(I-S)y \tag{4.3.8}$$

假设拟合值 $\hat{y}_i$ 为 $E(\hat{y}_i)$ 的无偏估计，即 $E(\hat{y}_i) = E(y_i)$ ，则有

$$\begin{aligned} \text{SSE} = e'e &= (e-E(e))'(e-E(e)) \\ &= (y-E(y))'(I-S)'(I-S)(y-E(y)) \\ &= \varepsilon'(I-S)'(I-S)\varepsilon \end{aligned} \tag{4.3.9}$$

从而有

$$\begin{aligned} E(\text{SSE}) &= E(tr[\varepsilon'(I-S)'(I-S)\varepsilon]) \\ &= tr[(I-S)'(I-S)E(\varepsilon'\varepsilon)] \\ &= \sigma^2 tr[(I-S)'(I-S)] \\ &= \sigma^2[n-2\text{tr}(S)+tr(S'S)] \end{aligned} \tag{4.3.10}$$

这样随机误差项的方差 σ^2 的无偏估计 $\hat{\sigma}^2$ 为

$$\hat{\sigma}^2 = \frac{\text{SSE}}{n-2tr(S)+tr(S'S)} \tag{4.3.11}$$

其中，$2tr(S)-tr(S'S)$ 为地理加权回归方程的有效参数；$n-2tr(S)+tr(S'S)$ 为地理加权回归方程的有效自由度。在地理加权回归方程中有效参数的个数经常不是整数，而是在观测个数 n 和未知参数 $p+1$ 之间变化。在很多情况下，$tr(S)$ 非常接近 $tr(S'S)$ ，因此上述公式可以进一步简化为

$$\hat{\sigma}^2 = \frac{\text{SSE}}{n-tr(S)} \tag{4.3.12}$$

3. 空间权函数

地理加权回归模型的核心是空间权重矩阵，它通过选取不同的空间权函数来表达对数据间空间关系的不同认识。

值得注意的是，空间回归模型中的空间权重矩阵表达的是任意两个空间单元之间的空间临近关系，可以基于邻接关系和距离关系进行构建，矩阵对角线上的元素值均为 0；而地理加权回归模型的空间权重矩阵则对每一个空间单元构建，反映该空间单元与其余 $n-1$ 个空间单元的空间关系，并将这种空间关系按照指定的核函数(kernel function)转换为权重值，且以对角矩阵的形式(式 4.3.13)在参数估计过程中发挥作用，并不显式地呈现在回归模型中。因此空间权函数的选择对于地理加权回归模型的参数估计非常重要。常见的空间权函数如表 4-3

所示。当 b 取值为 10 时，各空间权函数的表现形式如图 4-15 所示。

$$W_i = \begin{bmatrix} w_{i1} & 0 & \cdots & 0 \\ 0 & w_{i2} & \cdots & 0 \\ \vdots & \vdots & & \vdots \\ 0 & 0 & \cdots & w_{in} \end{bmatrix} \qquad (4.3.13)$$

表 4-3　常见的空间权函数

空间权函数	核函数	
全局(Global)函数	$w_{ij} = 1$	(4.3.14)
距离阈值(Box-Car)函数	$w_{ij} = \begin{cases} 1 & d_{ij} \leqslant b \\ 0 & d_{ij} > b \end{cases}$	(4.3.15)
指数(Exponential)函数	$w_{ij} = e^{\left(-\frac{\|d_{ij}\|}{b}\right)}$	(4.3.16)
高斯(Gaussian)函数	$w_{ij} = e^{-\left(\frac{\|d_{ij}\|}{b}\right)^2}$	(4.3.17)
双重平方(Bi-square)函数	$w_{ij} = \begin{cases} \left(1 - \left(\dfrac{d_{ij}}{b}\right)^2\right)^2 & \|d_{ij}\| < b \\ 0 & \|d_{ij}\| \geqslant b \end{cases}$	(4.3.18)
三次立方(Tri-cube)函数	$w_{ij} = \begin{cases} \left(1 - \left(\dfrac{d_{ij}}{b}\right)^3\right)^3 & \|d_{ij}\| < b \\ 0 & \|d_{ij}\| \geqslant b \end{cases}$	(4.3.19)

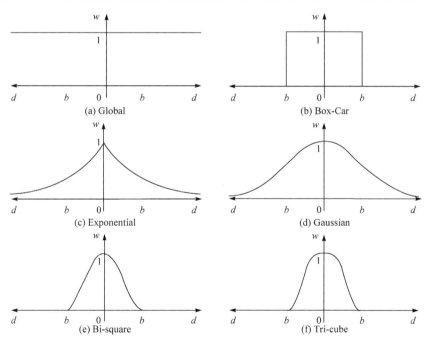

图 4-15　权函数的几种表现形式(b=10)

1) 全局函数

如式(4.3.14)所示，全局函数指对每一数据点，将其他所有数据点计入参数估计的范围，体现了全局性，模型估计退化为普通线性回归模型，在实际中很少使用。

2) 距离阈值函数

如式(4.3.15)所示，距离阈值函数是最简单的空间权函数，它的关键是选取一个合适的距离阈值 b，然后将数据点 j 与回归点 i 之间的距离 d_{ij} 与其进行比较，若大于该阈值则权重为 0，否则为 1。这种权重函数的实质就是一个移动窗口，计算虽然简单，但其缺点为函数不连续，参数估计会因为一个观测值移入和移出窗口而发生突变，因此在地理加权回归模型的参数估计中不宜采用。

3) 指数函数及高斯函数

这两种权函数的基本思想就是选取一个 w_{ij} 与 d_{ij} 之间的连续单调递减函数，如式(4.3.16)和式(4.3.17)所示，可以克服上述空间权函数不连续的缺点。式中 b 是用于描述权重与距离之间函数关系的非负衰减参数，称为带宽(bandwidth)。带宽越大，权重随距离增加衰减得越慢；带宽越小，权重随距离增加衰减得越快。

4) Bi-square 函数和 Tri-cube 函数

这两种权函数是截尾型权函数，为了提高运算效率，在实际中往往会将对回归参数估计几乎没有影响的数据点截掉，不予计算，并以有限高斯函数来代替高斯函数，最常用的近高斯函数是 Bi-square 函数，如式(4.3.18)所示，类似的还有 Tri-cube 函数，如式(4.3.19)所示。

4. 带宽选择优化

地理加权回归对于 Gauss 权函数和 Bi-square 权函数的选择并不敏感，但是对于带宽的选择却很敏感，带宽过大会导致回归参数估计的偏差过大，而带宽过小又会导致回归参数估计的方差过大。因此带宽的选择十分重要，常用的带宽选择(bandwidth selection)优化方法有以下几种。

1) 交叉验证法

最小二乘平方和是常用的优化原则之一，但对于地理加权回归分析中的带宽选择却失去了作用，这是因为对 $\sum_{i=1}^{n}[y_i - \hat{y}_i(b)]^2 = \min$ 而言，带宽 b 越小，参与回归分析的数据点的权重越小，预测值 $\hat{y}_i(b)$ 越接近实际观测值 y_i，从而 $\sum_{i=1}^{n}[y_i - \hat{y}_i(b)]^2 \approx 0$，也就是说最优带是只包含一个样本点的狭小区域，为了克服这个问题，Cleveland 于 1979 年提出用于局域回归分析的交叉验证(cross validation, CV)方法，该方法的表达式为

$$CV = \sum_{i=1}^{n}[y_i - \hat{y}_{\neq i}(b)]^2 \qquad (4.3.20)$$

其中，$\hat{y}_{\neq i}(b)$ 表示回归参数估计不包括回归点本身，即只根据回归点周围的数据点进行回归计算，这样当 b 变得很小时，模型仅仅刻画 i 附近的样本点但没有包括 i 本身。把不同的带宽 b 及其对应的 CV 值绘制成趋势线，就可以非常直观地找到最小的 CV 值所对应的最优带宽 b。

2) AIC 准则

Akaike(1974)通过极大似然原理的估计参数方法加以修正，提出了 Akaike 信息量准则(Akaike information criterion，AIC)。AIC 定义为

$$AIC = -2\ln L(\hat{\theta}_L, x) + 2q \qquad (4.3.21)$$

其中，$\hat{\theta}_L$ 为 θ 的极大似然估计；Q 为未知参数的个数。选择 AIC 达到最小的模型是"最优"

的模型。

AIC 准则应用比较广泛，Brunsdon 和 Fotheringham 将其进一步用于地理加权回归分析中的权函数带宽选择：

$$\mathrm{AIC}_c = -2\ln L(\hat{\sigma}) + n\ln(2\pi) + n\left[\frac{n + tr(S)}{n - 2 - tr(S)}\right] \tag{4.3.22}$$

其中，下标 c 为"修正后的"AIC 估计值；n 为样本空间单元的数量；$\hat{\sigma}$ 为误差项估计的标准离差；$tr(S)$ 为 GWR 的帽子矩阵 S 矩阵的迹，它是带宽的函数。AIC 有利于评价 GWR 模型是否比 OLS 模型更好地模拟数据。

其简单形式表示为

$$\mathrm{AIC} = 2n\ln(\hat{\sigma}) + n\ln(2\pi) + n + tr(S) \tag{4.3.23}$$

3) 贝叶斯信息准则

Schwarz(1978)提出贝叶斯信息准则(Bayesian information criterion，BIC)，该准则可以使自回归模型的阶数适中，故常被用来确定回归模型中的最优阶数。BIC 准则与 AIC 准则非常相似，只是惩罚因子不同，其公式为

$$\mathrm{BIC} = -2\ln L(\hat{\theta}_L, x) + q\ln n \tag{4.3.24}$$

其中，$\hat{\theta}_L$ 为 θ 的极大似然估计；q 为未知参数的个数；n 为样本个数；使 BIC 最小的模型为"最优"模型。式中可以看出，BIC 准则对于具有相同未知参数个数的模型，样本数越多，惩罚度越大，对于具有相同样本的情况，则趋于选择具有更少参数的模型为最优。与 AIC 不同的是，BIC 准则要求模型为贝叶斯模型，即每个候选模型都必须具有相同的先验概率。

4) 平稳指数

Brunsdon 等(1998)设计了平稳指数(index of stationarity，SI)来度量空间非平稳性，该指数按照如下方式计算：对于地理加权回归的每个解释变量，首先计算其 GWR 系数标准误差(standard error)的四分位距(interquartile range)，然后除以该模型对应普通线性回归模型各系数的标准误差的两倍。可以使用如下公式表达：

$$\mathrm{SI}_i = \frac{\mathrm{IQR}(\mathrm{SE}_{(\mathrm{GWR})i1}, \mathrm{SE}_{(\mathrm{GWR})i2}, \cdots, \mathrm{SE}_{(\mathrm{GWR})ij}, \cdots, \mathrm{SE}_{(\mathrm{GWR})in})}{2\mathrm{SE}_{(\mathrm{OLS})i}} \tag{4.3.25}$$

其中，SI_i 为回归方程中第 i 个变量的平稳指数；$\mathrm{SE}_{(\mathrm{GWR})ij}$ 为第 i 个变量的估计值在第 j 个空间单元上的标准误差。

通过选取不同的带宽进行地理加权回归的参数估计，同一解释变量的平稳指数可以对带宽绘制出一条递减的曲线，带宽越大曲线越趋向于平行，也即该变量的估计受带宽影响趋向于平稳。由此，可以将使得所有变量的曲线都趋于平稳的带宽作为选择标准。

5. 自适应权函数

上述最优带宽的选择比较适用于地理空间单元数据均匀分布的情况，如果数据在区域内分布不均匀，则可能会出现有些回归点周围的数据点过少，导致回归参数估计方差太大，精度降低。针对这种情况，可以根据数据疏密程度，在不同回归点上选取不同的带宽，即在数据密集的区域采用较小的带宽，而在数据稀疏的地方采用较大的带宽。通常数据密集区域比稀疏区域空间关系变化要剧烈，如果在空间关系变化剧烈的区域选取带宽过大，就会使过多数据点参与回归，从而导致参数估计偏差过大，反之亦然。这种在不同回归点上采用不同阈

值或带宽的方式，就称为自适应权函数。

通常采用的思路是取目标数据点周边最邻近的 k 个数据点参与估计，自适应权函数有高斯函数和 Bi-square 函数(表 4-4)。其中，$b_{i(k)}$ 为第 i 个数据点取周边最邻近的 k 个空间数据单元。

表 4-4　常见的自适应空间权函数

自适应空间权函数	核函数	
高斯(Gaussian)函数	$w_{ij} = e^{-\left(\frac{d_{ij}}{b_{i(k)}}\right)^2}$	(4.3.26)
双重平方 (Bi-square)函数	$w_{ij} = \begin{cases} \left[1-\left(\dfrac{d_{ij}}{b_{i(k)}}\right)^2\right]^2 & |d_{ij}| < b_{i(k)} \\ 0 & |d_{ij}| \geqslant b_{i(k)} \end{cases}$	(4.3.27)

6. 假设检验

1) 回归模型的空间非平稳性检验

地理加权回归模型优于普通线性回归模型的显著性检验可采用拟合优度检验。拟合优度检验就是通过对方程与样本观测值之间的残差平方和 SSE 判断。

$$SSE_s = y'(I-S)'(I-S)y \tag{4.3.28}$$

对于空间数据的回归建模，地理加权回归往往优于普通线性回归模型，由此可以建立拟合优度检验的零假设和备选假设分别为

H_0：$\hat{y}_S = Sy$ 的拟合优度与 $\hat{y}_H = Hy$ 的拟合优度无明显差异

H_1：$\hat{y}_S = Sy$ 的拟合优度优于 $\hat{y}_H = Hy$ 的拟合优度

为此构建检验统计量

$$F_1 = \frac{SSE_H}{SSE_S} \tag{4.3.29}$$

或

$$F_2 = \frac{SSE_H - SSE_S}{SSE_S} \tag{4.3.30}$$

如果零假设不为真，则 F_1 和 F_2 的值均有偏大的趋势。

2) 回归参数的空间非平稳性检验

通过拟合优度检验可以从整体上判断因变量与自变量之间存在明显的空间非平稳性，但不能断定每个参数都存在空间非平稳性，因此需要对每个回归参数 $\hat{\beta}_k$ 检验其在 n 个观测位置上的变化是否显著。即

H_0：$\beta_{1k} = \beta_{2k} = \cdots = \beta_{nk}$

H_1：至少存在 $i \neq j$，使得 $\beta_{ik} = \beta_{jk}$

为了检验上述假设，可以将 β_{ik} 的样本方差 V_k^2 作为检验统计量，其中

$$V_k^2 = \frac{1}{n}\sum_{i=1}^{n}\left(\hat{\beta}_{ik} - \frac{1}{n}\sum_{i=1}^{n}\hat{\beta}_{ik}\right)^2 \tag{4.3.31}$$

通过回归参数空间非平稳性的显著性检验，可以确认哪些回归参数是不随地理位置变化而变化的，称为常参数，哪些回归参数是随地理位置变化而变化的，称为变参数。对于既包

含常参数又包含变参数的回归模型，可以称为混合地理加权回归模型。

3) 回归模型的空间非平稳性 AIC 比较

通过假设检验得到的模型是较为贴近真实模型的一个解，但实际上真实的模型并不能完全知道，这就需要一个合适的标准来测度提出的模型与真实模型之间的接近程度，最接近的模型就是最好的模型。回归方程空间非平稳性的 AIC 比较，就是将具有相同自变量和因变量形式的地理加权回归模型和普通线性回归模型，分别根据前述的算法计算相应的 AIC 的取值，若 $(\mathrm{AIC_{OLS}} - \mathrm{AIC_{GWR}}) > 3$，则判定因变量与自变量之间具有明显的空间非平稳性，反之则判定普通线性回归模型比地理加权模型更接近真实模型，即因变量与自变量之间不存在空间非平稳性。

4.3.2 混合地理加权回归模型

普通线性回归模型假定回归参数在空间上是稳定不变的，地理加权回归模型则认为回归参数在空间上是变化的，而在实际应用中，会经常发现并不是所有的回归参数都随着地理位置的改变而发生变化，有一些参数在不同的空间位置上是保持不变的，或者其变化非常小，可以忽略不考虑。例如，对城市房价进行预测时，与房产建筑相关的因素(建筑结构、建筑材料等)，或与其所在区位相关的因素(如周边基础设施及交通状况)的影响力在空间上是变化的，而对房地产价格产生影响的社会经济因素(如就业率)在整个研究区域的影响力基本是一致的。这种情况的一种解决方法就是让回归模型中的一部分回归参数随地理位置而变，称为变参数，而其余回归参数为常数，称为常参数，这种扩展的地理加权回归模型通常称为混合地理加权回归模型(mixed geographically weighted regression model, mixed GWR)。

$$y_i = \beta_0 + \sum_{k=1}^{p_a} \beta_k x_{ik} + \sum_{l=1}^{p_b} \beta_k x_{ik} + \varepsilon_i \tag{4.3.32}$$

其中，$\varepsilon_i \sim N(0, \sigma^2)$；$\mathrm{Cov}(\varepsilon_i, \varepsilon_j) = 0 (i \neq j)$；$y_i$ 与 $x_{i1}, x_{i2}, \cdots, x_{ip}$ 是 p 个自变量的 n 组观测值；i 表示观测点地理位置，$i = 1, 2, \cdots, n$；

$$y = \begin{bmatrix} y_1 \\ y_2 \\ \vdots \\ y_n \end{bmatrix}; \quad \beta_a = \begin{bmatrix} \beta_{1_a} \\ \beta_{2_a} \\ \vdots \\ \beta_{p_a} \end{bmatrix}; \quad \beta_b = \begin{bmatrix} \beta_{1_b} \\ \beta_{2_b} \\ \vdots \\ \beta_{p_b} \end{bmatrix}; \quad \varepsilon = \begin{bmatrix} \varepsilon_1 \\ \varepsilon_2 \\ \vdots \\ \varepsilon_n \end{bmatrix};$$

$$X_a = \begin{bmatrix} 1 & x_{11_a} & \cdots & x_{1p_a} \\ 1 & x_{21_a} & \cdots & x_{2p_a} \\ \vdots & \vdots & & \vdots \\ 1 & x_{n1_a} & \cdots & x_{np_a} \end{bmatrix}; \quad X_b = \begin{bmatrix} 1 & x_{11_b} & \cdots & x_{1p_b} \\ 1 & x_{21_b} & \cdots & x_{2p_b} \\ \vdots & \vdots & & \vdots \\ 1 & x_{n1_b} & \cdots & x_{np_b} \end{bmatrix}; \quad m = \begin{bmatrix} \sum_{l=1}^{p_b} \beta_{1l_b} x_{1l_b} \\ \sum_{l=1}^{p_b} \beta_{2l_b} x_{2l_b} \\ \vdots \\ \sum_{l=1}^{p_b} \beta_{nl_b} x_{nl_b} \end{bmatrix}。$$

模型也可以写成矩阵形式

$$y = X_a \beta_a + m + \varepsilon \tag{4.3.33}$$

若保留 $X_a \beta_a$ 而将 m 去掉，则混合地理加权回归模型就变为普通线性回归方程，若保留 m 而将 $X_a \beta_a$ 去掉，则混合地理加权回归模型则变为地理加权回归模型。由此可见，普通线性回归模型和地理加权回归模型都可以看成是混合地理加权回归模型的特殊形式。

4.3.3　地理加权广义线性回归

地理加权回归基于局部平滑思想扩展了普通线性回归的模型框架，使其可以对每个空间单元的数据点的回归参数都进行估计。对比本书 3.1.3 节的广义线性模型的一般结构，地理加权广义线性回归则是对普通广义线性回归模型的扩展，将数据的地理位置嵌入到回归参数中，即是把广义线性回归模型中的系统部分 $\eta = X\beta = \sum_{i=1}^{p} x_i \beta_i$ 中的参数 β_i 设置为地理位置的函数。由此，可以定义地理加权广义线性回归模型，若因变量 y 服从指数分布族，其概率密度函数为

$$f(y_j \mid \theta_{ij}, \phi_i) = \exp\left[\frac{y_j \theta_{ij} - b\theta_{ij}}{\phi_i} + c(y_j, \phi_i) \right] \tag{4.3.34}$$

且

$$\eta_{ij} = \beta_{i1}(u_i, v_i)x_{j1} + \beta_{i2}(u_i, v_i)x_{j2} + \cdots + \beta_{ip}(u_i, v_i)x_{jp} + \varepsilon_{ij} \tag{4.3.35}$$

其中，连接函数为 $g(\mu_{ij}) = \eta_{ij} = \theta_{ij}$；$\varepsilon_{ij} \sim N(0, \sigma^2)$，$j = 1, 2, \cdots, n$；$\text{Cov}(\varepsilon_{ij}, \varepsilon_{ik}) = 0(k \neq j)$。

根据加权最小二乘法(WLS)，有 i 点回归参数的估计为

$$\sum_{j=1}^{n} W_{ij}(u_i, v_i)\left(y_i - \beta_{i0} - \sum_{k=1}^{p} \beta_{ik} x_{jk} \right)^2 \tag{4.3.36}$$

其中，$W_{ij}(u_i, v_i)$ 为位置 (u_i, v_i) 的空间权重矩阵，则有

$$\hat{\beta}(u_i, v_i) = (X'W_{ij}(u_i, v_i)X)^{-1} X'W_{ij}(u_i, v_i)Y \tag{4.3.37}$$

对所有样本点进行逐点回归计算，得到所有点回归参数的估计值。由于不同采样点上的估计值不同，它反映了该参数对应的变量间的关系在研究区域内的变化情况，这样就可以探测这种空间关系的非平稳性。

1. 地理加权逻辑回归

地理加权逻辑回归是经典逻辑回归的扩展，在回归参数的估计中考虑了空间位置因素，利用加权最小二乘法对每个坐标点进行局部参数估计，可以看作逻辑回归在空间数据场景下的一种变体，其基本表达式与逻辑回归模型相同。假设地理位置 i 发生事件的概率为 p，不发生该事件的概率为 $(1-p)$，则

$$\begin{aligned} p(y=1) &= \frac{\exp[\beta_0(u_i, v_i) + \beta_{i1}(u_i, v_i)x_{j1} + \beta_{i2}(u_i, v_i)x_{j2} + \cdots + \beta_{ip}(u_i, v_i)x_{jp}]}{1 + \exp[\beta_0(u_i, v_i) + \beta_{i1}(u_i, v_i)x_{j1} + \beta_{i2}(u_i, v_i)x_{j2} + \cdots + \beta_{ip}(u_i, v_i)x_{jp}]} \\ &= \frac{\mathrm{e}^z}{1 + \mathrm{e}^z} \end{aligned} \tag{4.3.38}$$

其中，$z = \beta_0(u_i, v_i) + \beta_{i1}(u_i, v_i)x_{j1} + \beta_{i2}(u_i, v_i)x_{j2} + \cdots + \beta_{ip}(u_i, v_i)x_{jp}$。

经过 Logit 变换，有

$$\mathrm{Logit}(p) = \ln\frac{p}{1-p} = \beta_0(u_i, v_i) + \beta_{i1}(u_i, v_i)x_{j1} + \beta_{i2}(u_i, v_i)x_{j2} + \cdots + \beta_{ip}(u_i, v_i)x_{jp} \tag{4.3.39}$$

其参数估计可以是

$$\hat{\beta}(u_i, v_i) = (X'W_{ij}(u_i, v_i)X)^{-1} X'W_{ij}(u_i, v_i)\mathrm{Logit}(p) \tag{4.3.40}$$

其中，(u_i,v_i) 为位置 i 的地理坐标；X 为解释变量矩阵。

2. 地理加权泊松回归

同样地，地理加权泊松回归是经典泊松回归的扩展，在回归参数的估计中考虑了空间位置因素，其基本表达式如式(4.3.41)。

$$\text{Log}(\mu) = \beta_0(u_i,v_i)+\beta_{i1}(u_i,v_i)x_{j1}+\beta_{i2}(u_i,v_i)x_{j2}+\cdots+\beta_{ip}(u_i,v_i)x_{jp} \tag{4.3.41}$$

对应的参数估计方程为

$$\hat{\beta}(u_i,v_i) = (X'W_{ij}(u_i,v_i)X)^{-1}X'W_{ij}(u_i,v_i)\text{Log}(\mu) \tag{4.3.42}$$

其中，(u_i,v_i) 为位置 i 的地理坐标；X 为解释变量矩阵。

4.3.4　时空地理加权回归

1. 模型思想

时空地理加权回归模型(Fotheringham et al., 2015；Huang et al., 2010)是在传统地理加权回归模型基础上扩展的。通过在传统的地理加权回归模型中引入时间维度的概念，使得回归系数是地理位置和观测时刻的函数，从而可以将数据的时空特征纳入回归模型中，为分析回归关系的时空特性创造了条件，并为解决回归模型的时空非平稳性提供了可行性。

$$y_i = \beta_0(u_i,v_i,t_i)+\sum_k \beta_k(u_i,v_i,t_i)x_{ik}+\varepsilon_i \tag{4.3.43}$$

其中，(u_i,v_i,t_i) 为第 i 个采样点的时空坐标；$\beta_k(u_i,v_i,t_i)$ 为第 i 个采样点上第 k 个时空回归参数，是地理位置和观测时刻的函数；ε_i 为第 i 个时空区域的随机误差，满足零均值、同方差、相互独立等基本假设。

为了利用观测点 (u_i,v_i,t_i) 处的观测值 $(y_i,x_{i1},x_{i2},\cdots,x_{ik})$ $(i=1,2,\cdots,n)$ 来估计时空中任一点处的参数 $\beta_k(u_i,v_i,t_i)$，应注意到样本点 (u_i,v_i,t_i) 处的观测值 $(y_i,x_{i1},x_{i2},\cdots,x_{id})$ $(i=1,2,\cdots,n)$ 相对于待估点处的参数值来说的"重要程度"并不一样，类似于一般的地理加权回归，距离待估点越近的样本点的观测值对于待估点处参数估计的重要性越强。这时可以使用时空权重 $w_j(u_i,v_i,t_i)$ 来量化这种重要性，距离待估点越近的样本点赋予越大的权重，而距离待估点越远的观测点赋予越小的权重。值得注意的是，这里依然可以利用加权最小二乘法来估计参数，得到的参数估计式如下：

$$\hat{\beta}(u_i,v_i,t_i) = (X^TW(u_i,v_i,t_i)X)^{-1}X^TW(u_i,v_i,t_i)y \tag{4.3.44}$$

2. 时空权函数的选择

时空地理加权回归模型构造了一个椭圆坐标系统(图 4-16)，其中，u，v 分别代表一个时间截面上的空间位置，在此基础上拓展一个时间维度，成为一个三维的时空坐标系。若假设时间因素和空间因素对于"时空距离"的影响具有相同的尺度效应，则时空地理加权的样本点空间可以形成一个球体。但在实际中，时间因素与空间因素对于"时空距离"的影响往往是不相同的，可以采用式(4.3.45)描述这样的关系：

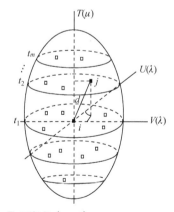

■ 回归点 (u_i,v_i,t_i)

□ 临近点 (u_j,v_j,t_j), $j=\{1,2,\cdots,n\}(j\neq i)$

$$d_{ij} = \sqrt{\lambda\left[(u_i-u_j)^2+(v_i-v_j)^2\right]+\mu(t_i-t_j)^2}$$

图 4-16　时空权重概念模型

$$d^{ST} = d^S \otimes d^T \tag{4.3.45}$$

其中，d^S 和 d^T 分别为两个样本点之间的空间和时间距离；d^{ST} 为时空距离，代表时间和空间的复合影响；$\otimes$ 为一个运算符，表征这两种距离复合成为时空距离的运算。

同一般的地理加权回归一样，时空地理加权回归也有两种加权方式可以使用，固定距离核(fixed kernel)函数和自适应核(adaptive kernel)函数。对固定距离核函数而言，时空距离是固定的，于是每个待估点所能选取的近邻样本点的个数不同；对自适应核函数而言，指定了参与待估点参数估计的样本点个数，因此待估点和其临近样本点之间的距离是变化的。

一般而言，常用的核函数有高斯核函数和双重平方核函数(表 4-5)，这两种核函数在固定距离和自适应的场景下都可以使用。其中重要的参数是时空带宽参数 b。

表 4-5　常见的自适应空间权函数

空间权函数	固定距离核函数		自适应核函数	
高斯(Gaussian)函数	$w_{ij} = e^{-\left(\frac{d_{ij}}{b}\right)^2}$	(4.3.46)	$w_{ij} = e^{-\left(\frac{d_{ij}}{b_{i(k)}}\right)^2}$	(4.3.47)
双重平方(Bi-square)函数	$w_{ij} = \begin{cases} \left[1 - \left(\dfrac{d_{ij}}{b_i}\right)^2\right]^2 & \|d_{ij}\| < b_i \\ 0 & \|d_{ij}\| \geqslant b_i \end{cases}$	(4.3.48)	$w_{ij} = \begin{cases} \left[1 - \left(\dfrac{d_{ij}}{b_{i(k)}}\right)^2\right]^2 & \|d_{ij}\| < b \\ 0 & \|d_{ij}\| \geqslant b \end{cases}$	(4.3.49)

特别地，如果使用欧氏距离和高斯函数来构造时空权重矩阵，可以得到

$$d_{ij}^{ST} = \sqrt{\lambda[(u_i - u_j)^2 + (v_i - v_j)^2] + \mu(t_i - t_j)^2} \tag{4.3.50}$$

其中，λ 和 μ 为平衡空间距离和时间距离的比例因子；t_i 和 t_j 为不同的观测时间。则有

$$
\begin{aligned}
w(u,v,t) &= \exp\left(-\frac{d_{ij}^{ST}}{h^2}\right) \\
&= \exp\left(-\frac{\lambda[(u_i - u_j)^2 + (v_i - v_j)^2] + \mu(t_i - t_j)^2}{h^2}\right) \\
&= \exp\left(-\frac{(u_i - u_j)^2 + (v_i - v_j)^2}{h_1^2}\right)\exp\left(-\frac{(t_i - t_j)^2}{h_2^2}\right) \\
&= w(u,v)w(t)
\end{aligned}
\tag{4.3.51}
$$

其中，h 为时空带宽参数，$h_1 = \sqrt{\dfrac{h^2}{\lambda}}$ 和 $h_2 = \sqrt{\dfrac{h^2}{\mu}}$ 分别为空间和时间带宽参数，可以看出 (u, v, t) 处的权值为空间上的权值与时间上的权值的乘积。

理论上，如果观测数据中没有时间变量，则参数 μ 可以被设为 0，进而模型降为传统的地理加权回归模型。另一方面，如果参数 λ 被设为 0，只需考虑时间距离和时间非平稳性，这会导致模型降为时间加权回归模型。然而，在大多数情况下，μ 和 λ 均不为 0。

可以采用交叉验证的方法确定带宽参数 h_1 和 h_2，令

$$\mathrm{CV}(h_1, h_2) = \sum_{i=1}^{n}[y_i - \hat{y}_i(h_1, h_2)]^2 \tag{4.3.52}$$

其中，y_i 为因变量 y 在观测点 (u_i, v_i, t_i) 处的观测值，$\hat{y}_i(h_1, h_2)$ 为给定 h_1 和 h_2 时，去掉点 $(u_i, v_i,$

t_i)处的观测值(y_i, x_{i1}, x_{i2}, $\cdots$, x_{ik})之后，用加权最小二乘法求得的因变量 y 在观测点(u_i, v_i, t_i)处的拟合值。选择 h_1 和 h_2 使得

$$CV(h_{10}, h_{20}) = \min CV(h_1, h_2) \tag{4.3.53}$$

4.3.5　地理加权主成分分析

受空间依赖和空间异质性的影响，地理单元并不孤立地存在，而是双向或者多向地相互作用、相互影响。因此主成分分析对空间数据的变化解释呈现出有偏的结构特征，不能反映出地理单元综合评价的空间变化特征，而且忽略了地区特性的空间交互效应。

地理加权回归分析技术的应用与推广，使得社会经济现象空间异质性的解释得到极大提高，但地理加权回归分析不能处理多元变量的共线性。地理加权主成分分析技术通过引入地理加权的一系列算式，将变量间地理位置的交互影响纳入到计算中，从而有效地解决了多元数据中的空间异质性问题，可以帮助了解社会经济现象地理变化的结构特征；识别空间变化主成分的最大因子载荷变量，并对主成分方差贡献率的局部空间分布特征进行可视化，优化地理加权回归变量选择，不仅可以弥补主成分分析的不足，而且增强了对社会经济地理分异现象的分析与解释。

对于一系列分析变量 x_i，在空间位置 i 的坐标为(u, v)。地理加权主成分认为变量 x_i 与位置 u 与 v 有关，地理加权主成分分析(Harris et al.,2011)通过不同地点的地理加权均值 $\mu(u, v)$，地理加权方差 $\sum(u_i, v_j)$ 及地理加权协方差的计算，利用局部协方差矩阵的分解，得到局部特征值与局部特征向量，进而得到地理加权主成分分析的结果。

地理加权协方差矩阵的计算公式为

$$\sum(u_i, v_j) = X'W(u_i, v_j)X \tag{4.3.54}$$

其中，X 为地理单元样本点变量的行列矩阵(n 行样本数据，m 列变量)；$W(u_i, v_j)$ 为地理权重的对角矩阵，一般有高斯核函数和双重平方核函数两种计算方法，其形式可以参考前两节的相关形式。为了得到 (u_i, v_j) 处的局部主成分，可以对协方差矩阵进行分解，得到局部特征向量矩阵 $L(u_i, v_i)$ 和局部特征值 $V(u_i, v_i)$ 的对角矩阵，则(u_i, v_i)点的地理加权主成分可以写为

$$L(u_i, v_i)V(u_i, v_i)L'(u_i, v_i) = \Sigma(u_i, v_i) \tag{4.3.55}$$

局部主成分得分 $T(u_i, v_i)$ 可以由如下公式得到：

$$T(u_i, v_i) = XL(u_i, v_i) \tag{4.3.56}$$

根据上述成果，可以进一步得到局部成分方差与载荷，并进一步对其进行空间可视化，从而可以帮助识别多元数据结构的空间变化特征。地理加权主成分分析可以评价：①主成分方差的空间解释情况；②主因子载荷对主成分的局部影响。

4.3.6　应用实例

1. 地理加权回归应用实例

本实例采用佐治亚州人口普查数据(Georgia Census Data Set)(Fotheringham et al., 2002)，各字段及对应含义如表 4-6 所示。

表 4-6　佐治亚州人口普查数据字段

字段名	含义	字段名	含义
AreaKey	各县的标识码	PctFB	各县在国外出生的人口
Latitude	各县中心点的纬度	PctPov	各县生活在贫困线以下的人口
Longitude	各县中心点的经度	PctBlack	各县的非裔人口
Totpop90	1990 年各县的人口	ID	面 ID
PctRural	各县的农村人口比例	X	X 坐标
PctBach	各县拥有学士学位的人口比例	Y	Y 坐标
PctEld	各县 65 岁及以上的人口比例		

　　本例通过对比普通多元线性回归与地理加权回归，探究各县的农村人口、贫困人口、非裔人口比例与该县拥有学士学位的人口比例(图 4-17)的关联。

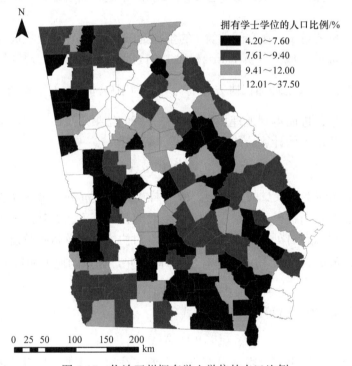

图 4-17　佐治亚州拥有学士学位的人口比例

　　本例中，采用高斯核函数构建空间权重矩阵，使用 AIC$_c$ 指标选取最优带宽。通过对比回归诊断报告(图 4-18 和图 4-19)可以发现，地理加权回归的 AIC 和 AIC$_c$ 低于普通最小二乘回归，R^2 要高于普通最小二乘回归，这说明地理加权回归模型较普通最小二乘回归模型显示出更好的拟合优度。其中，地理加权回归模型选取的最优带宽是 49.63。

　　结合前面的内容，对于每一个回归变量，普通最小二乘回归只能对整个空间中的所有数据拟合出一条回归曲线，即对于空间中所有的地理单元，每个自变量的回归系数是一致的，这显然掩盖了空间中可能存在的非平稳性。通过地理加权回归，可以对局部的数据进行拟合，

```
************************************************************************
  Global regression result
************************************************************************
  < Diagnostic information >
Residual sum of squares:              2669.014307
Number of parameters:                      4
 (Note: this num does not include an error variance term for a Gaussian model)
ML based global sigma estimate:          3.939229
Unbiased global sigma estimate:          3.985849
-2 log-likelihood:                     959.733701
Classic AIC:                           969.733701
AICc:                                  970.095147
BIC/MDL:                               985.471173
CV:                                     16.818473
R square:                                0.498238
Adjusted R square:                       0.486220


Variable            Estimate      Standard Error      t(Est/SE)
----------------    ---------------   ---------------   ---------------
Intercept             23.902351         1.092886          21.870862
PctRural              -0.110834         0.012194          -9.089525
PctPov                -0.347883         0.065986          -5.272107
PctBlack               0.057724         0.027695           2.084233
```

图 4-18 普通多元线性回归诊断报告(1)

```
************************************************************************
  GWR (Geographically weighted regression) result
************************************************************************
  Bandwidth and geographic ranges
Bandwidth size:              49.631297
Coordinate          Min             Max             Range
----------------  ---------------  ---------------  ---------------
X-coord           635964.300000    1059706.000000   423741.700000
Y-coord           3401148.000000   3872640.000000   471492.000000

  Diagnostic information
Residual sum of squares:              2315.097775
Effective number of parameters (model: trace(S)):                8.475650
Effective number of parameters (variance: trace(S'S)):           5.663944
Degree of freedom (model: n - trace(S)):                       163.524350
Degree of freedom (residual: n - 2trace(S) + trace(S'S)):      160.712644
ML based sigma estimate:             3.668770
Unbiased sigma estimate:             3.795418
-2 log-likelihood:                 935.265444
Classic AIC:                       954.216744
AICc:                              955.445829
BIC/MDL:                           984.041300
CV:                                 16.618160
R square:                            0.564772
Adjusted R square:                   0.534014
```

图 4-19 地理加权回归诊断报告

能够较大限度地挖掘和展现空间异质性。图 4-20 表明,对于不同的自变量,其在空间上对于因变量的贡献是不一致的,然而这种异质性在空间中又是呈现连续渐进变化的。可以发现,对于整个佐治亚州而言,其各县的学士学位人数比例大致与农村人口比例和贫困人口比例呈负相关,而与非裔人口比例呈正相关。

2. 混合地理加权回归应用实例

事实上,对于整个空间而言,影响因变量变化的变量不一定都是异质的,还有可能对于整个空间而言,其随地理位置变化的特征并不明显,但又是一种合理地影响因变量变化的因

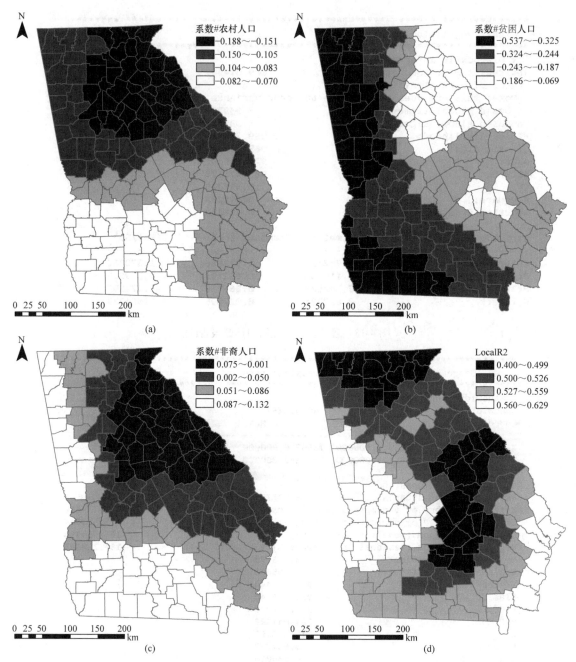

图 4-20　地理加权回归系数及局部决定系数

素，那么这些变量在地理加权回归模型中可以设置为全局变量。此时，地理加权回归成为混合地理加权回归，即因变量既受到局部因素影响又受到全局因素影响，有些文献和书籍也称混合地理加权回归为半参数地理加权回归(semiparametric geographically weighted regression)。

　　对于佐治亚州的例子而言，若将各县的在国外出生的人口及 65 岁以上的老人数量设置为全局变量，重新拟合成为混合地理加权回归。对比图 4-21 与图 4-22 的结果可以发现混合地理加权回归的拟合优度依然优于线性回归。

```
****************************************************************************
   Global regression result
****************************************************************************
   < Diagnostic information >
Residual sum of squares:                2147.046954
Number of parameters:                         6
   (Note: this num does not include an error variance term for a Gaussian model)
ML based global sigma estimate:         3.533105
Unbiased global sigma estimate:         3.596390
-2 log-likelihood:                    922.303776
Classic AIC:                          936.303776
AICc:                                 936.986703
BIC/MDL:                              958.336237
CV:                                    14.284683
R square:                               0.596365
Adjusted R square:                      0.581688

Variable            Estimate      Standard Error      t(Est/SE)
--------------    --------------   --------------    --------------
Intercept           17.317211         1.660682         10.427773
PctRural            -0.069958         0.012947         -5.403338
PctPov              -0.262095         0.068404         -3.831601
PctBlack             0.048341         0.025234          1.915720
PctEld               0.020810         0.122855          0.169385
PctFB                1.829417         0.294934          6.202798
```

图 4-21 普通多元线性回归诊断报告(2)

```
*****************************************************************************
   GWR (Geographically weighted regression) result
*****************************************************************************
   Bandwidth and geographic ranges
Bandwidth size:                   52.975674
Coordinate            Min              Max              Range
--------------    --------------   --------------    --------------
X-coord           635964.300000   1059706.000000    423741.700000
Y-coord          3401148.000000   3872640.000000    471492.000000

   Diagnostic information
Residual sum of squares:              1995.252850
Effective number of parameters (model: trace(S)):                  10.051649
Effective number of parameters (variance: trace(S'S)):              8.693302
Degree of freedom (model: n - trace(S)):                          161.948351
Degree of freedom (residual: n - 2trace(S) + trace(S'S)):         160.590004
ML based sigma estimate:              3.405922
Unbiased sigma estimate:              3.524842
-2 log-likelihood:                  909.692288
Classic AIC:                        931.795586
AICc:                               933.461005
BIC/MDL:                            966.580589
CV:                                  14.719087
R square:                             0.624902
Adjusted R square:                    0.598084


***************************************************
<< Fixed (Global) coefficients >>
***************************************************
   Variable            Estimate      Standard Error   t(Estimate/SE)
--------------    --------------   --------------    --------------
PctEld              -0.088628         0.183829         -0.482122
PctFB                1.616069         0.343946          4.698610


***************************************************
```

图 4-22 混合地理加权回归诊断报告

3. 地理加权广义线性回归应用实例

使用东京死亡率数据,利用地理加权广义线性回归进行数据构成及空间格局探究,如表 4-7 和图 4-23 所示。

表 4-7　东京死亡率数据

字段名	含义
IDnum0	区域标识代码
X_CENTROID	区域中心 x 坐标
Y_CENTROID	区域中心 y 坐标
db2564	该区域劳动年龄内(25~64 岁)死亡人数观测值
eb2564	该区域劳动年龄内(25~64 岁)死亡人数预测值
OCC_TEC	该区域专业工人占比
OWNH	该区域自有住房占比
POP65	该区域老年人占比(大于等于 65 岁)
UNEMP	该区域无业率

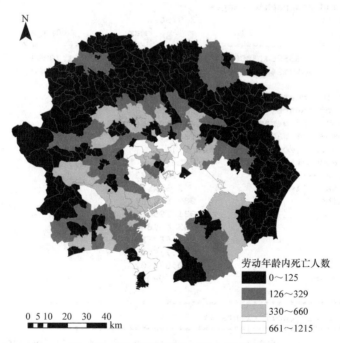

图 4-23　东京各地劳动年龄内死亡人数

将区域劳动年龄内死亡人数的预测值作为偏移量(offset variable),将该区域专业工人占比和自有住房占比分别作为自变量,建立普通泊松回归模型和地理加权泊松回归模型。

结果表明(图 4-24 和图 4-25),地理加权泊松回归模型的变异值(deviance)和 AIC 值相较于普通线性回归模型更低,表明地理加权泊松回归模型的拟合优度较普通泊松回归模型更好。

```
****************************************************************
  Global regression result
****************************************************************
  < Diagnostic information >
Number of parameters:                    3
Deviance:                        577.679297
Classic AIC:                     583.679297
AICc:                            583.772320
BIC/MDL:                         594.384330
Percent deviance explained         0.398403

Variable            Estimate      Standard Error      z(Est/SE)         Exp(Est)
------------------  --------------  ---------------  ---------------  ---------------
Intercept             0.568956         0.034385        16.546642         1.766422
OCC_TEC              -2.873540         0.147765       -19.446670         0.056499
OWNH                 -0.431167         0.038782       -11.117664         0.649750
```

图 4-24　普通泊松回归诊断报告

```
****************************************************************
  GWR (Geographically weighted regression) result
****************************************************************
  Bandwidth and geographic ranges
Bandwidth size:                  46.000000
Coordinate              Min              Max              Range
------------------  --------------  ---------------  ---------------
X-coord             276385.400000   408226.180000    131840.780000
Y-coord             -86587.480000    33538.420000    120125.900000

  Diagnostic information
Effective number of parameters (model: trace(S)):                     7.205366
Effective number of parameters (variance: trace(S'WSW^-1)):           4.642877
Degree of freedom (model: n - trace(S)):                            254.794634
Degree of freedom (residual: n - 2trace(S) + trace(S'WSW^-1)):      252.232145
Deviance:                        530.986722
Classic AIC:                     545.397453
AICc:                            545.863363
BIC/MDL:                         571.108681
Percent deviance explained         0.447029
```

图 4-25　地理加权泊松回归诊断报告

第 5 章　空间可达性

空间实体及其错综复杂的空间关系共同构成了客观现实世界。空间数据分析的主要目标之一就是从空间实体之间的复杂关系中获取派生信息和新知识。当考察和研究两个以上空间实体时，空间关系就必然成为重要的研究内容。空间实体类型和层次上的多样性，决定了空间实体之间关系的复杂性，也决定了空间关系成为空间数据分析中的一个难点。

空间关系复杂多样，与地理位置、空间分布和对象属性等多方面因素有关，这里把空间关系限定为由空间实体的几何特征所引起或决定的关系。这类空间关系概括起来可以分为四大类，即距离关系、方位关系、拓扑关系和相似关系。其中距离关系是空间数据分析中最重要的研究问题之一，也是本章空间可达性分析的一个重要基础。因此本章将重点介绍空间距离关系及其相关分析与应用，主要的分析方法包括邻近度分析、叠加分析、网络分析等。

本章 5.1～5.4 节将主要介绍基于空间实体几何特性引起的空间距离关系及其主要分析方法；5.5 节将介绍应用这些分析方法所构建的可达性分析模型及其应用。本章结构如图 5-1 所示。

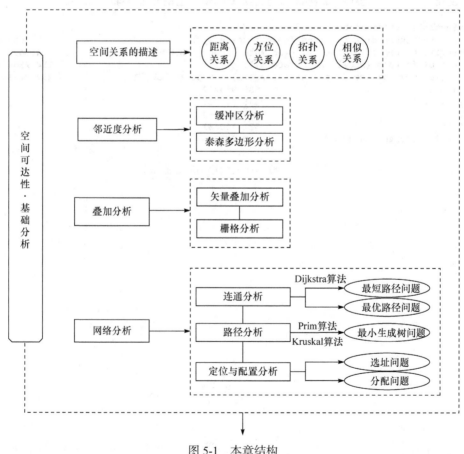

图 5-1　本章结构

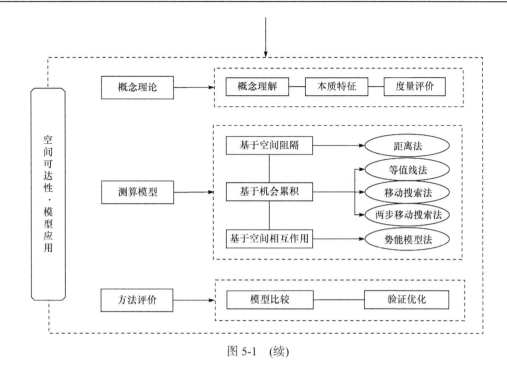

图 5-1　（续）

5.1　空间距离关系

　　距离描述了两个空间实体之间的远近或亲疏程度。从严格的数学意义上讲，距离的定义与度量空间有关。若度量空间被看成是均质的，则可以采用最常用的欧氏距离来度量。对于不同的数据样本，其度量空间特性也不同。在空间数据分析领域，常涉及利用相似性度量(similarity measurement)对不同数据进行分类，常用的方法就是计算样本间的"距离"。表 5-1 是对于常用的相似性度量的一个总结，其中，$a(x_1, y_1)$，$b(x_2, y_2)$ 代表二维平面上的两点，d_{12} 代表二维空间下 a，b 两点间的距离。

表 5-1　常用的相似性度量

度量	说明	运算形式
欧氏距离	在二维空间中表示两点之间的直线段距离	$d_{12} = \sqrt{(x_1 - x_2)^2 + (y_1 - y_2)^2}$
曼哈顿距离	也称为城市街区距离，用以标明两个点在标准坐标系上的绝对轴距总和	$d_{12} = \lvert x_1 - x_2 \rvert + \lvert y_1 - y_2 \rvert$
切比雪夫距离	两点的各坐标数值差的最大值	$d_{12} = \max\left(\lvert x_1 - x_2 \rvert, \lvert y_1 - y_2 \rvert\right)$
闵可夫斯基距离 (闵氏距离)	根据变参数的不同，闵氏距离可以表示一类的距离。闵氏距离的缺点主要有两个：①将各个分量的量纲(scale)，也就是"单位"当做相同的看待；②没有考虑各个分量的分布(期望，方差等)可能是不同的	$d_{12} = \sqrt[p]{\sum_{k=1}^{n} \lvert x_{1k} - x_{2k} \rvert^{p}}$ 其中，p 为一个变参数。当 $p=1$ 时，就是曼哈顿距离；当 $p=2$ 时，就是欧氏距离；当 $p \to \infty$ 时，就是切比雪夫距离

度量	说明	运算形式
标准化闵氏距离	闵可夫斯基距离比较直观，但是它与数据的分布无关，具有一定的局限性，如果 x 方向的值远远大于 y 方向的值，这个距离公式就会过度放大 x 维度的作用。所以，在计算距离之前，可能还需要对数据进行 z-transform 处理，即减去均值，除以标准差	$(x_1, y_1) \rightarrow \left(\dfrac{x_1 - \mu_x}{\sigma_x}, \dfrac{y_1 - \mu_y}{\sigma_y} \right)$ 其中，μ，σ 分别代表对应维度上的均值与标准差
马氏距离	如果不同维度数据相关(例如，身高较高的信息很有可能会带来体重较重的信息，因为两者是有关联的)，这时候就要用到马氏距离。马氏距离实际上是利用 Cholesky transformation 来消除不同维度之间的相关性和尺度不同的性质	有 M 个样本向量 $X_1 \sim X_m$，协方差矩阵记为 S，均值记为向量 μ，则其中样本向量 X 到 μ 的马氏距离表示为 $$D(X) = \sqrt{(X - \mu)^T S^{-1} (X - \mu)}$$ 其中，向量 X_i 与 X_j 之间的马氏距离定义为 $$D(X_i, X_j) = \sqrt{(X_i - X_j)^T S^{-1} (X_i - X_j)}$$ 若协方差矩阵是单位矩阵(各个样本向量之间独立同分布)，则公式变成欧氏距离；若协方差矩阵是对角矩阵，则公式变成标准化欧氏距离
汉明距离	一种用来表示分类数据点间的距离。两个等长字符串 s_1 与 s_2 之间的汉明距离定义为将其中一个变为另外一个所需要做的最小替换次数	例如，字符串"1111"与"1001"之间的汉明距离为 2 应用：信息编码(为了增强容错性，应使得编码间的最小汉明距离尽可能大)
杰卡德距离	两个集合 A 和 B 的交集元素在 A 和 B 的并集中所占的比例，称为两个集合的杰卡德相似系数，用符号 $J(A, B)$ 表示。杰卡德相似系数是衡量两个集合相似度的一种指标。与杰卡德相似系数相反的概念是杰卡德距离，用两个集合中不同元素占所有元素的比例来衡量两个集合的区分度	$J_\delta(A, B) = 1 - J(A, B) = \dfrac{|A \cup B| - |A \cap B|}{|A \cup B|}$
相关距离	相关系数是衡量随机变量 X 与 Y 相关程度的一种方法，相关系数的取值范围是 $[-1,1]$。相关系数的绝对值越大，则表明 X 与 Y 相关度越高。常用的皮尔逊相关系数具有平移不变性和尺度不变性，计算出了两个向量(维度)的相关性。由于皮尔逊系数具有的良好性质，在各个领域都应用广泛	$\rho_{XY} = \dfrac{\text{Cov}(X,Y)}{\sqrt{D(X)}\sqrt{D(Y)}} = \dfrac{E((X - EX)(Y - EY))}{\sqrt{D(X)}\sqrt{D(Y)}}$ $D_{xy} = 1 - \rho_{XY}$
信息熵	信息熵是衡量分布混乱程度或分散程度的一种度量。分布越分散(或者说分布越平均)，信息熵就越大。分布越有序(或者说分布越集中)，信息熵就越小。相对熵，又称 KL 散度，可以用来衡量两个概率分布之间的距离	$\text{Entropy}(X) = \sum\limits_{i=1}^{n} -p_i \log_2 p_i$

　　为了进一步理解这些距离的差别及其在分析中的应用，我们做下面的实验：选取一个点作为中心点，用上述的三个距离公式：欧氏距离、曼哈顿距离及闵可夫斯基距离，分别计算周围的每一个点到这个中心点的距离，将距离相同的点用同一种颜色表示，那么得到下面的三个图，如图 5-2 所示。

(a) 欧氏距离　　　　　　　　(b) 曼哈顿距离　　　　　(c) 闵可夫斯基距离($p=10$)

图 5-2　不同距离度量下周围点到中心点的距离

从图 5-2 的三个图中可以看出，三个不同的距离公式，对中心的逼近方式也不一样：欧氏距离是以同心圆的方式向中心靠近；曼哈顿距离是以倾斜 45°的正方形的方式向中心靠近；闵可夫斯基距离($p=10$)则是以四个角光滑的四边形的方式向中心靠近。

现在我们继续做下面一个分类实验：在维数为 2 的平面空间中(只有横轴方向 x 和纵轴方向 y 两维空间)，有一块 128×128 的区域，在这个区域中有已知的序号为 1～5 的五个点，以这五个点为五个类别的中心，将这个 128×128 区域里面的所有的点，用上面三个不同的距离计算方法，对它们进行最小距离分类，最后得到的分类结果如图 5-3 所示。

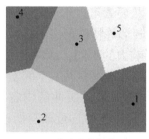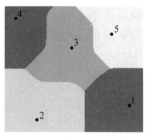

|(a) 欧氏距离分类|(b) 曼哈顿距离分类|(c) 闵可夫斯基距离($p=10$)分类|

图 5-3　不同距离度量下的区域分类图(最小距离分类)

图 5-3 中，每一个类别中心在图中以字母标示出了，不同的颜色表示不同的类别，同一种类别在一起组成一个多边形，多边形内的点是到其类别中心距离最近的点，多边形边界上的点是临界点，它们到相邻的两个类别中心的距离相等。图 5-3(a)中的多边形其实就是我们通常所说的泰森多边形。从三个图中可以看出来，不同距离算法，类别中心对周围点的作用域是不相同的。

5.2　邻近度分析

邻近度(proximity)是描述空间目标距离关系的重要物理量之一，表示空间实体距离相近的程度。以距离关系为分析基础的邻近度分析成为 GIS 空间几何关系分析的一个重要手段。例如，建造一条铁路，要考虑到铁路的宽度及铁路两侧所保留的安全带，来计算铁路实际占用的空间；公共设施如商场、邮局、银行、医院、学校等的位置选择都要考虑其服务范围；对于一个有噪声污染的工厂，污染范围的确定是非常重要的；已知某区域部分站点的气象数据，如何选取最近的气象站数据来代替某未知点的气象数据等，诸如此类的问题都属于邻近度分析。解决这类问题的方法很多，目前比较成熟的分析方法有缓冲区分析、泰森多边形分析等。

5.2.1　缓冲区分析

1. 基本原理

缓冲区是指为了识别某一空间实体对其周围地物的影响大小而在其周围建立的具有一定宽度的带状区域(图 5-4)。缓冲区分析则是对一组或一类地物按缓冲的距离条件，建立缓冲区多边形，然后将这一图层与需要进行缓冲区分析的图层进行叠加分析，得到所需结果的一种空间分析方法。缓冲区分析适用于点、线或面对象，如点状的居民点、线状的河流和面状的作物分布区等，只要空间实体能对周围一定区域形成影响即可使用这种分析方法。

图 5-4　道路缓冲区与居民点叠加示意图

从数学的角度看，缓冲区分析的基本思想是给定一个空间对象或集合，确定其邻域。邻域的大小由邻域半径 R 决定，因此对象 O_i 的缓冲区定义为

$$B_i = \{x \mid d(x, O_i) \leqslant R\} \tag{5.2.1}$$

即半径为 R 的对象 O_i 的缓冲区 B_i 为距 O_i 的距离小于等于 R 的全部点的集合，d 一般指的是最小欧氏距离，但也可以定义为其他距离，如网络距离，即空间物体间的路径距离。

邻域半径 R 即缓冲距离(宽度)，是缓冲区分析的主要数量指标，可以是常数或变量。空间对象还可以生成多个缓冲带；线状要素的缓冲带可以两侧对称，如果该线有拓扑关系，可以只在左侧或右侧建立缓冲区，或生成两侧不对称缓冲区；面状要素可以生成内侧和外侧缓冲区；点状要素根据应用要求的不同可以生成三角形、矩形、圆形等特殊形态的缓冲区。

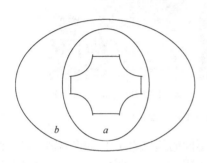

图 5-5　具有不同特性的缓冲区示意图

根据研究对象影响力的不同，缓冲区可以分为均质和非均质两种。在均质缓冲区内，空间实体与邻近实体只呈现单一的距离关系，缓冲区内各点影响度相等，即不随距离空间实体的远近而有所改变(均质性)；而在非均质的缓冲区内，空间实体对邻近对象的影响力随距离变化而呈不同强度的扩散或衰减(非均质性)。根据均质与非均质的特性，缓冲区可分为静态和动态缓冲区(图 5-5)，在静态缓冲区内 $a=b$，在动态缓冲区内 $a \neq b$，这里 a 和 b 指影响度。

2. 矢量数据缓冲区的建立

空间数据存储类型主要为矢量和栅格，其缓冲区建立的方法有所不同，其中矢量数据缓冲区的建立方法归纳见表 5-2，相关类型图示例见图 5-6～图 5-8。

表 5-2　矢量数据缓冲区的建立方法

矢量要素	缓冲区建立	类型
点	以点要素为圆心，以缓冲距离 R 为半径的圆	单点要素形成的缓冲区 多点要素形成的缓冲区 分级点要素形成的缓冲区
线	以线要素为轴线，以缓冲距离 R 为平移量向两侧作平行曲线，在轴线两端构造两个半圆弧，最后形成圆头缓冲区	单线要素形成的缓冲 多线要素形成的缓冲区 分级线要素形成的缓冲区
面	以面要素的边界线为轴线，以缓冲距离 R 为平移量向边界线的外侧或内侧作平行曲线所形成的多边形	单一面要素形成的缓冲区 多面要素形成的缓冲区 分级面要素形成的缓冲区

(a) 单点要素形成的缓冲区　　　　(b) 多点要素形成的缓冲区　　　　(c) 分级点要素形成的缓冲区

图 5-6　点要素的缓冲区形式

(a) 单线要素形成的缓冲区

(b) 多线要素形成的缓冲区

(c) 分级线要素线形成的缓冲区

图 5-7　线要素的缓冲区形式

(a) 单一面要素形成的缓冲区

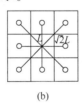
(b) 多面要素形成的缓冲区

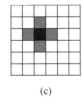
(c) 分级面要素形成的缓冲区

图 5-8　面要素的缓冲区形式

3. 栅格数据缓冲区的建立

相对于矢量数据的缓冲区分析，栅格数据的缓冲区分析操作较为简单。栅格数据的缓冲区分析通常称为推移或扩散(spread)，推移或扩散实际上是模拟主体对邻近对象的作用过程，物体在主体的作用下沿着一定阻力表面移动或扩散，距离主体越远所受到的作用力越弱。栅格数据结构的点、线、面缓冲区的建立原理是将矢量图形栅格化，主要是像元加粗法，涉及大量的几何求交运算。以分析目标生成像元，借助缓冲距离 R 计算出像元加粗次数，然后进行像元加粗形成缓冲区。

栅格数据中的每一个网格单元(像元)，其周围 8 个方向都有邻接像元(除了边缘位置的像元)，这 8 个方向为东、南、西、北、东南、西南、西北、东北[图 5-9(a)]，该网格单元与前 4 个方向的最近邻网格单元的距离为 L，L 为网格单元的边长(即像元的分辨率)，而与后 4 个方向的最近邻网格单元的距离为 $\sqrt{2}L$ [图 5-9(b)]。栅格数据中点元素的 4 个方向的缓冲区和 8 个方向的缓冲区如图 5-9(c)、(d)所示。

(a)

(b)

(c)

(d)

图 5-9　删格面要素的缓冲区形式

建立栅格数据中线状地物的缓冲区，首先需要判定线要素所占的网格单元的范围，对单线(仅占一个网格单元)的栅格要素建立缓冲区时，先对每个网格单元建立缓冲区，再将重叠区域重新赋值，生成线要素的栅格结构缓冲区数据层(图 5-10)。

图 5-10　栅格结构中线的缓冲区

对复杂的线要素建立缓冲区时，即该线要素在每一行占用超过两个网格单元，则可以将其视为多边形，其缓冲区建立方法与多边形缓冲建立方法相同，只需要考虑位于边缘的网格单元的缓冲区即可(图 5-11)。

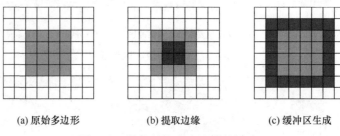

(a) 原始多边形　　　　　　(b) 提取边缘　　　　　　(c) 缓冲区生成

图 5-11　栅格结构中多边形的缓冲区

4. 缓冲区实现的基本算法

缓冲区实现有两种基本算法：矢量方法和栅格方法，其方法内容及特征归纳见表 5-3。本节将介绍实现矢量数据的中心线扩张的两种算法：角分线法和凸角圆弧法。

表 5-3　缓冲区实现的基本算法

类型	具体算法说明	方法特征
矢量方法	通过以中心轴线为核心作平行曲线，生成缓冲区边线，再对生成边区求交、合并，最终生成缓冲区边界	使用较广，产生时间较长，相对比较成熟 当分析的空间物体形态过于复杂时，矢量方式下计算缓冲区的计算量相当大
栅格方法	以数学形态学扩张算法为代表，采用由实体栅格和八方向位移 L 得到 n 方向栅格像元与原图作布尔运算来完成	为了加速复杂线状地物，尤其是网络结构地物缓冲区的计算，可以采用栅格索引方法，如基于栅格数据的欧氏距离变换方法可以比较容易地进行缓冲区分析，方便地计算出任意半径的缓冲区并进行专题要素的裁剪 当栅格数据量很大，特别是当 L 较大时实施有一定困难，且距离精度也有待提高

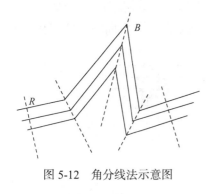

图 5-12　角分线法示意图

1) 角分线法

角分线法也称"简单平行线法"，其基本思想是：首先在中心轴线两端点处作轴线的垂线，按缓冲区半径 R 截去超出部分，获得左右边线的起讫点；然后在中心轴线的其他各转折点处，用以偏移量为 R 的左右平行线的交点来确定该转折点处左右平行边线的对应顶点；最后由端点、转折点和左右平行线形成的多边形就构成了所需要的缓冲区多边形，如图 5-12 所示。角分线法简单易行但存在一定局限性，归纳见表 5-4。

表 5-4　角分线法的算法局限性

算法局限性	说明
难以最大限度地保证缓冲区左右边线的等宽性	如图 5-12 所示，当缓冲区半径 R 不变时，d 随张角 B 的减小而增大，张角越小，变形越大；张角越大，变形越小；所以在尖角处缓冲区左右边线的等宽性遭到破坏
校正过程复杂	当轴线折角偏大或偏小时，因角分线法自身的缺点会造成许多异常情况，校正过程较复杂，实施起来较困难

续表

算法局限性	说明
算法模型欠结构化	算法模型应包括平行线的集合生成和异常处理,由于几何生成过程中产生许多异常情况,证明算法在合理性上有所欠缺。异常情况往往导致校正过程的繁杂,模型的逻辑构思很难做到条理清晰,难以实现结构化

2) 凸角圆弧法

凸角圆弧法(图 5-13)的算法思想是:在中心轴线两端点处作轴线的垂线,按缓冲区半径 R 截去超出部分,获得左右边线的起讫点;在中心轴线的其他各转折点处,首先判断该点的凸凹性,在凸侧用圆弧弥合,在凹侧用与该转折点前后相继的轴线的偏移量为 R 的左右平行线的交点来确定对应顶点。凸角圆弧法与角分线法都是对轴线两侧作距离为 R 的平行线段,对转折点凹侧都是把上述平行线段延长至该凹部的角平分线,差别在于对端点及转折点凸部的处理不同。角平分线

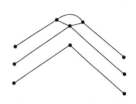

图 5-13 凸角圆弧法
原理示意图

法对凸部的处理仅将平行线段延长至角平分线,而凸角圆弧法则是对转折点凸部作一定角度圆弧,角度视转折角大小,与平行线密切衔接,端点则一般作半圆弧,由平行线和圆弧线组成的封闭多边形,去掉中间的实体线或多边形即宽度为 R 的缓冲区。凸角圆弧法对于凸部的圆弧处理使其能最大限度地保证左右平行曲线的等宽性,避免了角分线法所带来的异常情况。

算法实施的步骤:①直线性判断;②折点凸凹性的判断;③凸顶点圆弧的嵌入;④边线关系的判别和处理;⑤缓冲区边界的最终形成。

5. 缓冲多边形的重叠合并问题

空间实体并不都是孤立存在的,可能出现多个空间实体缓冲区相互重叠的现象。重叠的情况包括多个要素缓冲区之间的重叠和同一要素缓冲区的重叠,必须对重叠缓冲区进行合并。单纯地对矢量数据或栅格数据进行运算生成缓冲区各有利弊,前者运算结果比较精确,但运算量极大;后者运算较快但精度太低。将两种算法结合起来,各取所长,可以得到一种比较合理的算法。合并的方法及其评价见表 5-5。

表 5-5 重叠缓冲区合并方法

	方法	具体操作	方法评价
栅格数据	栅格赋值法	对缓冲区内的栅格赋上一个与其影响度唯一对应的值。如果发生重叠的区域具有相同的影响度,则取任一值;如果发生重叠的区域具有不同的影响度等级,则影响度小的服从影响度大的	该方法计算速度快,但精度很低
矢量数据	数学运算法	要得到正确的缓冲范围就必须对重叠相交区域进行取舍、合并,最直观的方法是在所有多边形的所有边界线段之间两两求相交运算,生成所有可能的多边形,再根据多边形之间的拓扑关系和属性关系,去除某些多余的多边形	该方法计算量大、效率低,且由于存在分级目标,生成的缓冲区可能具有不同的影响度分级;若分开合并,则合并后不同影响度等级之间还可能存在重叠;若统一合并,则不同影响度等级的缓冲区可能被合并在一起。因此这种方法在解决实际问题时并不适用
	矢量-栅格转换法	由于矢量数据运算量比较大,合并矢量数据格式的缓冲区相对比较困难,而合并栅格数据格式较为容易。可以先把矢量数据转换成栅格数据形式,在合并缓冲区后,再将栅格数据形式的合并结果转换回矢量数据形式	转换法原理简单,但经过多次数据格式的转换,会有一定的信息损失,精度降低,缓冲区变形较大,实际应用并不广泛

方法	具体操作	方法评价
矢量-栅格混合法	首先，把矢量数据格式的缓冲区转换成栅格数据，合并形成含有不同等级的动态缓冲区；其次对各个等级缓冲区的栅格边界分别进行扫描，提取扫描线上缓冲区边界的矢量数据；最后对其求交生成最终的缓冲区边线	这种算法既避免了矢量算法的庞大运算量，又克服了算法精度低的缺点，且缓冲区边界的最终生成是基于矢量的算法，结果较精确

6. 缓冲区分析应用

缓冲区作为一个独立的数据层可以参与叠加分析，常应用于道路、河流、居民点、工厂(污染源)等生产生活设施的空间分析，为不同实际需要(如道路修整、河道改建、居民区拆迁、污染范围确定等)提供科学依据。在实际的应用中，缓冲区分析一般可以按照以下步骤实施：①选择需要研究的空间对象(如点污染源、道路、河流、断层、建筑物)；②根据已有的研究结论或通过计算，得到缓冲区半径的大小；③利用由步骤②得到的缓冲区半径进行缓冲区分析，得到相关的缓冲区；④通过矢量数据的叠加分析得到缓冲区内的空间对象，并进行统计。结合不同的专业模型，缓冲区分析能够在景观生态、规划、军事应用等领域发挥更大的作用。例如，在虚拟军事演练系统中，缓冲区分析方法是对雷达群的合成探测范围和干扰效果进行研究的一种非常有效的手段。

5.2.2 泰森多边形分析

1. 基本原理

为了能根据离散分布的气象站降雨量数据来计算某地平均的降雨量，荷兰气候学家Thiessen 提出了一种计算方法，即将所有相邻气象站连成三角形，作三角形各边的垂直平分线，每个气象站周围的若干垂直平分线便围成一个多边形，用这个多边形内所包含的唯一一个气象站的降雨强度来表示这个多边形区域内的降雨强度(Nash and Sutcliffe, 1970)，该多边形称为泰森多边形(Thiessen polygons 或 Thiessen tessellations，又称 Voronoi 或 Dirichlet 多边形)。

泰森多边形是计算几何中被广泛研究的一个问题，其原理非常简单，是一种由点内插生成面的方法(图 5-14)。根据有限的采样点数据生成多个面区域，每个区域内只包含一个采样点，且各个面区域到其内采样点的距离小于任何到其他采样点的距离，那么该区域内其他未知点的最佳值就由该区域内的采样点决定，该方法也称为最近邻点法，用于邻域分析。

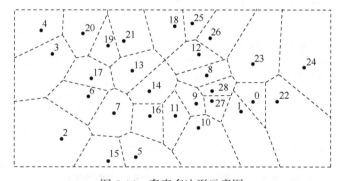

图 5-14 泰森多边形示意图

由定义可知，任意离散点集的泰森多边形是一个凸多边形，且在特殊的情况下可以是一个具有无限边界的凸多边形。从空间划分的角度看，泰森多边形是对一个平面的划分，在泰森多边形 t 中，任意一个内点到该泰森多边形的发生点 P_i 的距离都小于该点到其他任何发生点 P_i 的距离。这些发生点 $P_i(i \in [1, 2, \cdots, n])$ 也称为泰森多边形的控制点或质心(centroid)。

2. 泰森多边形的特性

泰森多边形因其生成过程的特殊性，具有以下一些特性：①每个泰森多边形内仅含有一个控制点数据；②泰森多边形内的点到相应控制点的距离最近；③位于泰森多边形边上的点到其两边控制点的距离相等；④在判断一个控制点与其他哪些控制点相邻时，可直接根据泰森多边形得出结论，即若泰森多边形是 n 边形，则与 n 个离散点相邻。

空间数据分析中经常采用泰森多边形进行快速赋值，其中一个隐含的假设是任何地点的未知数据均使用距它最近的采样点数据。实际上，除非有足够多的采样点，否则该假设是不恰当的，例如，降水、气压、温度等现象是连续变化的，用泰森多边形插值方法得到的结果变化只发生在边界上，即产生的结果在边界上是突变的，在边界内部都是均质的和无变化的，这是泰森多边形分析的不完善之处。因此，尽管泰森多边形产生于气候学领域，却特别适合对专题数据进行内插，可以生成专题与专题之间明显的边界而不会出现不同级别之间的中间现象。

3. Delaunay 三角网建立

1) 简介

Delaunay 三角网是由与相邻泰森多边形共享一条边的相关点连接而成的三角网，它与泰森多边形是对偶关系。图 5-15 是一个泰森多边形及其对偶 Delaunay 三角网的例子，虚线为泰森多边形，实线为 Delaunay 三角网。在泰森多边形的建立过程中，关键的一步是 Delaunay 三角网的生成(图 5-16)。

图 5-15 Delaunay 三角网示意图

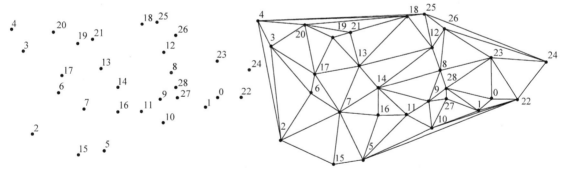

图 5-16 Delaunay 三角网构建示意图

2) Delaunay 三角网的特征

对于给定的点集，三角网的形成可以有多种剖分方式，其中 Delaunay 三角网具有以下特征。

(1) Delaunay 三角网是唯一的。

(2) 三角网的外边界构成了给定点集的凸多边形"外壳"。

(3) 没有任何点在三角形的外接圆内部，反之，如果一个三角网满足此条件，那么它就是 Delaunay 三角网。

(4) 如果将三角网中每个三角形的最小角进行升序排列，则 Delaunay 三角网的排列得到的数值最大,从这个意义上讲,Delaunay 三角网是"最接近于规则化"的三角网。为了在三角网的自动连接过程中获得最佳三角形,建立 Delaunay 三角网时,应尽可能符合以下两条原则:①任何一个 Delaunay 三角形的外接圆内不能再包含其他的控制点;②两个相邻的 Delaunay 三角形构成凸四边形,在交换凸四边形的对角线后,6 个内角的最小者不再增大,即最小角最大原则。

(5) Delaunay 三角网生成的通用算法为凸包插值算法(图 5-17),其步骤为:凸包的生成—凸包三角剖分(环切边界法构成若干 Delaunay 三角形)—离散点插值(离散点内插入三角剖分形成新的三角剖分)。

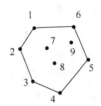 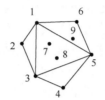 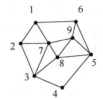

图 5-17 凸包插值算法示意图

4. 泰森多边形的建立

1) 泰森多边形建立方法

(1) 建立 Delaunay 三角网,对离散点和形成的三角形进行编号,并记录每个三角形是由哪三个离散点构成的。

(2) 找出与每个离散点相邻的所有三角形的编号,并记录下来。

(3) 将与每个离散点相邻的所有三角形按顺时针或逆时针方向进行排序。

(4) 计算出每个三角形的外接圆圆心,并记录下来。

(5) 连接相邻三角形的外接圆圆心,即可得到泰森多边形。对于三角网边缘的泰森多边形,可作垂直平分线与图廓相交,与图廓一起构成泰森多边形。

2) 泰森多边形的栅格算法实现过程

(1) 一种典型算法是先将图形栅格化为数字图像,然后对该数字图像进行欧氏距离变换,得到灰度图像,而泰森多边形的边一定处于该灰度图像的脊线上;再通过相应的图像运算,提取灰度图像的这些脊线,就得到最终的泰森多边形。灰度图像脊线提取可采用分水岭算法:先把图片转化为灰度梯度级图像,在图像梯度空间内逐渐增加一个灰度阈值,每当它大于一个局部最大值时,就把当时的二值图像(只区分陆地和水域,即大于灰度阈值和小于灰度阈值两部分)与前一个时刻(即灰度阈值上一个值的时刻)的二值图像进行逻辑异或(XOR)操作,从而确定灰度局部极大值的位置。根据所有灰度局部极大值的位置集合就可确定分水岭。

(2) 另外还可以发生点为中心点,同时向周围相邻八方向做栅格扩张运算(一种距离变换),两个相邻发生点扩张运算的交线即为泰森多边形的邻接边,三个相邻发生点扩张运算的交点即为泰森多边形的顶点。

这两种方法获得的泰森多边形都是栅格化的,因为算法过程是基于栅格距离实现的,所以泰森多边形的邻接边表现为折线段。对于用栅格运算获得的泰森多边形图,需要经过附加的处理才能获取它的顶点、发生点和关系信息。

5. 加权 Voronoi 图

加权 Voronoi 图是常规 Voronoi 图的一种扩展,也是一种空间划分的方法。加权 Voronoi

图将图中的每个顶点视为一个发生元，并给每个顶点都赋予一个权重，这个权重的意义在于每个发生元的加权 Voronoi 图划分下的区域中的每个点到该发生元的距离与权重之比要小于到其他发生元的距离与权重之比。可以认为，在加权 Voronoi 图所划分出的每个区域内的所有点受该区域发生元的影响最大。这种顶点加权划分的方式将分析对象自身条件对其作用范围的影响考虑在内，在应急物流设施选址分析、城市商圈划分研究等领域有广泛应用。

1) 加权 Voronoi 图的定义

设 $p_i(i=1,2,\cdots,n)$ 为二维欧氏空间(平面)上的 n 个互不相同的点，$\lambda_i(i=1,2,\cdots,n)$ 是给定的 n 个正实数，称 $V_n(p_i,\lambda_i)=\bigcap\limits_{j\neq i}\left\{p\Big|\dfrac{d(p,p_i)}{\lambda_i}<\dfrac{d(p,p_j)}{\lambda_j}\right\}$ 为权重为 λ_i 的点 p_i 的 V-区域，其中 $d(p,p_i)$ 为 p 和 p_i 间的欧氏距离。

如果 $i\neq j$ 时，$\overline{V_n(p_i,\lambda_i)}\bigcap\overline{V_n(p_j,\lambda_j)}$ 非空且非单点集，则称 $\overline{V_n(p_i,\lambda_i)}\bigcap\overline{V_n(p_j,\lambda_j)}$ 为 p_i 和 p_j 间的加权 Voronoi 边，其中 $\overline{V_n(p_i,\lambda_i)}$ 是 $V_n(p_i,\lambda_i)$ 的闭包。两条以上的加权 Voronoi 边的交点，称为加权 Voronoi 点，也就是加权 V-区域的顶点。将 $V_n(p_i,\lambda_i)(i=1,2,\cdots,n)$ 及其边界，称为以 $p_i(i=1,2,\cdots,n)$ 为母点(或生成元)，$\lambda_i=(i=1,2,\cdots,n)$ 为权重的点上加权 Voronoi 图，通常简称为加权 V-图(图 5-18)。Voronoi 图是加权 Voronoi 图当所有权重均相等时的特例。

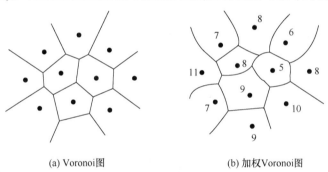

(a) Voronoi图   (b) 加权Voronoi图

图 5-18　Voronoi 图和加权 Voronoi 图

2) 加权 Voronoi 图的生成方法

目前，多数 GIS 专业软件都具有相应的生成普通 Voronoi 图的功能，但加权 Voronoi 图的生成相对比较困难，目前并没有专业的软件能够直接生成加权 Voronoi 图，大部分都是以底层开发的方式根据使用者的具体需要生成。

(1) 加权 Voronoi 图的矢量生成算法得到了广大学者的广泛研究，它的基本思想是从加权 Voronoi 图的定义入手，研究 Voronoi 多边形的边，经过一系列求交合并、打散运算后得到 Voronoi 多边形边的边、顶点及其拓扑关系数据，最终生成加权 Voronoi 图。常用的方法包括增量法、间接法、半平面交和分治法等，这些方法都是从复杂度方面考虑，涉及的运算、建模过程比较复杂，因此实现起来具有一定的难度。

(2) 加权 Voronoi 图的离散生成算法又称为基于栅格算法的生成法(图 5-19)。其基本思想是：每一个母点设定一种颜色，各个母点的颜色互不相同；将母点周围的栅格用母点的颜色填充，到区域内所有的栅格都被填充颜色为止，各个栅格的颜色填充不能重复；不同颜色的区域边界是 Voronoi 多边形的边。这样可以利用母点的扩散来模拟加权 Voronoi 图的生成。其中，母点的权值决定了每个母点的扩散速度。

图 5-19 Voronoi 图的栅格生成算法

总结分析基于矢量数据和基于离散数据的生成算法，主要的优缺点如表 5-6 所示。

表 5-6 两种常用加权 Voronoi 图生成算法工具的优缺点对比

	优点	缺点
基于矢量数据的生成算法	数据量小，精度较高 能够完整地描述拓扑关系 图形输出美观	数据结构、算法复杂 叠置难度大 数学模拟困难 空间分析技术复杂，难以实现
基于栅格数据的生成算法	数据结构简单 叠置和组合方便，便于分析 数学模拟方便 技术开发费用低，易于实现	数据量大 地图输出不够完美 降低分辨率后信息损失大 投影转换费时

　　加权 Voronoi 图被广泛应用在经济地理学和城市地理学之中，如描述城市的影响范围、划分城市经济分区等。举个简单的例子，利用某公共设施作为剖分点集，以面积加权的 Voronoi 图代表单个公共设施的服务范围，并结合人口分布计算该公共设施的服务压力，如图 5-20 所示。

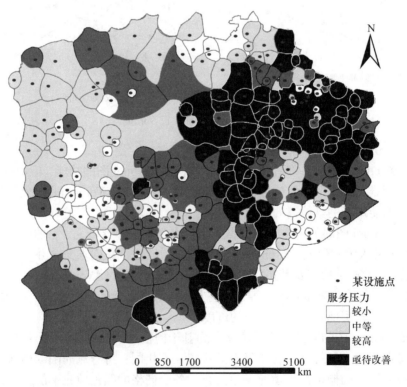

图 5-20 基于加权 Voronoi 图的某公共设施的服务压力分析

5.3 叠 加 分 析

5.3.1 基本原理

经常问到的一个最基本 GIS 问题是"什么在什么上(中)",例如,"什么土地利用类型在什么土壤类型上""什么宗地在百年一遇的洪泛区中""什么井在废弃的军事基地中"。

为了解决此类问题,制图人员可在透明的塑料片上创建地图,然后在看版台上将这些塑料片叠加到一起以创建叠加数据的新地图。因为叠加能够产生如此有价值的信息,所以它对空间数据分析极为重要。

叠加操作不仅仅是将要素合并到一起,还可实现将参与叠加的要素的所有属性也融合在一起。如图 5-21 所示,其中将多边形 A 与多边形 B 叠加以创建新的多边形数据集,叠加分析的条件为多边形 A 的中心落在多边形 B 区域内。创建的新数据集中,字段 FID_A 值可以指示新多边形是位于多边形 A 的外部(–1)还是内部,并且所有的新多边形都保留了原始的属性值。

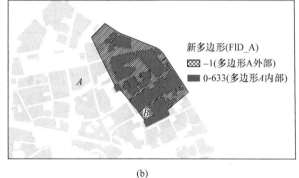

图 5-21 叠加分析示例

使用叠加分析可将多个数据集的特征合并为一个特征。然后,可查找具有某一特定属性值的特定位置或区域,即与指定的条件相符合。经常使用此方法查找适于特定用途的位置或容易遭受某种风险的位置。例如,可叠加植被类型、坡度、坡向、土壤湿度等图层,以查找容易遭受火灾的区域。

综上所述:叠加分析是指将同一地区、同一比例尺、同一数学基础、不同信息表达的两组或多组专题要素的图层进行叠加,根据各类要素与多边形边界的交点或多边形属性建立具有多重属性组合的新图层,并对那些在结构和属性上既相互重叠又相互联系的多种现象要素进行综合分析和评价;或者对反映不同时期同一地理现象的多边形图形进行多时相系列分析,从而深入揭示各种现象要素的内在联系及其发展规律的一种空间数据分析方法。

5.3.2 方法

通常,有两种方法可用于执行叠加分析:要素叠加(叠加点、线或面)和栅格叠加。

1. 要素叠加

要素叠加中的关键元素是输入图层、叠加图层和输出图层。叠加功能是在输入图层中的要素与被叠加图层中的要素叠置处,对该输入图层中的要素进行分割,在面相交处创建新的区域。如果输入图层包含线,则将面与线的交叉处分割线。这些新要素存储在输出图层中,也就是说并未修改原始输入图层。叠加图层中的要素属性和来自输入图层的原始属性一起被指定给输出图层中相应的新要素。

图 5-22 是线与面的叠加示例。线在面的边界处被分割，每个生成的线要素都具有原始线要素的属性加上它所落入的面的属性。

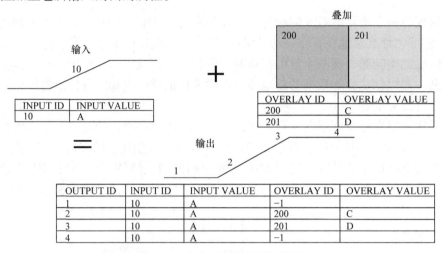

图 5-22　线与面要素的叠加分析

常见矢量叠加方法的区别在于它们允许叠加的要素类型、是否可以一次叠加多个图层及在输出图层中保留哪个输入要素和叠加要素，如表 5-7 所示。表 5-8 显示了使用每种方法将输入数据集与叠加数据集叠加的结果。

表 5-7　矢量叠加操作汇总表

方法	二层叠加或多层叠加	输入数据类型	叠加数据类型	输出
标识	二进制	任意	面或与输入相同	输入要素，通过叠加要素分割
相交	多个	任意	N/A	仅包含所有输入图层共有的要素
交集取反	二进制	任意	与输入相同	输入图层共有的要素或叠加图层共有的要素
联合	多个	面	N/A	所有输入要素
更新	二进制	任意	面	由更新图层替换的输入要素几何

N/A：不适用

表 5-8　不同叠加操作的叠加结果可视化

输入要素	叠加要素	操作	结果
		标识	
		相交	
		交集取反	

续表

输入要素	叠加要素	操作	结果
		联合	
		更新	

2. 栅格叠加

在栅格叠加中，每个图层上同一位置不同属性的像元都引用相同的地理位置，这使其非常适用于将许多图层的特征合并到单一图层中的叠加操作。通常，通过将数值指定给每个特征，便可采用数学方式合并图层并将新值指定给输出图层中的每个像元。这里的数学运算主要是针对具有相同输入单元的两个或多个栅格数据逐网格进行计算的，主要包括三组数学运算符：算术运算符，主要包括加、减、乘、除四种；布尔运算符，主要包括和(And，&)、或(Or，|)、异或(Xor，!)、非(Not，^)，它是基于布尔运算对栅格数据进行判断的，经判断后，如果为"真"，则输出结果为 1，如果为"假"，则输出结果为 0；以及关系运算符，关系运算是以一定的关系条件为基础，符合条件的为真，赋值为 1，不符合条件的为假，赋值为 0。关系运算符主要包括：=、<、>、<>、>=、<=六种。

以下是通过相加创建栅格叠加的示例。将两个输入栅格相加以创建一个具有各像元值之和的输出栅格，如图 5-23 所示。

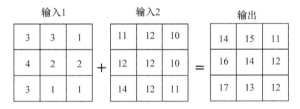

图 5-23　栅格叠加的示例(像元相加)

此方法通常用于以适宜性或风险为属性值排列等级，然后将这些属性值相加以便为每个像元生成一个总等级，也可为各个图层指定相对重要性以创建权重等级(在与其他图层相加之前，每个图层中的等级乘以该图层的权重值)。

以下是针对适宜性建模的使用加法的栅格叠加示例，三个栅格图层(陡坡、土壤和植被)用于为开发适宜性排列等级，等级范围是 1~7。这些图层相加后(图 5-24)，每个像元的等级排列范围是 3~21。也可基于来自多个输入图层的值的唯一组合，为输出图层中的每个像元指定一个值。

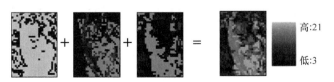

图 5-24　栅格叠加示例

通过栅格叠加分析可以实现以下操作。

(1) 类型叠加。通过对两组或两组以上的栅格数据进行叠加分析来获取新的数据，例如，通过叠加植被图与土壤图来分析植被与土壤的关系。

(2) 数量统计。计算一种要素在另一种要素区域内的数量特征和分布状况，如对行政区划和土壤类型图进行叠加分析，可以得出某一行政区划内的土壤种类及各类土壤的面积。

(3) 动态分析。对不同时间、同一地区、相同属性的栅格数据进行叠加，可以分析其变化趋势。

(4) 几何提取。通过与几何图形(如圆、矩形或带状区域)的叠加分析，快速提取该图形范围内的信息，例如，以不同半径的圆作为搜索区，实现在该圆范围内的信息提取等。

举个例子，利用叠加分析来探测土地利用变化区域。已有 1980 年和 1990 年土地利用遥感影像，通过对 1980 年和 1990 年两期影像进行叠加分析(相减运算)后得到变换影像，如图 5-25 所示。从结果中可以看到土地利用变化的情况，若变换影像值为 0，说明该区未发生变化；若变换影像值不为 0，说明该区已发生变化。值得注意的是，此处的遥感影像可以是分类结果，也可以是原始的遥感影像。在一般应用中，多使用原始的遥感影像，可提高变化探测速度。

1980 年遥感影像	1990 年遥感影像	点变换后影像
10 10 60 60	10 10 60 60	0 0 0 0
10 10 30 60	10 10 20 60	0 0 10 0
30 30 30 60	30 30 30 60	0 0 0 0

图 5-25　土地利用变化区域探测
10-耕地，20-居民点，30-水域，40-草地，50-未利用地，60-林地

除了以上介绍的应用领域外，叠加分析还常常用于社会经济数据的空间化处理。社会经济数据主要来源于统计部门和行业内部统计，主要特点是数据时间序列长、连续性好，但存在行政单元和自然单元边界不一致、数据粒度过粗、表达尺度单一、受行政界线变迁影响、空间表达缺乏或不完善等问题。运用叠加分析的方法，建立社会经济数据与空间数据的联系，可以实现数据的空间化表达，能够直观、多尺度地表达统计信息的真实分布。

5.4　网络分析

5.4.1　基本原理

1. 网络

网络(network)是用于实现资源运输和信息交流的一系列相互连接的线性特征组合。网络是一个由点、线的二元关系构成的系统，通常用来描述某种资源或物质沿着路径在空间上的运动。图 5-26 为生活中常见的网络示意图，由一系列相互连通的点、线组成，用来描述地理要素(资源)的流动关系。

2. 网络分析

网络分析(network analysis)是通过研究网络的状态，模拟和分析资源在网络上的流动和分配情况，对网络结构及其资源分配进行优化的一种空间数据分析方法。在 GIS 环境下，网络分析功能依据图论和运筹学原理，在计算机系统软硬件的支持下，将与网络有关的实际问题抽象化、模型化、可操作化，根据网络元素的拓扑关系(线性实体之间、线性实体与节点之间、节点与节点之间的联结、连通关系)，通过考察网络元素的空间、属性数据，对网络的性能特

征进行多方面的分析计算，从而为制定系统的优化途径和方案提供科学决策的依据，最终达到使系统运行最优的目标。网络分析的定义及其应用见表 5-9。

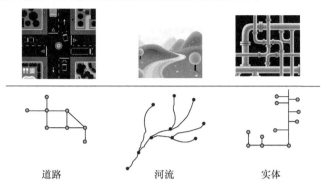

道路　　　　　　　　　河流　　　　　　　　　实体

图 5-26　生活中常见的网络结构及其示意图

表 5-9　网络分析及其应用

网络分析的定义及应用	说明
数学定义	以图论和运筹学为基础，通过研究网络的状态及模拟和分析资源在网络上的流动和分配情况，对网络结构及资源分配等优化问题进行研究
GIS 定义	依据网络拓扑关系(线性实体之间、线性实体与节点之间、节点与节点之间的连接、连通关系)，通过考察网络元素的空间及属性数据，以数学理论模型为基础，对网络的性能特征进行多方面分析计算
网络分析主要解决的问题	从 A 地到 B 地的最短路径是什么？ 如何设定一个服务中心？ 特定位置服务中心的服务范围是什么？ 从一个位置到另一个位置的通达程度如何？ 从出发地到目的地，有多少条可行路线？ 如何在街道图上定位一个发生的事件？

3. 网络数据模型

网络数据模型(network data model)是对现实世界网络的抽象。在模型中网络由链、节点、站点、中心和转向点组成。如图 5-27 所示。

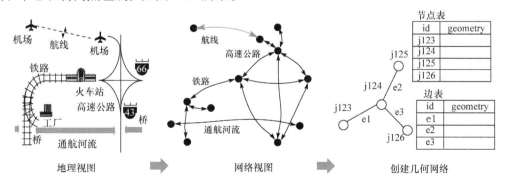

地理视图　　　　　　　网络视图　　　　　　　创建几何网络

图 5-27　网络分析模型示例

在算法实现中，邻接矩阵表示法、关联矩阵表示法、邻接表表示法是用来描述图与网络常用的方法。

图 5-28　网络分析的基础

其中，图(Graph)中V_i为顶点，e_k为边(无向图)或弧(有向图)；$D(G)$为邻接矩阵，在无向图中，描述顶点间的邻接关系；$A(G)$为关联矩阵，描述顶点与边之间的关联关系。如图 5-28 所示。

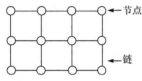

图 5-29　节点和链示意图

邻接描述同类型拓扑要素，关联是对不同类型拓扑要素之间关系的描述。当把"图"中的拓扑要素赋予了不同限定条件和属性，"图"就进化成为了网络。

而在 GIS 中要进行网络分析首先需要解决图和网络的表达和存储问题。

图或网络的表达：边(弧、链)、点(图 5-29)。

图或网络的存储：邻接矩阵。

节点：网络中任意两条线段的交点，如港口、车站等。

链：连接两个节点的弧段，代表地物如公路、河流等；属性如阻碍强度、速度等。

5.4.2　主要内容

网络分析的功能如表 5-10 所示。

表 5-10　网络分析功能

主要功能	主要内容
路径分析	路径分析是用于模拟两个或两个以上地点之间资源流动的路径寻找过程。当选择了起点、终点和路径必须通过的若干中间点后，就可以通过路径分析功能按照指定条件寻找最优路径
连通分析	主要包括连通分量求解及设计最小费用的连通方案
定位与配置分析	含义：设一定数量的需求点，求一定数量的供给点及供给点的需求分配，用来完成某个规划目的 定位问题：指已知需求源的分布，确定在哪里布设供应点最合适的问题 分配问题：确定这些需求源分别接受哪个供应点服务的问题

1. 路径分析

在任何定义域上，距离通常指的是两点或其他对象间的最短间隔，同时在讨论距离时，定义这个距离的路径也是其最重要的方面。在一个网络上，给定了两点的位置，在计算两点间的距离时，必须同时考虑与之相关联的路径。因为路径的确定相对复杂、无法计算，因而"计算两点的距离"在大多数情况下，都称为"最短路径计算"。

最佳路径分析也称最优路径分析，以最短路径分析为主，一直是计算机科学、运筹学、交通工程学、地理信息科学等学科的研究热点。这里"最佳"包含很多含义，不仅指一般地理意义上的距离最短，还可以是经济上的成本最少、时间上的耗费最短、资源流量(容量)最大、线路利用率最高等标准。

空间网络因地理元素属性的不同而表现为同形不同性的网络形式，为了进行网络路径分析，需要将网络转换成加权有向图，即给网络中的弧段赋以权值，权值要根据约束条件而确定。若一条弧段的权表示起始节点和终止节点之间的长度，那么任意两节点间的一条路径的长度即为这条路上所有边的长度之和。最短路径问题就是在两节点之间的所有路径中，寻求长度最小的路径，这样的路径称为两节点间的最短路径。

最短路径问题的表达是比较简单的，从算法研究的角度考虑最短路径问题通常可归纳为两大类：一类是所有点对之间的最短路径，另一类是单源点间的最短路径。

1) 最优路径经典问题之邮递员问题

最优路径问题是路径拓扑中的一个典型问题：对于给定的一个平面初始集，每条边都有一个长度，寻找一条路径，该路径通过所有数据点且每个数据点只通过一次，路径的限制是每个点只能拜访一次，而且最后要回到原始出发点。路径的选择目标是得到路径总长度最短的经过每个顶点正好一次的封闭回路。这实际上就是著名的邮递员问题：邮递员要不重复地经过所有的邮递点，最后回到出发点，且又要使所走的路程最短。相关问题可抽象为图 5-30。

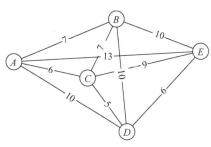

图 5-30　最优路径问题示意图

解决方案：目前只有近似解决，如启发式搜
索、最优插入法

答案：$A—C—D—E—B—A$

这样一个看似简单的问题，解决起来却并不容易，特别是对不规则的空间分布，目前为止还没有一个切实有效的解法，而只有一些近似的最短路径的解法。例如，对于给定的一个空间分布，先给定一个初始集，然后在每一次迭代中，将一个后继点依皮亚诺(Peano)次序插入到初始集中去，这样每次增加的路径长度是最小的。这种方法虽然不能保证最终得到的一定是最短路径，却是接近最短路径的一种路径解法。

2) Dijkstra 最短路径算法描述

为了进行网络最短路径分析，需要将网络转换成有向图。无论是计算最短路径还是最佳路径，其算法是一致的，不同之处在于有向图中每条弧的权值设置。如果要计算最短路径，则权重设置为两点的实际距离；而计算最佳路径，则可以将权值设置为从起点到终点的时间或费用。Dijkstra 算法可以用于计算从有向图中任意一个节点到其他节点的最短路径。

Dijkstra 算法是 Dijkstra(1959)提出的一种按路径长度递增的次序产生最短路径的算法，被认为是解决单源点间最短路径问题比较经典而且有效的算法，能够解算出有向权图在数学上的绝对最短路径。设 $G = <V,E,W>$ 是赋权图，$V \neq \varnothing$，其元素称为顶点或节点；E 是 $V \& V$ 的多重子集，其元素称为边；$W(e)$ 是 e 的权，$v_1 \in V$，应用本算法求解 v_1 到其余各点的最短路径过程如下。

(1) 令 $S = \{v_1\}, T = V - S$。

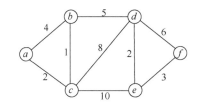

图 5-31　Dijkstra 算法示例

(2) 对于 T 中任意顶点 x，如果存在 $(v_1, x) \in E$，即 x 与 v_1 直接相连，则置 $l(x) = W(v_1, x)$，否则置 $l(x) = \infty$。

(3) 求 $l(x)$ 值最小的 T 中顶点 t，记 $l(t) = \min(l(x))$。

(4) 令 $S = S \cup |t|$，$T = T - |t|$。

(5) 如果 T 为空，则算法结束。

(6) 对于 T 中任意顶点 x，$l_s(x) = \min(l(x), l(x) + W(t, x))$，转步骤(3)。

(7) 依据以上算法过程，给出如图 5-31 所示算例，求解源点 a 到其余各点的最短路径，各步结果见表 5-11。

表 5-11　最短路径求解过程

S	$l(b)$	$l(c)$	$l(d)$	$l(e)$	$l(f)$	t	$l(t)$
$\{a\}$	4	2	∞	∞	∞	c	2
$\{a, c\}$	3	2	10	12	∞	b	3
$\{a, b, c\}$			8	12	∞	d	8
$\{a, b, c, d\}$				10	14	e	10
$\{a, b, c, d, e\}$					13	f	13
$\{a, b, c, d, e, f\}$							

由表 5-12 可知，a 到 b, c, d, e, f 点的最短路径距离分别为 3, 2, 8, 10, 13。最短路径的求解过程如图 5-32 所示。

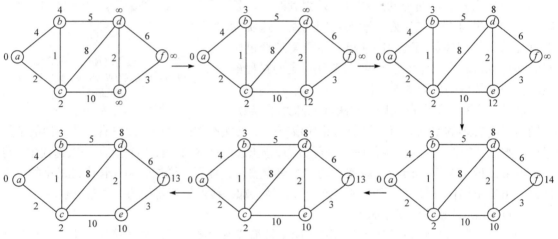

图 5-32　Dijkstra 最短路径求解过程示意图

2. 连通分析

1) 简介

实现路径分析最关键的问题有两个：一是选用何种数据结构才能够满足庞大网络数据占据较小存储空间的要求；二是采用哪一类搜索算法来求得最优化的解，而且在实现时间、应用普遍性、空间搜索复杂程度上满足用户的要求。以交通道路网络为例，在解决实际问题时要了解交通网络数据的基本特征，如数据量的大小、数据的存储格式、数据的来源及时间等。交通道路网不仅包含网络本身的几何拓扑特征，还包含了大量与应用有关的数据(如单行道、禁行道等)及反映地理位置特征的经纬度数据，在应用最短路径算法进行网络分析时应考虑到交通网络本身的特点。

连通问题的求解过程实质上是对应图生成树的求解过程，其中研究最多的是最小生成树问题。最小生成树问题是带权连通图一个很重要的应用，在解决最优(最小)代价类问题上用途非常广泛。迄今为止，国内外众多学者对赋权无向图中的最小生成树问题进行了许多有价值的研究，提出了若干有效的算法，常见的有避圈法和破圈法。对于赋权有向图的最小生成树问题，Edmonds(1968)提出了一种用以求解具有非负权重问题的启发式算法，冯俊文(1998)借助于有向图的表格表示提出了一种较为有效的基于表格的算法——表上作业法。对于有向图

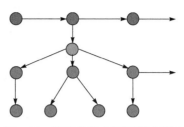

的最小生成树问题在计算机系统工程、电子技术等相关的文献中都有比较详细的叙述。

2) 连通分析应用

(1) 连通分量求解问题。以关闭煤气阀门影响为例，计算从某节点出发在给定条件下能够到达的所有节点或边。解决方法如图 5-33 所示。

如图 5-34(a)所示，首先画出原始网络图，然后分别得到深度优先[图 5-34(b)]和广度优先[图 5-34(c)]搜索过程。

图 5-33 连通分量求解问题示意图
解决方案：深度优先、广度优先

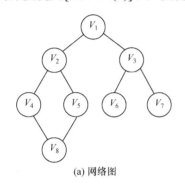
(a) 网络图

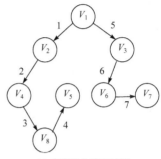
(b) 深度优先搜索过程

(c) 广度优先搜索过程

图 5-34 网络图及其遍历图

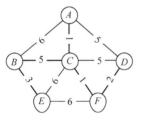

图 5-35 最小连通方案问题示意图
解决方案：见粗线条；最小生成树算法

(2) 最小费用连通方案。求最低成本城市间通信网，在耗费最小的情况下使全部节点连通(图 5-35)。

3) 连通分析的基本概念

连通分析的相关概念包括：连通图、树、生成树的权数、最小生成树，具体说明如图 5-36 所示。

4) 最小生成树算法

要解决在多个城市间建立通信线路的问题，首先可用图来表示。图的顶点表示城市，边表示两城市的通信线路，边上所赋的权值表示代价。对多个顶点的图可以建立许多生成树，求成本最低的通信网，就转化为求一个带权连通图的最小生成树问题。已有很多算法求解此问题，其中著名的有 Kruskal 算法和 Prim 算法。根据前面介绍的最小生成树的概念可知，构造最小生成树有两条依据：①在网中选择 $n-1$ 条边连接网的 n 个顶点；②尽可能选取权值最小的边。

图 5-36 连通分析的相关概念

从算法思想来看，Kruskal 算法和 Prim 算法本质上是相同的，它们都是从以上两条依据出发设计求解步骤，只不过在表达和具体步骤设计中有所差异而已。Kruskal 算法是 1956 年提出的，俗称"避圈法"(Kruskal，1956)。设图 G 是由 m 个节点构成的连通赋权图，则构造最小生成树的步骤如下。

(1) 先把图 G 中的各边按权数从小到大重新排列，并取权数最小的一条边为生成树 T 中的边。

(2) 在剩下的边中，按顺序取下一条边，若该边与生成树中已有的边构成回路，则舍去该边，否则选择进入生成树中。

(3) 重复步骤(2)，直到有 m-1 条边被选进 T 中，这 m-1 条边就是图 G 的最小生成树。

Prim 算法的基本思想是：假设 G=(V, E)是连通图，生成的最小生成树为 T，从连通网 G={V, E}中的某一顶点 u_0 出发，选择与它关联的具有最小权值的边(u_0, v)，将其顶点 v 加入到生成树的顶点集合 U 中。以后每一步从一个顶点在 U 中，而另一个顶点不在 U 中的各条边中选择权值最小的边(u, v)，把它的顶点加入到集合 U 中。如此继续下去，直到网中的所有顶点都加入到生成树顶点集合 U 中为止。以下是 Prim 算法求最小生成树的一个例子，输入：无向权图 G(V, E, W)，其中 V 为顶点集合，E 为边集合，W 为权重；输出：最小生成树 T；算法流程如下。

(1) 标记全部顶点的树编号为 0，临时树编号 temp 为 1。

(2) 判断 V 集合中是否存在树编号为 0 的点，如果不存在则算法结束，否则转步骤(3)。

(3) 取 E 中 W 值最小的边 e。

① 如果 e 中两侧顶点的树编号均为 0，则将该边关联的顶点赋值为 temp，并令 temp=temp+1，T=T+e，E=E-e；②如果 e 中两侧顶点的树编号相同且都不为 0，则令 E=E-e；③如果 e 中两侧顶点的树编号不相等且其中一个等于 0，则赋予编号为 0 的顶点另一顶点的树编号，并令 T=T+e，E=E-e；④如果 e 中两侧的树编号不相等且都不为 0(a, b)，则将所有值为 a 的点赋予值 b，令 T=T+e，E=E-e。

转步骤(2)。

应用上述算法，如图 5-37 所示，考察两条权重为 5 的边，由于 AD、CE 两边没有公共交点，满足步骤(3)中的条件①，所以 T={AD, CE}，A、D 编号为 1，C、E 编号为 2。考察权重为 6 的边，顶点 D 的编号为 1，F 为 0，满足步骤(3)中的条件③，所以标记 F 为 1，T={AD, CE, DF}。考察权重为 7 的边 AB，满足条件 1，赋予 B 的树编号为 1。考察权重为 7 的边 BE，其中 B 的编号为 1，E 的编号为 2，满足条件④，所以赋 A，B，C，D，E，F 的树编号为 1，T={AD, CE, DF, AB, BE}。考察权重为 8 的 BC、EF 两边，由于满足条件②，所以不加入 T；考虑权重为 9 的边 BD，EG，BD 满足条件②不予以考虑，EG 满足条件③，所以赋 G 的树编号为 1，T={AD, CE, DF, AB, BE, EG}。当 G 被赋值之后，图中已经没有树编号为 0 的顶点，满足步骤(2)的终止条件，算法结束。

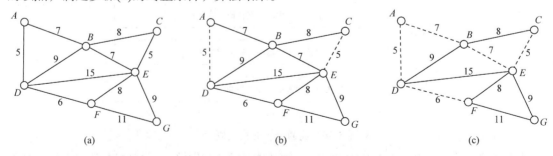

图 5-37　采用 Prim 算法求最小生成树过程示意图

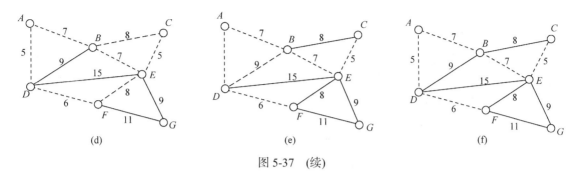

图 5-37 (续)

Prim 算法可采用如图 5-38 所示的代码实现。

```
void minispantree_prim(mgraph G,vertextype u){
  //用普里姆算法从第u个顶点出发构造网G的最小生成树T,输出T的各条边。
  //记录从顶点集U到V-U的代价最小的边的辅助数组定义:
  //struct{
  //      Vertextype adjvex;
  //      VRType lowcost;
  //      }closedge[MAX_VERTEX_NUM];
  k=locatevex(G,u);
  for(j=0;j<G.vexnum;++j)        //辅助数组初始化
    if(j!=k)closedge[j]={u,G.arcs[k][j].adj};
  closedge[k].lowcost=0;
  for(I=1;I<G.vexnum;++i){
     k=minimum(closedge);
     printf(closedge[k].adjvex,G.vexs[k]);
     closedge[k].lowcost=0;
  for(j=0;j<G.vexnum;++j)
     if(G.arcs[k][j].adj<closedge[j].lowcost)
       closedge[j]={G.vexs[k],G.arcs[k][j].adj};
  }
}
```

图 5-38　Prim 算法求最小生成树代码

最小生成树问题在实际生活中的一个典型应用是以给定设施(如学校)的位置为目的地,识别满足一定距离要求的街道路线。例如, 某学校选择接送学生的校车行车路线, 需要确定哪些学生居住地点距离学校较近而不需享受校车接送服务, 以节省时间和资金投入。常见的地理信息系统软件已经能够提供菜单式的命令来完成这项任务, 在已知网络中以学校这个目的地构造最小生成树, 选出从学校到一定距离内的所有街道路段, 再通过学生地址与街道地址相匹配的数据库管理系统识别出因住在选出的街道上而不需享有校车接送待遇的学生。

3. 定位与配置分析

资源分配也称定位与分配问题。在多数的应用中, 需要在网络中选定几个供应中心, 并将网络的各边和点分配给某一中心, 使各中心所覆盖范围内每一点到中心的总的加权距离最小, 实际上包括定位与分配两个问题。定位是指已知需求源的分布, 确定在哪里布设供应点最合适的问题; 分配指的是已知供应点, 确定其为哪些需求源提供服务的问题。定位与分配是常见的定位工具, 也是网络设施布局、规划所需的一个优化分析工具。

1) 选址问题(定位问题)

选址是指在某一指定区域内选择服务性设施的位置, 如确定市郊商店区、消防站、工厂、飞机场、仓库等的最佳位置。网络分析中的选址问题一般限定设施必须位于某个节点或位于某条网线上, 或限定在若干候选地点中选择位置。选址问题种类繁多, 实现的方法和技巧也多种多样, 不同的地理信息系统在这方面各有特色, 主要原因是对"最佳位置"具有不同的解释(即用什么标准来衡量一个位置的优劣), 而且定位设施数量的要求不同。

中心点选址问题中, 最佳选址位置的判定标准, 是使其所在的顶点与图中其他顶点之间的最大距离达到最小, 或者使其所在的顶点到图中其他顶点之间的距离之和达到最小。

选址问题实际上就是求网络图的中心点问题。这类选址问题适宜于医院、消防站等服务设施的布局问题。

2) 分配问题

分配问题在现实生活中体现为设施的服务范围及其资源分配范围的确定等一系列问题, 例如, 通过资源的分配能为城市中的每一条街道上的学生确定最近的学校, 为水库提供供水区等。

资源分配是模拟资源如何在中心和周围的网线、节点间流动的。计算设施的服务范围及其分配范围时, 网络各元素的属性也会对资源的实际分配产生影响。主要属性包括中心的供应量和最大阻值, 网络边和网络节点的需求量和最大阻值等, 有时也涉及拐角的属性。根据中心容量及网线和节点的需求将网线和节点分配给中心, 分配沿最佳路径进行。当网络元素被分配给某个中心时, 该中心拥有的资源量就依据网络元素的需求缩减, 随着中心的资源耗尽, 分配停止, 用户可以通过赋给中心的阻碍强度来控制分配的范围。

5.5　可达性分析

5.5.1　可达性概述

空间可达性概念起源于古典区位论, 被看做反映交通成本的基本指标, 旨在对空间上某一实体的位置优劣程度进行度量。Hansen(1959)提出将空间可达性定义为"交通网络中各节点相互作用的机会大小"。然而由于各领域学者对其理解不一, 可达性概念及其度量至今没有一个统一的标准。有学者将可达性定义为成本、个体因素、交通因素及服务的可获性的总和; 也有学者认为可达性由土地利用方式、交通、时效性及个体因素组成。其中土地利用方式可以反映研究区域的各种机会; 交通因素包括旅程所需要的时间、花费及体力等; 时效性是指某种可达性的服务在一定时间段或条件下的可获性的限制; 个人因素是指基于社会经济特征(如收入、教育水平、年龄等)划分的研究个体及群体对可达性服务的不同需求。但综合来看, 在各种可达性的定义中, 对服务的可获性进行评估是研究中最常用到的方法。Walker 等(2010)将这种可获性定义为到达节点的空间距离。Kwan 等(2003)进一步将可达性划分为个人可达性与区域可达性, 前者反映个人生活质量, 后者指目标区位被接近的可能性, 与交通和土地利用方式相关。Larsen 和 Gilliland(2008)提出"服务区"的概念, 以供应商而不是居民为研究对象, 计算以商店为中心一定距离或时间内的服务范围。国内外关于"服务区"的研究成果颇多, Christaller 等(1966)提出的"中心地理论", 将商业网点服务区划分为具有一定规则的六边形网络。Reilly(1929)提出"零售引力模型", 根据商业中心服务人口规模与商业网点间的距离来划分服务区。Applebaum(1996)通过问卷调查的方式统计消费者所在地址与其购物偏好, 能够确定商店的服务区与服务质量。Su 等(2017)、Xu 等(2017)基于互联网地图服务获取了不同出行方式与不同时间段的交通成本数据,对城市健康食品店、公园绿地的可达性进行了评估。从国内外关于可达性的相关研究,可以总结出如表 5-12 所示的学者对于可达性概念理解的几种主要观点。

表 5-12　对可达性概念的理解

主要观点	观点说明	评述
可达性是克服空间阻隔的难易程度	如果某一地点到其他地点的空间阻隔大,则该点的可达性差;如果空间阻隔小,则认为该点的可达性好	
可达性是单位时间内所能接近的发展机会数量	若能接近的发展机会多,则该点的可达性好;反之,则该点的可达性差	关注并强调可达性的空间属性,常适用于 GIS 分析中城市用地与交通之间的关系研究
可达性是相互作用的潜力	若某一点所受的相互作用大,则该点的可达性好;反之,则可达性差	
可达性是指人为主体的交通能力	如社会经济地位较高者拥有相对较多的出行选择方式,其可达性相对较好;身体素质较差的出行能力相对较弱,其可达性相对较差	对于可达性的解释主要从出行者的个人角度出发,强调出行者的社会经济及生理能力对于可达性的影响
从消费者剩余的角度来分析出行所产生的效应	如果出行产生的效应大,则认为可达性好;反之,则差	

尽管学者们对于可达性概念的理解不同,但是对于可达性的本质特征却有相对一致的理解。

(1) 计算出来的可达性数值大小本身不具解释力,只有在某特定区域中,各个地点的可达性数值进行比较,才具有解释力。可达性不是地点自身的品质,而是反映该地点在整个区域中所处的相对地位或区位。

(2) 如果两点间的通达不是单向的,则可达性具有双向对等性:A 通达至 B 的值等于 B 通达至 A 的值。

(3) 可达性虽然是两个地点间克服空间阻隔发生作用的指标,但是这种相互作用一般发生在两个活动实体(如居民与就业岗位)之间,即计算实体间的可达性是以空间为中介的,空间上的可达性即等同于人的活动可达性。

对可达性内涵的不同理解会导致不同模型及计算方法的选择。根据不同研究兴趣、研究对象和空间层次,或根据阐述问题的方便程度、所获取的数据类型等,采取不同的可达性测算模型。综合来看主要的可达性模型方法包括三大类:基于空间阻隔、基于机会累积和基于空间的相互作用。

5.5.2　基于空间阻隔方法

基于空间阻隔法(space separation)也称为距离法,是研究中最常用到的方法。这种方法基于图形理论来研究区域中网络节点的可达性,认为可达性计算就是计算空间阻隔程度,阻隔程度越低,可达性越好。这种方法直观易懂,距离越大代表可达性程度越低,但它往往忽略了目的地的吸引力与人的活动等因素的影响。

1. 节点可达性计算

这种方法以两点间的距离、出行时间、出行费用来表示端点间的空间阻隔程度。通过计算出发地与目的地之间的距离来衡量研究区域的相对可达性(relative accessibility),或计算起始点到其兴趣点的距离之和作为综合可达性(integral accessibility)的度量。相对可达性是指一点至另一点的空间阻隔，而综合可达性是指某一点至区域中所有点的空间阻隔，可计算其空间阻隔的总和或均值：

$$A_i = \sum_{j \neq i}^{n} C_{ij} \ \text{或} \ A_i = \frac{1}{n} \sum_{j=1, j \neq i}^{n} C_{ij} \tag{5.5.1}$$

其中，i，j=1，2，$\cdots$，n；C_{ij} 为网络中一点至另一点的空间阻隔；A_i 为 i 区域的综合可达性，表征这种空间阻隔的指标有：两点间的空间直线距离、交通网络距离、出行时耗、货币成本及综合成本等。表征这种空间阻隔还可以应用阻隔衰减，即在实际的空间阻隔 C_{ij} 的基础上，引入阻隔衰减函数 $f(C_{ij})$。衰减函数的形式一般有幂函数、指数函数、高斯函数等。

2. 网络可达性计算

以上公式及方法主要是计算一个特定区域内不同节点的可达性，还可以计算该区域的网络可达性。根据式(5.5.1)可以推导出所有点的空间阻隔，即网络可达性。为了便于比较多个城市道路网络间的可达性，必须对其进行标准化处理，网络可达性平均值计算公式见式(5.5.2)。

$$E = \frac{1}{n(n-1)} \sum_{i=1}^{n} \sum_{j=1, j \neq i}^{n} C_{ij} \tag{5.5.2}$$

3. 基于拓扑的计算

还有一种基于路网布局与联系数量的拓扑计算方法。这种方法不仅考虑两点间的最短距离，还考虑两点间可通达的路径条数及布局等因素。此方法与其他计算方法相比，最大的差别就是忽略了出行类型及规模，只是从网络的阻隔角度进行计算，其优点是能够较好地分析网络连接特性，可客观比较多个城市或区域道路网络形态及空间布局的优劣程度；其缺点是没有考虑城市规划的重点研究对象——人的活动，所以应用范围有一定局限。

4. 实例

假设一个城市共有七个分区，$a, b, \cdots, g$ 为分区的重心点，重心点之间的交通网络及其间的空间阻隔程度指标见图 5-39，两两重心点之间的相对可达性指标见表 5-13，重心点的综合可达性指标值和网络可达性指标值计算结果见表 5-14。

比较表 5-13 与表 5-14 测算的可达性指标值可以得知：①a 与 b 间的空间阻隔程度最低，而 g 与 f 间的空间阻隔程度最高，可以认为 a 与 b 间的可达性最好，而 g 与 f 间的可达性最差；②各重心点的综合可达性指标值有 4 个点低于网络可达性平均值，3 个点高于平均水平，可以判断 a, b, d 和 e 点的可达性优于其他三点，其中 a 点是可达性最好的点。

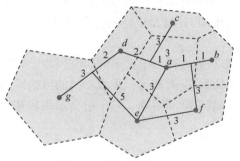

图 5-39　城市分区与交通网络示意图

表 5-13　两两区域重心点间的相对可达性指标值

C_{ij}	a	b	c	d	e	f	g
a	1	2	4	3	3	4	8
b	2	1	6	5	5	4	10
c	4	6	1	5	7	8	10
d	3	5	5	1	6	7	5
e	3	5	7	6	1	3	8
f	4	4	8	7	3	1	11
g	8	10	10	5	8	11	1

表 5-14　重心点的综合可达性及网络可达性指标值

重心点	综合可达性 $A_i = \sum_{j \neq i}^{n} C_{ij}$	平均可达性 $A_i = \frac{1}{n} \sum_{j=1, j \neq i}^{n} C_{ij}$	网络可达性平均值 $E = \frac{1}{n(n-1)} \sum_{i=1}^{n} \sum_{j=1, j \neq i}^{n} C_{ij}$
a	24	4.00	
b	32	5.33	
c	40	6.67	
d	31	5.17	5.9
e	32	5.33	
f	37	6.17	
g	52	8.67	

5.5.3　基于机会累积方法

1. 方法简介

基于机会累积方法(cumulative opportunity)计算可达性的方法是指在某个设定时间、距离或成本阈值下,统计出发点能够接近的目标点的数量,数量越多,代表可达性越高。基于机会累积计算可达性的方法,所需要的基础数据可以归纳为三大类,如表 5-15 所示。

表 5-15　基于机会累积计算可达性方法通常所需的数据

数据内容	数据说明	示例
研究范围与研究单元	将大区域划分为一系列的小区	如交通小区
社会、人口、经济等属性信息,以及兴趣点	每个小区内有人口、活动或者与活动有关的实体分布在小区的重心点	如工作岗位、办公面积、居民中的劳动力、家庭、住房面积等;此外,还有服务设施如商店、娱乐、医疗、教育设施等;这些分类还可以根据种族、收入水平、性别、家庭等进行更精确的分层
交通网络及其节点	有一种或多种道路交通网络将各个交通小区连接起来,并能通过该网络计算出两两小区的空间阻隔	基于交通路网建立的网络分析数据集

2. 主要方法

基于机会累积的计算方法包括以下几种。

(1) 等值线法:根据出行成本进行分级,分别统计不同成本分级下可到达的目标点的数量。

(2) 移动搜寻法:Luo 和 Wang(2003)建立了以普查单元为圆心,设定的极限距离为半径的搜索区,以区内医生的总数与总人口数的比值度量空间可达性。

(3) 两步移动搜寻法:是在移动搜寻法基础上的改善,鉴于移动搜寻法忽略了实际可达性的时效性,Radke 和 Mu(2000)提出还应当考虑上述搜索域内的医院可用病床数。

两步移动搜索法的基本思想如下。

(1) 对于每个供给点 j,搜索所有在 j 搜索半径 d_0 范围内的需求点 k,计算供需比 R_j。

(2) 对每个需求点 i,搜索所有在 i 搜索半径 d_0 范围内的供给点 j,将所有供需比 R_j 加总得到 i 点的可达性 A_i^F:

$$A_i^F = \sum_{j \in \{d_{ij} \leqslant d_0\}} R_j = \sum_{j \in \{d_{ij} \leqslant d_0\}} \left[\frac{S_j}{\sum_{k \in \{d_{kj} \leqslant d_0\}} D_k} \right] \tag{5.5.3}$$

其中，i 为需求点；j 为供给点；A_i^F 为根据两步移动搜索法计算得到的需求点 i 的可达性；d_{ij} 为需求点 i 和供给点 j 之间的距离；R_j 为供给点 j 的设施规模与搜寻半径 d_0 内所服务的人口的比例；S_j 为供给点 j 的供给规模；D_k 为需求点 k 的需求规模。

这种方法计算出来的可达性指标值与基于空间阻隔计算的正好相反，可达性不是随着距离的增加而减少，而是随着距离的增加而增加。这种方法可以用来分析一个城市的公共、医疗、教育、娱乐等设施的分布情况，从而评价城市土地利用规划是否合理，不同群体或区域对于某种服务设施的可达性或接近度是否公平。但这种方法也忽略了目的地的吸引力与距离衰减作用，并且在阈值的选择上具有很大的主观性。鉴于此，学者们提出了基于两步移动搜索法的扩展形式，主要包括四类，将在本章 5.5.4 节具体讨论。

3. 计算方法及实例说明

如果 i 区居民出行克服了到 j 区的空间阻隔，i 区居民就能接近 j 区的所有活动，所有不大于该空间阻隔的小区的所有活动都应合计进来，则 i 区可达性为

$$A_i = \int_0^T O(t)\mathrm{d}t \tag{5.5.4}$$

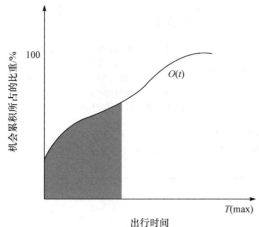

图 5-40　基于机会累积计算的可达性分布曲线图

其中，$O(t)$ 为发展机会随出行时间变化的分布函数；T 为给定的出行时间，随着出行时间变化的可达性分布曲线见图 5-40。由图 5-40 可知，随着出行时间的增长，所能接触到的机会也会增加，如果出行时间足够长，就能够接触到所有的发展机会。

在图 5-40 的基础上，假设各分区就业岗位和劳动力数量如表 5-16 所示，可得出各分区的可达性分布，见图 5-41。可以看出，如果所有的分区都克服 3 个单位的空间阻隔(即等时线取值为 3)，那么在 a 点能接触到 76.7%的就业机会，在 c 点只能接触到 13.3%的就业机会，而在 g 点能接触到的就业机会为 3.3%。

表 5-16　城市各分区的就业岗位和劳动力数量统计表

指标	a	b	c	d	e	f	g	合计
供给：就业机会数量	1200	200	400	400	500	200	100	3000
需求：劳动力数量	200	500	600	400	300	500	500	3000
$P=$供给/需求	6.00	0.40	0.67	1.00	1.67	0.40	0.20	1

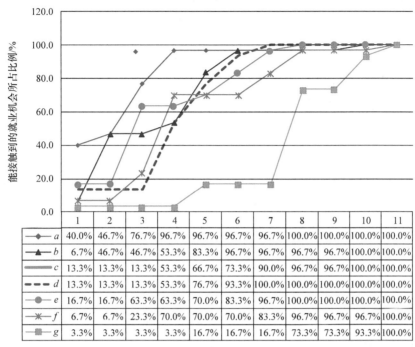

图 5-41　基于机会累积的各点可达性指标值分布图

4. 方法评价

经过以上讨论，将基于机会累积的计算可达性方法的优缺点进行整理归纳，见表 5-17。

表 5-17　基于机会累积计算可达性方法的优缺点评价

评价项目	评价内容
优点	与人们习惯性思维一致：出行越远，能获得的发展机会和享受的服务就越多 在分析一个点的可达性时，可以直观地显示距该点远近与发展机会数量的关系，以及在一定距离基础上出行距离增加所能增加的发展机会的数量，清晰地表示出机会数量在空间阻隔上的分布 在给定的距离范围内，不同点之间的可达性指标可以进行比较。例如，当空间阻隔单位为 3 时，各重心点的可达性好到差依次是 a, e, d, b, f, c, g；当空间阻隔单位为 4 时，各重心点的可达性好到差变为 a, f, e, c, d, b, g(其中 b 与 d 相等)
缺点	没有一个确切的指标值反映某点在区域体系中的地位，只要出行距离足够长，就能到达区域范围内的所有点，能接触到所有的发展机会 虽然在给定的空间阻隔范围内，各个点间的可达性可进行比较，但是随着给定范围的不同，可达性会发生变化，因而要确定这个给定的出行范围，受主观影响很大
与距离法的共同点	若要提高某点的可达性，就应极大地提高该点的机动性(mobility)。该点的机动性越高，其可达性可能就越高，交通技术的改进和速度的提高可以极大地实现"时空收敛"(temporal-space convergence)，从而获得更好的可达性

5.5.4　两步移动搜寻法扩展

1. 基于引入距离衰减函数的扩展

针对两步移动搜寻法中缺乏对搜索半径内可达性差异的考虑，该扩展形式的主要思想是在两步移动搜寻法中的搜索半径中额外加入一个距离衰减函数，一般用来概括和表示不同扩

展中的距离衰减函数形式。这类扩展可达性计算公式为

$$A_i = \sum_{j=1}^{n} \frac{S_j f(d_{ij})}{\sum_{k=1}^{m} D_k f(d_{kj})} \qquad (5.5.5)$$

其中，A_i 为需求点 i 的可达性得分，实际含义为需求点 i 的平均每个需求者可达的设施资源；$f(d_{ij})$ 为一般化的距离衰减函数。$f(d_{ij})$ 可以进一步表示为

$$f(d_{ij}) = \begin{cases} g(d_{ij}) & d_{ij} \leqslant d_0 \\ 0 & d_{ij} > d_0 \end{cases} \qquad (5.5.6)$$

其中，f 为一般化的距离衰减函数；d_{ij} 为 i 和 j 的距离；d_0 为搜索半径，即设施的有效服务半径；$g(d_{ij})$ 为在搜索半径 d_0 范围内的距离衰减函数。

在原始形式中的两步移动搜寻法中，模型将 $g(d_{ij})$ 视为一个常数；而在其扩展形式中，函数 $g(d_{ij})$ 可采用按距离区分权重的分段衰减形式或重力模型的距离衰减函数形式，如幂函数或者指数函数、核密度函数及高斯函数。

2. 对搜索半径的扩展

针对两步移动搜寻法中采用单一的搜索半径，即对于所有设施和人群设置的搜寻半径均相同，该扩展形式采取了可变半径的两步移动搜寻法、动态半径的两步移动搜寻法、多级半径的移动搜寻法等。

3. 针对需求或供给竞争的扩展

1) 三步移动搜寻法

考虑当一个需求点的搜寻半径内存在多个设施时，设施之间存在竞争效应。在上述情况下，当需求点的一部分需求已经被一个设施满足，再从其他设施竞争资源时应将这部分已经满足的需求扣除，否则会高估规模较大的需求点的可达性，提高模型合理性。

三步移动搜寻法的具体实现是在传统的两步移动搜寻过程之前，增加一步包括全部需求点和设施点在内的搜索，计算需求点 i 与设施点 j 之间的选择权重，用来衡量位于同一需求点搜寻半径之内的多个设施之间的竞争效应：

$$G_{ij} = \frac{T_{ij}}{\sum_{k \in \{d_{ik} \leqslant d_0\}} T_{ik}} \qquad (5.5.7)$$

其中，G_{ij} 为需求点 i 与设施点 j 之间的选择权重；T_{ij} 和 T_{ik} 分别为需求点 i 选择设施 j 和设施 k 的权重，权重根据高斯函数分配。

2) 胡弗型移动搜寻法

基于三步移动搜寻法中扩展的选择权重 G_{ij} 未考虑设施供给的因素对于设施选择行为的影响，提出对三步移动搜寻法中的选择权重变量加以修正，以综合考虑出行成本和设施点服务能力两个方面对出行选择的影响。扩展形式表现如下：

$$HG_{ij} = \frac{S_j d_{ij}^{-\beta}}{\sum_{k \in \{d_{ik} \leqslant d_0\}} S_k d_{ik}^{-\beta}} \qquad (5.5.8)$$

其中，HG_{ij} 为采用胡弗(Huff)模型修正的选择权重变量。值得注意的是，以上构建的模型采用

了较为常用的幂函数作为选择权重变量中的距离衰减函数，实际应用可以根据需要和实际情况选择合适的函数形式。

3) 优化型两步移动搜寻法

不同于传统两步移动搜寻法中通过以设施为中心搜寻在半径内的需求点，并将搜索半径内的需求点的总需求作为该设施的潜在使用者，优化模型提出采用各设施的前一阶段的实际使用者数量，如分析医疗设施时使用者为前一年的就医人数，作为设施的使用者数量，从而改进了对同一设施资源可能来自多个需求点的竞争。在该模型中，主要面对的瓶颈是相关数据的可获取性。

4. 基于出行方式的扩展

1) 多交通模式下的两步移动搜寻法

考虑人群获取公共服务时可能采用不同交通出行模式的情况，采用多交通出行模式下的加权平均交通时间，对传统两步移动搜寻法中单一交通模式下的交通时间进行修正，能够更好地反映需求人群在交通能力方面的异质性。

2) 基于通勤的两步移动搜寻法

在模型中纳入通勤行为对公共服务可达性的影响，需求数量不再固定不变，而是根据通勤行为发生变化，在一天之中需求个体的位置是可能变化的。第一步搜寻以设施为中心：

$$R_k = \frac{S_k}{\sum\limits_{i,j \in \{t_{ik} < t_f, \& t_{ik} + t_{kj} < t_{ij} + t_d\}} n_{ij}} \tag{5.5.9}$$

其中，R_k 为设施点 k 的供需比；S_k 为设施点 k 的资源规模；t_{ij}、t_{ik}、t_{kj} 为下标中相应的前一个地点到后一个地点的交通时间；t_f 为设施的服务范围阈值，即搜索半径；t_d 为需求者由于通勤而愿意额外付出的最大绕道时间阈值，即由于要通勤而需绕道前往设施的时间减去直接前往设施的时间；n_{ij} 为从 i 到 j 的实际通勤人数。

类似地，第二步搜索以需求点为中心，可表示为

$$A_i = \sum\limits_{j,k \in \{t_{ik} < t_f, \& t_{ik} + t_{kj} < t_{ij} + t_d\}} R_k \tag{5.5.10}$$

其中，A_i 为可达性得分；其他变量含义同上式。

5.5.5　基于空间相互作用

1. 方法简介

基于空间相互作用(spatial interaction)的可达性测算方法在城市交通规划研究中应用最为广泛。从空间相互作用的角度来评价获取某种可达性服务或资源的难易程度，这种空间相互作用效应的大小随距离而衰减，与起点的出行发生量及终点的吸引力大小呈正比。Hansen(1959)是第一个使用重力模型来衡量可达性的。Guagliardo(2004)认为，无论是潜在的还是实际的，重力模型都提供了最可靠的空间可达性度量。

2. 势能模型

1) Hansen 势能模型

1959 年 Hansen 在分析大都市区人口分布与居住用地开发模型中测算可达性指标时，明确提出所使用的可达性概念是指"机会相互作用的潜力，而不是相互作用的难易程度"，并提

出了相应的可达性指标测算模型，见表 5-18。

表 5-18　Hansen 势能模型及其评价

项目	说明
可达性指标测算	$$A_{1\text{-}2} = \frac{S_2}{T_{1\text{-}2}^{x}} \qquad (5.5.11)$$ 其中，$A_{1\text{-}2}$ 为 1 区到 2 区从事某种类型活动的相对可达性；S_2 为 2 区的活动规模，如就业岗位数、人口等；$T_{1\text{-}2}$ 为 1 区与 2 区之间的出行时间或距离；x 是指数，表示区与区之间出行时间的效果。对式(5.5.11)求和可得到一点的综合可达性，即势能模型 此时，某一点的综合可达性指标值是将区域中所有点的发展机会在此点上所具有的势能进行求和，即该点能接近的发展机会的数量：$$A_i = \sum_{j} O_j f(C_{ij}) \qquad (5.5.12)$$ 其中，A_i 为 i 区的可达性；O_j 为分布在 j 区的发展机会；$f(C_{ij})$ 为 i 区至 j 区的空间阻隔衰减函数
模型评价	势能模型测算出来的可达性值带有量纲，与发展机会的数量级相关，不是标准化值，结果不明了。而且可达性值的总计 $\sum_i A_i$ 受 $f(C_{ij})$ 的干扰很大，采用不同的空间阻隔函数 $f(C_{ij})$，会得到不同的 $\sum_i A_i$ 在计算没有容量限制的休闲设施(如国家公园)和没有竞争关系的商业设施(如区域购物中心)的可达性时，使用 Hansen 势能模型比较合适，但计算存在竞争关系的就业机会的可达性时，存在一定的缺陷。因为该模型只考虑到"供给方"，而没有考虑到"需求方"之间的竞争。尤其是计算具有竞争关系的居民就业可达性时，有必要对该模型进行修正和改进

2) Shen 供需势能模型

Shen(1998)在 Hansen 势能模型的基础上，将"需求方"考虑进来，认为考察一点的可达性不仅要计算发展机会在该点具有的势能，而且还要考虑发展机会的需求在该点具有的势能。因为发展机会存在于具有不同需求潜力水平的地区内，接近发展机会的能力部分是由该区对发展机会的需求潜力决定的。可达性计算只有将供给与需求两方面的因素考虑进来，才能较全面地考察各区就业机会可达性的大小。而且可以通过比较就业机会的供需关系来判断可达性好坏。如果就业机会的供给量大于需求量，可以定性地认为该地区的就业可达性较好；反之，则认为该地区的就业可达性较差。当然，某地区就业供求关系的好坏还受到总体就业供求关系的影响，见表 5-19。

表 5-19　供需势能模型及其评价

项目	说明
可达性指标 测算	由 Hansen 势能模型计算每个地区对就业机会的需求潜力和对某地区所具有的势能：$$D_j = \sum_{k} P_k f(C_{kj}) \qquad (5.5.13)$$ 其中，D_j 为在 j 区寻找就业机会的潜力；P_k 为在 k 区寻找就业机会的居民数量 $$A_i = \sum_{j} \frac{O_j}{D_j} f(C_{ij}) \qquad (5.5.14)$$ 其中，A_i 为 i 区的可达性；O_j 为分布在 j 区的发展机会；$f(C_{ij})$ 为 i 区至 j 区的空间阻隔衰减函数
模型计算 结果特性	可达性指标值没有量纲，数值已经标准化，结果简单、清晰、易于比较 可达性指标的期望值或者权重均值是发展机会数量与寻求机会的居民数量的比值 μ，即就业率。若可达性指标值大于就业率 μ，则可达性较好；若可达性指标值小于就业率 μ，则可达性较差。指标值越大，可达性越好

3) 模型的细化

以上所讨论的可达性测算只是基于一种交通阻抗。事实上每种交通工具克服空间阻隔的能力及效应都是不同的，使用的交通网络也不相同。此外，小区内使用每种交通工具的居民比例也不相同，这些因素都会导致可达性不同。研究者进一步考虑这些因素的影响，将供需势能模型做了进一步细化，提出了更加全面测算可达性的计算模型。

此外，随着远程通信技术的发展，现在越来越多的居民实现了在家办公或在家接受服务，无需出行，即不发生实际的交通行为也能接近就业机会或享受服务等。接近这些机会或服务所发生的成本不再与空间阻隔程度相关，这与经典的以空间阻隔为主要测算变量的重力模型计算方法完全不同。而研究者认为，现实中的居民不可能完全生活在虚拟世界里，必然会或多或少地发生实际的出行行为。只要居民发生实际的出行行为，原有的空间阻隔必定对其出行产生影响，对于该种情境下模型改进的归纳见表 5-20。

表 5-20　优化模型的可达性指标测算

类型	模型说明
考虑不同交通方式及其阻抗、居民出行选择	基于供需势能模型细化，得到更加全面测算可达性的计算模型： $$A_i^v = \sum_j \frac{O_j f(C_{ij}^v)}{\sum_j \sum_j P_k^m f(C_{kj}^m)} \qquad (5.5.15)$$ $$A_i^G = \sum_v (\frac{P_i^v}{P_i}) A_i^v \qquad (5.5.16)$$ 其中，A_i^G 为 i 区所有居民的总可达性；A_i^v 为住在 i 区内通过交通方式 v 的可达性；P_k^m 为在 k 区通过交通方式 m 寻找就业机会的居民数；$\frac{P_i^v}{P_i}$ 为在 i 区使用交通方式 v 寻找就业机会的居民数；$f(C_{ij}^v)$ 和 $f(C_{kj}^m)$ 分别为通过交通方式 v 和 m 的交通阻抗函数，$v, m = 1, 2, \cdots, M$；P_i 为 i 区寻找就业机会的居民总数
综合考虑远程通信因素、居民出行行为及现有空间阻隔	假设一个典型的通过远程通信实现办公的居民在平均每 T 天做一次与工作相关的实际的往返旅程，则该居民所受到的空间阻隔程度为 $$C_{ij}^{cv} = \frac{1}{T} C_{ij}^v \qquad (5.5.17)$$ 其中，C_{ij}^{cv} 为用远程通信时由 i 区至 j 区采用交通方式 v 的空间阻隔；C_{ij}^v 为由 i 区至 j 区采用交通方式 v 的空间阻隔。同样根据式(5.5.13)和式(5.5.14)，分别计算每个分区的能远程办公与不能远程办公的居民的可达性，再根据各自所占比重来合计该分区的总可达性

5.5.6　评述

1. 模型比较

依据以上讨论，将可达性模型的主要测算方法进行归纳比较，模型的优缺点见表 5-21。

表 5-21　可达性模型评价

主要模型	主要内容	优点	缺点
距离法	以两点间的距离、出行时间、出行费用来表示端点间的空间阻隔程度	方法较为简单，直观易懂	忽略了目的地的吸引力与人的活动等因素的影响

续表

主要模型	主要内容		优点	缺点
累积机会法	等值线法	根据出行成本进行分级，分别统计不同成本分级下可到达的目标点的数量	适用于分析一个城市的公共、医疗、教育、娱乐等设施的分布情况，从而评价城市土利用规划是否合理，不同群体或区域对于某种服务设施的可达性或接近度是否公平	忽略了目的地的吸引力与距离衰减作用，并且在阈值的选择上具有很大的主观性
	移动搜寻法	以普查单元为圆心，设定极限距离为半径的搜索区，以区内相应设施的总数与总人口数的比值度量空间可达性		
	两步移动搜寻法	鉴于移动搜寻法忽略了实际可达性的时效性因素，该方法在移动搜寻法基础上进行了改善		
势能模型法		基于两区间出行数与出发区的出行发生量和到达区的出行吸引量各成正比，与两区间的行程时间(或费用、距离等)成反比关系建立的未来交通分布预测模型	能考虑路网的变化和土地利用对人们出行产生的影响	小区之间的行驶时间因交通方式和时间段的不同而异，而重力模型使用了同一时间

2. 模型验证与优化

以上模型主要是基于几何度量方法，且大多着眼于空间。而在实际可达性模型应用中，还包含了心理认知因素的主观层面可达性、时间与空间要素整合下的可达性、可达性度量方法针对不同领域的适宜性等综合问题。因此我们提出建立可达性模型的验证或者进一步模型优化可以从以下几个方面考虑。

(1) 根据可达性的概念，结合以往学者的研究及经验，以更细小的研究单元为单位，建立合理的可达性指标的综合评价体系；同时建立相应兴趣点的服务区指标，作为可达性指标体系的辅助参考；实现在大范围小尺度上对可达性的评估。

(2) 整合时间与空间要素，考虑心理认知因素，如结合时间容忍阈值衰减函数等，进而改进可达性度量方法。

(3) 可达性度量方法适宜性模型构建。各种可达性度量方法针对不同领域提出，因此需要对多种可达性度量方法及评价指标进行综合研究，并在此基础上建立完善的可达性度量体系，以解决实际问题。

(4) 结合 GIS 技术，在完善可达性度量体系构建后，利用 GIS 软件提供的相应开发平台及分析功能，将可达性度量方法的适宜性模型与 GIS 平台进行集成。

(5) 结合交通大数据，如基于互联网地图开放 API 接口，获取在选定时段与出行方式下起始点到目的地互联网地图服务的交通实时距离与时间，规避常规方法的建模瓶颈。从交通大数据中提取有用信息，使模型更加符合现实应用。

可达性指标的应用领域日趋广泛，不再仅仅局限于代表两地之间的通达程度，更可以通过建立某项公共设施的可达性指标，来反映一个地区的资源分布均匀程度与合理性；或通过分析研究区域享有的可达性服务指标，讨论可达性与区域的经济、人口、空间等数据的相关关系，从一定程度上反映区域的社会弱势性，以及为城市规划决策、商业选址提供一定的参考。

　　对于可达性的测度与评价，各种方法考虑的因素也日趋全面，利用综合的指标与改进方法来度量，克服了单一指标的局限性，避免了人为主观性的偏差，使得模型更加符合客观实际。随着近年来多层回归分析方法、大数据及智能计算的日趋成熟，空间可达性的度量更加精准，并可适用于更小尺度、更大范围内的研究。

　　然而，目前国内外可达性的评估大多应用于空间的角度，而忽略了时间要素；另外，许多可达性的研究应用的是几何度量的方法，但在现实领域，如景区导游、购物导航的可达性评估都包含了研究对象的心理认知等因素。因而，如何整合时空要素、研究对象的心理认知因素，采用拓扑度量方法，建立起可以用以解决实际问题的可达性度量体系，并利用最新的 GIS 集成技术处理可达性的模型，是未来可达性评价与分析亟待解决的问题。

第6章 空间格局

"格局—结构—过程—机理"是地理学揭示空间分异和区域联系的主要研究范式。空间格局(spatial pattern)表征了空间实体在区域中的分布和配置,反映了不同空间实体间相互作用关系的发生与发展,对于把握区域发展的规律具有重要作用。

本章首先介绍对已有空间格局的描述方法,包括点格局分析、线格局分析(空间句法)和景观格局分析。其中,点格局分析可以从多尺度揭示兴趣点的空间分布及其相互关系,能够提供较为全面的空间尺度信息。空间句法通过量化分析线要素的空间组织,揭示由节点之间的连接关系组成的结构系统,其中凸多边形分割法是空间句法理论中一种重要的分析方法。景观格局分析将生态学理论中的结构和功能关系的研究与地理学中人地耦合的研究有机结合,形成以不同时空尺度下格局过程、人类作用为主导的景观地理理论框架,服务于强调自然与人文因子相结合的资源评价与管理等实际应用领域。本章结构如图6-1所示。

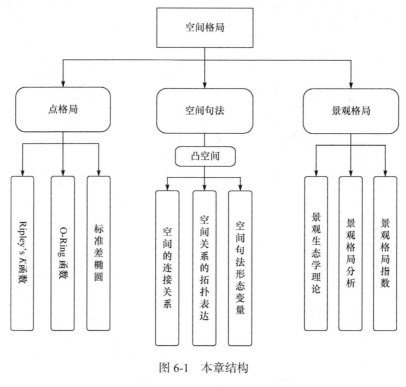

图6-1 本章结构

6.1 点 格 局

空间实体的分布格局与尺度有很大关系。空间格局对于空间尺度及要素密度具有较强的依赖性,传统的空间格局分析方法只是针对单一尺度下的格局,为了解决传统空间格局分析方法存在的问题,学者们提出了能够分析不同尺度上空间实体的分布格局和关系的点格局分析法。它是以个体的空间坐标为基本数据,每个个体都可以视为二维空间的一个点,这样所有个体就组成了空间分布点图,以点图为基础进行格局分析。点格局分析能够在拟合分析的过程中最大限度地利用坐标图的信息，具有较强的检验能力，是真正意义上的空间格局分析。Ripley(1977)提出空间点格局分析法后，国外研究者在 Ripley's $K(t)$ 函数分析法的基础上发展出了 O-ring(t) 函数分析法，使得空间点格局分析法在国际上得到迅速推广(Wiegand and Moloney，2004)。

6.1.1 Ripley's *K* 函数

点状地物分布模式会随着空间尺度的变化而改变。在小尺度下可能呈现出集群分布，在大尺度下可能为随机分布或均匀分布，最邻近距离法不能很好地分析点状地物空间尺度的特征，而 Ripley's K 函数可分析任意尺度上点状要素的空间分布格局。它是分析个体坐标(位置)的工具，简单来说，Ripley's K 函数就是考量样方(点图)内以某点为圆心，以一定长度 r 为半径的圆内个体数目的函数。由数学原理可知，平均数(m)和方差(v)是一维数集的一次和二次特性。同理，密度(λ)和协方差(k)是二维数集的一次和二次特征结构。点格局分析方法考虑了区域中每个个体与其他个体之间的距离，而不仅仅是最近邻体。函数 $K(r)$ 定义为从区域中随机抽取的个体落在以定点为圆心，r 为半径的圆内的期望值。如果区域内的要素是随机分布的，则 $K(r)$ 在实践中用下式估计：

$$K(r) = \frac{A}{n^2} \sum_{i=1}^{n} \sum_{j=1}^{n} \frac{1}{w_{ij}} I_r\left(u_{ij}\right)\left(i \neq j\right) \tag{6.1.1}$$

其中，r 表示空间尺度，u_{ij} 表示个体 i 与 j 的距离；w_{ij} 是以 i 为圆心 u_{ij} 为半径的圆落在面积 A 中的比例；n 为样地中个体总数。当个体 i 和 j 的距离 $u_{ij} \leqslant r$ 时，$I_r(u)$ 为 1，否则为 0。

另外为了使 Ripley's K 函数判断实际观测点空间格局是空间集聚(space aggregation)、空间发散(spatial divergence)，还是空间随机分布(spatial random distribution)，可构造指标 $L(r)$ 和 $\Delta(r)$：

$$L(r) = \sqrt{\frac{K(r)}{\pi}} - r \tag{6.1.2}$$

$$\Delta(r) = K(r) - \pi r^2 \tag{6.1.3}$$

当 $L(r)=0$ 时，表示随机分布；当 $L(r)>0$ 时，说明点实体为聚集分布；当 $L(r)<0$ 时，则表示空间点集呈均匀分布。

由式(6.1.2)可知，L 函数相当于 Ripley's K 函数减去期望的结果，在完全随机模式中，$L(d)=0$。因此，L 函数不仅简化了计算，而且更容易比较与完全随机模式的差异。$L(r)$ 的置信区间采用不同置信水平的 Monte-Carlo 方法求得。用兴趣点实际分布数据(点图)计算得到不同尺度下的 $L(r)$ 值，若在包迹线以内，则符合随机分布；若在包迹线以外，则显著偏离随机分布。当兴趣点呈现聚集分布时，把偏离随机置信区间最大值作为最大聚集强度指标，而聚集规模为以聚集强度为半径的圆。

该函数可以反映要素质心的空间集聚或空间扩散在邻域大小发生变化时是如何变化的，可用于分析多尺度空间的点格局集聚特征。图 6-2 是解释未加权 K 函数结果。如果特定距离的 K 观测值大于 K 预期值，则与该距离(分析尺度)的随机分布相比，该分布的聚集程度更高。如果 K 观测值小于 K 预期值，则与该距离的随机分布相比，该分布的离散程度更高。如果 K 观测值大于较高的置信区间值，则该距离的空间聚集具有显著性。如果 K 观测值小于较低的置信区间值，则该距离的空间离散具有显著性。

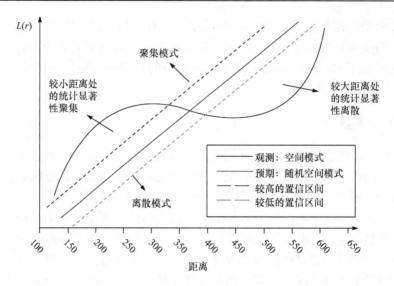

图 6-2　未加权 K 函数结果

图 6-3 为 $K(r)$ 的计算过程, 主要分为以下两个步骤。

(1) 在给定初始半径 r 的情况下, 分别以数据集中的每一个点实体 P_i 为中心画圆, 计算数据集中落入该圆的点的个数, 记为 $N(P_i)$; 对 $N(P_i)$ 求和后除以点的总个数 n, 然后除以数据在研究区域内的平均分布密度(n 除以研究区域的面积), 即为 $K(r)$。

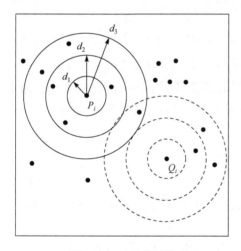

图 6-3　$K(r)$ 函数计算

(2) 增大半径 r, 重复执行上述过程, 得到关于 $r=\{r_1,r_2,\cdots,r_m\}$ 的 $K(r)$ 函数。

Ripley's K 函数在群落、疾病发病点、森林火点、地震发生点等研究之中得到了广泛的应用, 其最大优势在于多尺度的空间格局分析。但是它也存在一些不足: Ripley's K 函数包括了以某一距离(尺度)为半径的圆中的所有信息, 随着距离(尺度)的增大, 大距离(尺度)上的分析结果就包括了小距离(尺度)的信息, 这种累积性的计算混淆了大尺度与小尺度的效应。

6.1.2　O-ring 函数

O-ring 函数克服了 Ripley's K 混淆尺度这一缺点并得到广泛应用, 这类函数称为邻域密度函数(neighborhood density function)。它们是在 Ripley's K 函数的基础上演变来的, 由圆环代替圆来进行计算, 分离了特定距离的等级, 消除了尺度上的累积效应, 是 Ripley's K 函数的重要补充。Perry 通过验证和比较不同点格局方法, 指出 "邻体密度函数与实际最相符、最稳健" (Perry et al., 1999)。O-ring 统计包括单变量 O-ring 统计和双变量 O-ring 统计。其中, 单变量 O-ring 统计可分析单一目标的空间分布格局, 双变量 O-ring 统计用于分析两个变量的空间关联性。双变量 O-ring 统计的计算公式为

$$O_{12}^{w}(t) = \frac{\dfrac{1}{n_1}\displaystyle\sum_{i=1}^{n_i}\mathrm{Poi}_2\left(R_{1,t}^{w}(t)\right)}{\dfrac{1}{n_1}\displaystyle\sum_{i=1}^{n_i}\mathrm{Area}\left(R_{1,t}^{w}(t)\right)} \tag{6.1.4}$$

$$\mathrm{Poi}_2\left(R_{1,t}^{w}(t)\right) = \sum_{x}\sum_{y}S(x,y)P_2(x,y)I_t^{w}(x_i,y_i,x,y) \tag{6.1.5}$$

$$\mathrm{Area}\left(R_{1,t}^{w}(t)\right) = z^2\sum_{all\cdot x}\sum_{all\cdot y}S(x,y)I_t^{w}(x_i,y_i,x,y) \tag{6.1.6}$$

$$I_t^{w}(x_i,y_i,x,y) = \begin{cases} 1 & \text{当}\ t-w/2 \leqslant \sqrt{(x-x_i)^2+(y-y_i)^2} \\ 0 & \text{其他} \end{cases} \tag{6.1.7}$$

其中，$R_{1,t}^{w}(t)$ 为格局 1 中的以第 i 点为圆心，t 为半径，w 为宽度的圆环；$\mathrm{Poi}_2(X)$ 为计算区域 X 内格局 2(双变量统计中对象 2)的点数目；$\mathrm{Area}(X)$ 为区域 X 面积；(x_i,y_i) 为格局 1 中第 i 点的坐标；$S(x,y)$ 为二分类变量，如果坐标(x,y)在研究区域 X 内，则$S(x,y)=1$，否则$S(x,y)=0$；$P_2(x,y)$ 为分布在单元格内格局 2 的点的数目；$I_t^{w}(x_i,y_i,x,y)$ 为随格局 1 中第 i 点为中心，t 为半径的圆而变化的变量；z^2 为一个单元格的面积。同样，单变量 O-ring 统计值 $O_{ii}(t)$ 也是通过设定格局 1 等于格局 2 来计算。

由于 Ripley's K 函数对土壤、地形等内部的异质性探测不太敏感，同时随着研究尺度的增大会导致明显的累积效应，并且由于忽略了样圆与样地两条边存在 4 个交点的情形(在景观中同样会存在该现象)，引起 $L(r)$ 值明显高估等问题，这些可能都会使其在实际应用中存在误差。而 O-ring 函数因采用圆环来代替 Ripley's K 函数中的圆，从而可以有效消除尺度的累积效应。同时，该方法具有更高的灵敏性。

图 6-4 为 Ripley's K 函数与 O-ring 函数的原理示意图。总之，这两种方法的优劣是相对的，应该根据研究对象的特点和实际需要来选择适合的分析方法。

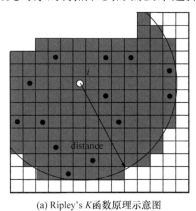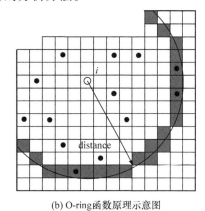

(a) Ripley's K函数原理示意图　　　　　　　(b) O-ring函数原理示意图

图 6-4　Ripley's K 函数与 O-ring 函数对比

6.1.3　标准差椭圆模型

测量一组点或区域的趋势的一种常用方法便是分别计算 x 和 y 方向上的标准距离。这两个测量值可用于定义一个包含所有要素分布的椭圆的轴线。因为该方法是由平均中心作为起

点对 x 坐标和 y 坐标的标准差进行计算，从而定义椭圆的轴，所以该椭圆被称为标准差椭圆。利用该椭圆，可以查看要素的分布是否是狭长形的，并因此具有特定方向。

正如通过在地图上绘制实体可以感受到实体的方向性一样，计算标准差椭圆则可使这种趋向变得更为明确。可以根据实体的位置点或受与要素关联的某个属性值影响的位置点来计算标准差椭圆。后者称为加权标准差椭圆。

标准差椭圆的生成算法比较简单，主要是要确定三个参数：圆心、旋转角度、xy 轴的长度。

1）圆心

方向分布的圆心，直接利用算数平均中心来计算椭圆的圆心，公式为

$$\mathrm{SDE}_x = \sqrt{\frac{\sum\limits_{i=1}^{n}(x_i - \bar{X})^2}{n}} \tag{6.1.8}$$

$$\mathrm{SDE}_y = \sqrt{\frac{\sum\limits_{i=1}^{n}(y_i - \bar{Y})^2}{n}} \tag{6.1.9}$$

其中，x_i 和 y_i 为每个要素的空间位置坐标；$\bar{X}$ 和 $\bar{Y}$ 为算数平均中心；n 为要素总数。

2）旋转角度

以 x 轴为准，正北方为 $0°$，顺时针旋转，计算公式为

$$\tan\theta = \frac{A+B}{C}$$

$$A = \left(\sum_{i=1}^{n}\tilde{x}_i^2 - \sum_{i=1}^{n}\tilde{y}_i^2\right)$$

$$B = \sqrt{\left(\sum_{i=1}^{n}\tilde{x}_i^2 - \sum_{i=1}^{n}\tilde{y}_i^2\right)^2 + 4\left(\sum_{i=1}^{n}\tilde{x}_i\tilde{y}_i\right)^2} \tag{6.1.10}$$

$$C = 2\sum_{i=1}^{n}\tilde{x}_i\tilde{y}_i$$

其中，$\tilde{x}_i$ 与 $\tilde{y}_i$ 为 xy 坐标与平均中心的偏差。

3) x 轴与 y 轴的标准差

$$\sigma^x = \sqrt{\frac{\sum\limits_{i=1}^{n}(\tilde{x}_i\cos\theta - \tilde{y}_i\sin\theta)^2}{n}}$$

$$\sigma^y = \sqrt{\frac{\sum\limits_{i=1}^{n}(\tilde{x}_i\sin\theta - \tilde{y}_i\cos\theta)^2}{n}} \tag{6.1.11}$$

图 6-5 为某区域公共设施点分布的标准差椭圆。在标准差椭圆中，椭圆的长半轴表示的是数据分布的方向，短半轴表示的是数据分布的范围，长短半轴的值差距越大(扁率越大)，表示数据的方向性越明显。反之，如果长短半轴越接近，表示方向性越不明显。如果长短半轴完全相等，就是一个圆了，这就表示没有任何的方向特征。短半轴越短，表示数据呈现的向

心力越明显；反之，短半轴越长，表示数据的离散程度越大。同样，如果短半轴与长半轴完全相等了，就表示数据没有任何的分布特征。中心点表示了整个数据的中心位置，一般来说，只要数据的变异程度不是很大，这个中心点的位置与算数平均数的位置基本上是一致的。

标准差椭圆可以应用到以下分析中。

(1) 在地图上标示一组犯罪行为的分布趋势可以确定该行为与特定要素(一系列酒吧或餐馆、某条特定街道等)的关系。

(2) 在地图上标示地下水井样本的特定污染可以指示毒素的扩散方式，这在部署减灾策略时非常有用。

(3) 对各个种族或民族所在区域的椭圆的大小、形状和重叠部分进行比较，可以提供与种族隔离或民族隔离相关的深入信息。

(4) 绘制一段时间内疾病爆发情况的椭圆可建立疾病传播的模型。

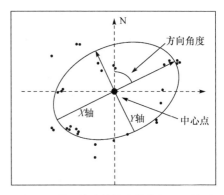

图 6-5 某区域公共设施分布标准差椭圆

6.1.4 点格局分析法的优缺点

点格局分析方法的优点如下。

(1) 空间点格局方法最大限度地利用了点与点之间的距离信息，能够提供较为全面的空间尺度信息，是真正意义上的空间格局分析。

(2) 空间点格局分析法不仅可以对空间格局进行定量描述，也可以分析任意尺度上空间格局的相互关系，同时还能够分析空间实体的分布格局的最大聚集强度及其对应的尺度，为区域内空间格局的比较提供了方便。

其缺点如下。

(1) 由于点格局分析基于所有空间点实体，对数据量要求较高。

(2) 点格局分析把所有个体当成空间里的点，因此对空间内部或各空间实体间的差异缺乏关注，在揭示区域内部空间实体的相互关系方面不够准确。为了克服这个缺点，在实际研究中一般采用根据高度、径级或结合二者区分大小级的方法。

(3) 点格局方法对空间异质性的探测不敏感，而在实际研究中，土壤、地形等环境的异质性对空间格局有重要的影响。

6.2 空 间 句 法

空间句法(space syntax)是拓扑研究方法的深化。主要用中心度和连接度两个拓扑学的概念来量化分析网络的优化程度，并在拓扑研究基础上增加了人在空间中的实际活动和空间结构感受，以及对空间社会性的认识。空间句法主要是由伦敦大学的 Hiller 和 Hanson(1984)在他们的书 *The Social Logic of Space* 提出的，通过量化分析城市空间组织，重在揭示由节点间的连接关系组成的结构系统。其原理是对城市空间进行分割，以生成的句法轴线为新的空间单元，分析其内在关联和变化规律。对于城市街道交通系统，它能够在抽象空间系统上采用轴线的方式进行句法建模，其表现形式是轴线地图(axial map)。轴线地图是把范围内的城市街道/道路网用数量最小、最长的直线描绘出的空间网络。借助可视化，可以得到一系列空间形态分析变量，用以量化分析城市空间形态的演化特征和演化规律。

1. 凸空间

假设一个空间内部，任意两点之间可以互视，那么它就被称为凸空间。不是凸空间的，可以把它变成由凸空间组成的系统。参与空间句法运算的，都是凸空间，习惯上称为"元素"。

1) 空间之间的连接关系

两个空间之间要么是直接连接(directly linked)，要么是通过其他过渡空间连接的间接连接(indirectly linked)。在空间句法的数学思想中，对于空间之间的连接关系的考察是十分关键的。

2) 空间关系的拓扑学表达

将空间系统的 GPS 坐标信息抹去，只考虑其拓扑学关系，可以把拓扑结构图重绘成许多种状态，称为空间关系重映射(relationship remapping)，习惯上把最下方的这个空间称为"中心"。空间重映射后，拓扑关系变得较为简单直观。

在空间句法方法中，这种用节点和连线来描述结构关系的图解被称为关系图解(justified graph)，简称 J 图，如图 6-6 所示。关系图解为空间构形提供了有效的描述方法，同时也是对构形进行量化的重要途径。依据这些关系图解，可以进一步计算系统中每个空间元素的句法形态指标，包括深度值(depth)、连接度(connectivity)、控制值(control value)和整合度(integration)等。

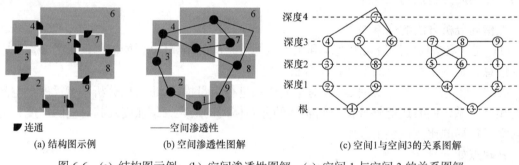

(a) 结构图示例　　　　(b) 空间渗透性图解　　　　(c) 空间1与空间3的关系图解

图 6-6 (a) 结构图示例；(b) 空间渗透性图解；(c) 空间 1 与空间 3 的关系图解

(1) 深度值是基于 J 图的一个最基本的形态分析变量，它代表的是两空间/节点之间连接的最短距离/步数。

(2) 连接度是和目标空间直接相连接的空间数目。

(3) 控制值是连接度的优化，表征一个空间对与之相交空间的控制程度，反映一个空间对周围空间的影响程度。控制值是理想状态下空间可选择性的评价方式。高控制值表征既定空间对其临域空间的影响程度高。

(4) 整合度反映了一个空间单元到系统中其他空间的便捷程度，是空间句法可达性的一种测度。整合度的值越高，表征句法可达性越高，系统中到达该空间所必须穿过的空间数目越少。对于某一特定空间来说，整合度分为全局整合度(global integration，GInteg)与局部整合度(local integration，LInteg)。全局整合度考虑系统中的所有空间到该空间的句法可达性，而局部整合度只考虑该空间到某一既定空间半径内其他空间的可达性。整合度由相对不确定值(relative asymmetry，RA)和实际相对不确定值(real relative asymmetry，RRA)来表达。需要注意的是，整合度是个相对值，在不同的轴线图中整合度值的高低比较没有意义，只能在同一轴线图中表示形态和网络的优劣情况。

(5) 空间智能度(spatial intelligence)表述了空间局部与整体连接特征的相互关系。如果局部范围内连接度较高的空间，在整体上其整合度也较高，那么这个空间系统就被认为是清晰的、容易理解的。较低的空间智能度表明行人不容易通过街区的局部特征来感知整个街区系统的空间特征。智能度的实质反映了观察者通过对局部范围内空间连通性的观察进一步获得整体空间可达性信息多少的程度。空间智能度高的城市系统，通过任一局部空间可以直接获得城市系统空间的可达性信息量较高；反之，智能度值低的城市系统，通过局部空间获得的整个系统的信息量较少。

3) 空间句法形态变量计算

将空间结构转译成拓扑结构以后，空间之间的关系就是可以计算的了。空间句法的基本思路是：把空间中的每个元素都分别拿出来作为中心，进行空间重映射，运用某种算法进行计算，并将计算结果反馈回来作为中心空间的分析变量值。空间句法的计算，采用"总和特征"的方式，在空间重映射后，把需要考察的某一种空间关系进行全系统加总，将反馈的数值记在中心空间属性上。

关于研究半径的设定，城市空间的相互作用、城市功能的对外辐射，是有半径的。有的小街小巷只服务附近小区的居民，而有的商业中心，具有全局性的影响力。城市中能够辐射全局的商业中心区，数量是非常有限的。通过设定研究半径，可以方便学者从宏观到微观的分层对比。

相关形态变量说明如下，具体计算公式见表 6-1。

表 6-1　空间形态变量表

参数名称	计算公式	公式说明	参数含义
连接度	$C_i = k$	k 是与第 i 个节点直接相连的节点数	与一个空间单元直接连接的空间数目。空间连接度值越高，则表示空间渗透性越好
控制值	$\mathrm{Ctrl}_i = \sum_{j=1}^{k} \dfrac{1}{C_j}$	k 是与第 i 个节点直接相连的节点数；$j(j=1,2,3,\cdots,k)$ 是与节点 i 直接相连的节点；C_j 是第 j 个节点的连接值	一个空间对与之相交的空间的控制程度
深度值	$D_i = \sum_{j=1}^{n} d_{ij}$	d_{ij} 是连接图上任何两点 i 和 j 之间的最短距离	表示某一节点距其他所有节点的最短距离
全局集成度	$I_i = \mathrm{RA}_i = \dfrac{2(\mathrm{MD}_i - 1)}{n-2}$	MD_i 为平均深度值；n 为一个连接图的总节点数	表示该单元空间在整体系统中的可达便捷程度
局部集成度	$I_i = \mathrm{RRA}_i = \dfrac{\mathrm{RA}_i}{D_m} \dfrac{\dfrac{2m\left(\log_2\left(\dfrac{m+2}{3}-1\right)+1\right)}{(m-1)(m-2)}}{\dfrac{2[\mathrm{MD}_i - 1]}{m-2}}$ $= \dfrac{m\left(\log_2\left(\dfrac{m+2}{3}-1\right)+1\right)}{(m-1)\left|\mathrm{MD}_i - 1\right|}$	m 为指定的深度值	一个空间与其他几步之内的空间的关系，修正不同数目轴线导致的集成度值的数值差异
空间智能度	$R^2 = \dfrac{\left|\sum\left(C_i - \bar{C}\right)\left(I_i - \bar{I}\right)\right|^2}{\sum\left(C_i - \bar{C}\right)^2\left(I_i - \bar{I}\right)^2}$	$\bar{C}$ 为所有单元空间连接值的均值；$\bar{I}$ 为所有单元空间全局集成度的均值	是全局集成度和局部集成度的线性相关值。若局部中心和全局中心重合度高，说明这个空间是智能的，反之亦然

(1) 连接度(connect)。连接度指标表示系统中与第 i 个空间相交的其他单元空间的数目，对应于轴线图，连接值则表示与指定道路 i 相交的其他道路的总数。其表达式为

$$C_i = k \tag{6.2.1}$$

(2) 控制值(control)。控制值指标表征一个空间对与之相交空间的控制程度，反映一个空间对周围空间的影响大小。控制值是理想状态下的空间可选择性的评价方式。如果舍弃社会、经济、技术层面的因素，主体对空间单元格的选择自由度，是和该空间相邻单元的选择自由度，是由和该空间相邻的空间数目决定的。

控制值指标正是基于空间连接数目通过数学均权模型后得到的。公式为

$$\text{Ctrl}_i = \sum_{j=1}^{k} \frac{1}{C_j} \tag{6.2.2}$$

其中，k 为与第 i 个节点直接相连的节点数，$j\,(j=1,2,3\cdots,k)$ 为与节点 i 直接相连的节点，C_j 为第 j 个节点的连接值。

(3) 深度值(depth)。深度值指标表征某一节点距其他所有节点的最短距离。深度值不是一个独立的形态变量，是计算集成度的一个中间变量。假设 d_{ij} 是连接图上任何两点 i 和 j 之间的最短距离，那么总深度为

$$D_i = \sum_{j=1}^{n} d_{ij} \tag{6.2.3}$$

平均深度值(mean depth)为

$$\text{MD}_i = \frac{\sum_{j=1}^{n} d_{ij}}{n-1} \tag{6.2.4}$$

其中，n 为一个连接图的总节点数。

空间在整个系统中的拓扑深度越浅，空间整合度越高，反之亦然。平均深度值越低，表示了该节点在网络中更容易到达其他节点，网络的拓扑可达性就越高，反之拓扑可达性就越低。

(4) 全局集成度(GInteg)与局部集成度(LInteg)。集成度指标反映了一个单元空间与系统中其他空间的集聚或离散程度。当集成度值越大，表示该空间在系统中的便捷程度越大，也就是该空间在系统中处于较便捷的位置；反之，则空间处于不便捷的位置。集成度越高的地方，人流量越大，从而吸引商店、超市及城市基础设施到集成度较高的道路或街道。

集成度由相对不对称值 RA_i 和实际相对不对称值 RRA_i 来表达：

$$I_i = \text{RA}_i = \frac{2(\text{MD}_i - 1)}{n-2} \tag{6.2.5}$$

和

$$I_i = \text{RRA}_i = \frac{\text{RA}_i}{D_m} = \frac{\dfrac{2m\left(\log_2\left(\dfrac{m+2}{3}-1\right)+1\right)}{(m-1)(m-2)}}{\dfrac{2|\text{MD}_i-1|}{m-2}} = \frac{m\left(\log_2\left(\dfrac{m+2}{3}-1\right)+1\right)}{(m-1)|\text{MD}_i-1|} \tag{6.2.6}$$

其中，m 为指定的深度值。

根据所考虑节点的情况,集成度表征一个空间与局部空间或整体空间的关系,集成度值是个相对值。在不同轴线图中集成度值的高低比较没有任何意义,只能在同一轴线图中表示形态和网络的优劣情况。

集成度值大于1时,空间对象的集聚性就较强,值介于0.4~0.6时,空间对象的布局则分散。

(5) 智能度(R^2)。空间智能度(spatial intelligence)表述了空间局部与整体连接特征的相互关系。如果局部范围内连通值较高的空间在整体上其集成度值也较高,那么这个空间系统是清晰的、容易理解的。较低的智能关联值表明行人不容易通过街区或道路的局部特征来感知整个街区系统的空间特征。

智能度的实质反映了观察者通过对局部范围内空间连通性的观察,进一步获得了整体空间可达性信息多少的程度。智能意味着从局部感受整体,而非智能就很难有整体的概念。

$$R^2 = \frac{\left|\sum\left(C_i - \overline{C}\right)\left(I_i - \overline{I}\right)\right|^2}{\sum\left(C_i - \overline{C}\right)^2\left(I_i - \overline{I}\right)^2} \tag{6.2.7}$$

其中,$\overline{C}$为所有单元空间连接值的均值;$\overline{I}$为所有单元空间全局集成度的均值。

6.3 景 观 格 局

景观(landscape)是在气候、地貌、土壤、植被、水文、生物等自然要素及人为干扰作用下形成的有机整体。景观格局(landscape pattern)一般指大小和形状不一的景观斑块在空间上的配置。景观格局是空间异质性的具体表现,同时又是包括干扰在内的各种地理过程在不同尺度上作用的结果,因此可以说是过程的产物。本节首先介绍景观格局的基本概念、特征,进而介绍景观格局分析方法,景观格局分析的目的是从看似无序的景观斑块集合中发现潜在的、有意义的地理规律。景观格局变化的量化可以借助于景观格局指数,它对于定量描述景观格局和景观空间配置与动态变化,揭示景观结构功能与过程具有重要作用。

6.3.1 理论基础

1. 景观

景观的定义分为狭义和广义两种。狭义景观是指在几十千米至几百千米范围内,由不同类型生态系统所组成的、具有重复性格局的异质性地理单元。而反映气候、地理、生物、经济、社会和文化综合特征的景观复合体相应地称为区域。狭义景观和区域即人们通常所指的宏观景观;广义景观则包括从微观到宏观不同尺度上的,具有异质性或斑块性的空间单元。广义景观概念强调空间异质性,景观的绝对空间尺度随研究对象、方法和目的而变化。它体现地理要素多尺度和等级结构的特征,有助于多学科、多途径研究。因此,这一概念越来越广泛地为景观格局研究领域所关注和采用。

目前,地理学中对景观比较一致的理解是:景观是由各个在生态上和发生上共轭的、有规律结合在一起的最简单的地域单元所组成的复杂地域系统,并且是各要素相互作用的自然地理过程总体,这种相互作用决定了景观动态。因此,地理学主要关注景观的要素(气候、地貌、土壤、植被等)特征和景观形成的过程,并由此形成了没有空间尺度限制的类型学派理解和代表着发生上最具一致的某个地域(或地段)的区域学派理解。而景观生态学则以景观单元间的组合和相互作用为主要研究内容，视景观为具有空间可测量性的异质性空间单元，同时也接受了地理学中景观的类型含义(如城镇景观、农业景观)。综合起来，对景观可作如下理解。

(1) 景观由不同空间单元镶嵌组成，具有异质性。

(2) 景观是具有明显形态特征与功能联系的空间实体，其结构与功能具有相关性和地域性。

(3) 景观是生物的栖息地，更是人类的生存环境。

(4) 景观是处于生态系统之上、区域之下的中间尺度，具有尺度性。

(5) 景观具有经济、生态和文化的多重价值，表现为综合性。

2. 格局、过程与尺度

格局、过程(功能)和尺度这三者组成了景观研究的核心内容。格局是一种空间格局，广义地讲，它包括景观组成单元的类型、数目及空间分布与配置。例如，不同类型的斑块可在空间上呈随机型、均匀型或聚集型分布。景观结构的斑块特征、空间相关程度及详细格局特征可通过一系列数量方法进行研究。与格局不同，过程强调事件或现象发生、发展的动态特征。广义地讲，尺度(scale)是指在研究某一物体或现象时所采用的空间或时间单位，同时又可指某一现象或过程在空间和时间上所涉及的范围和发生的频率。在景观研究中，尺度往往以粒度(grain)和幅度(extent)来表达。空间粒度(图 6-7)指景观中最小可辨识单元所代表的特征长度、面积或体积(如样方、像元)；时间粒度是指某一现象或事件发生的(或取样的)频率或时间间隔。幅度是指研究对象在空间或时间上的持续范围或长度。具体而言，所研究区域的总面积决定该研究的空间幅度；而研究持续多久，则确定其时间幅度。大尺度(或粗尺度，coarse scale)是指大空间范围或时间幅度，往往对应于小比例尺、低分辨率；而小尺度(或细尺度，fine scale)则常指小空间范围或短时间，往往对应于大比例尺、高分辨率(图 6-8)。地理景观强调空间格局、过程与尺度之间的相互作用，同时将人类活动与地理要素结构和功能相结合也是其重要学科特点和研究优势。

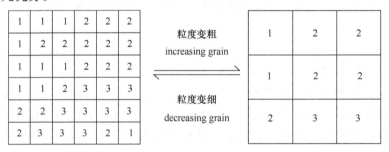

图 6-7　粒度的变化

景观格局与过程之间存在着紧密联系，在以往的景观研究上，人们认为"过程产生格局，格局作用于过程，格局与过程的相互作用具有尺度依赖性"。但事实上，特定的景观空间格局并不必然与某些特定的过程相关联，而且即便相关也未必是双向的互相作用。因此，格局-过程原理需要具体问题具体分析，以明确其关联的性质及其尺度依赖性特征。在解决实际问题时，景观格局和过程之间具有多种多样的相互影响和作用，忽略任何一方，都不能达到对景观特性的全面理解和准确把握。

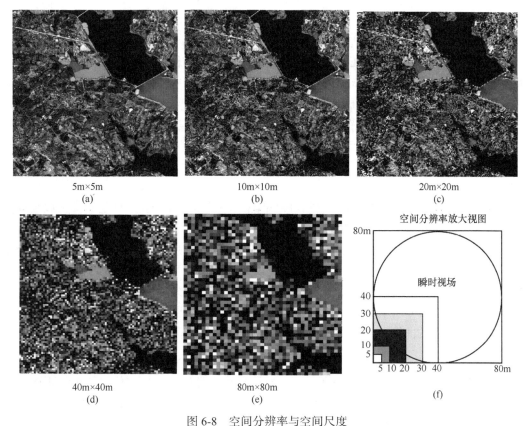

5m×5m
(a)

10m×10m
(b)

20m×20m
(c)

40m×40m
(d)

80m×80m
(e)

空间分辨率放大视图

瞬时视场

(f)

图 6-8 空间分辨率与空间尺度

3. 景观格局的特征

景观格局是指大小和形状各异的景观要素在空间上的排列和组合，包括景观组成单元的类型、数目及空间分布与配置。整体特征包括一系列相互叠加及在某种程度上相互联系的特征，反映了景观的基本属性。景观镶嵌格局在所有尺度上都存在，并且都是由斑块、廊道和基质构成，即斑块-廊道-基质模式(patch-corridor-matrix model)。斑块-廊道-基质的组合是最常见、最简单的景观空间格局构型，是决定景观功能、格局和过程随时间变化的主要因素。景观异质性是自然界中的一种普遍现象，是景观的基本属性。它主要反映在景观要素多样性、空间格局复杂性及空间相关的动态性。景观格局是景观异质性的具体表现，又是各种过程在不同尺度上作用的结果。景观异质性及其测度是景观格局研究的基本问题之一，认识景观异质性是了解景观过程和动态的基础。

景观异质性研究主要侧重于以下三个方面。

(1) 空间异质性，景观结构在空间分布的复杂性。

(2) 时间异质性，景观空间结构在不同时段的差异性。

(3) 功能异质性，景观结构的功能指标，如物质、能量和物种流等空间分布的差异性。

1) 斑块-廊道-基质模式

景观要素的空间镶嵌似乎有无限可能，如串珠状排列的斑块、小斑块群、相邻的大小斑块、两种彼此相斥且隔离的斑块等。但是，所有的景观空间格局都是斑块-廊道-基质模式。

(1) 斑块。是外观上不同于周围环境的相对均质的非线性地表区域，具有相对同质性，是构成景观的基本结构和功能单元。影响斑块起源的主要因素包括环境异质性、自然干扰和人类活动。

斑块在景观中不是独立存在的。某些特定的斑块镶嵌结构在不同的景观中重复出现，不同类型的斑块之间存在着正的或负的组合规律，并且呈现随机、均匀或是聚集的格局。探索这些格局不仅有助于深入理解斑块的成因，还可以了解斑块间潜在的相互作用。

斑块性(patchiness)，也称为镶嵌度，普遍存在于各种地理要素的每一个时空尺度上，如广场、居住用地、草地、湖泊等镶嵌形成城市景观，而每一景观内部又由大小、内容和持续时间不同的各种类型的斑块组成。许多空间格局和地理过程都由斑块和斑块动态(patch dynamics)来决定。

(2) 廊道。是线性的景观单元，它既可以呈隔离的条状，如公路、河道；又可以与周围的基质呈过渡性连续分布，如某些更新过程中的带状采伐迹地。几乎所有的景观都被廊道所分割，又被廊道联系在一起，因此它具有通道和阻隔的双重作用。廊道的结构特征对一个景观的生态过程有着强烈的影响，廊道在起源、宽度、连通性、弯曲度方面的不同都会对景观带来不同的影响。它的作用在人类影响较大的景观中显得更加突出。

廊道的结构特征可以用曲度、宽度、连通性和内环境来反映。

a. 曲度。廊道的曲度可以简单地用廊道中的断点数来表示。

$$Q(L) = L^{D_q} \tag{6.3.1}$$

其中，Q 为廊道的实际长度；L 为参照长度，如从初始位置到某一特定位置的直线距离；D_q 为廊道的分维数，变化范围为 1~2。当 D_q 值接近 1 时，描述对象为一直线；当 D_q 值接近 2 时，线的弯曲程度相当复杂，几乎布满整个平面。

廊道弯曲程度具有重要的生态意义。一般来说，廊道越直，距离越短，物质、能量和物种在景观中两点间的移动速度就越快。而经由蜿蜒廊道穿越景观则需要更长的时间，存留的时间越长。

b. 宽度。廊道宽度的变化对于沿廊道或穿越廊道的物质、能量和物种流动具有重要影响，而宽的廊道具有与斑块类似的功能。

c. 连通性。廊道有无断开是确定通道和屏障功能效率的重要因素。连通性是指廊道在空间上的连接或连续的量度，可简单地用廊道单位长度上间断点(breaks)的数量表示，是廊道结构的主要量度指标之一。

d. 内环境。廊道可以看成是线性的斑块，具有较大的边缘生境和较小的内部生境。在沿着廊道的方向，由于廊道在景观中延伸一段距离，其两端往往也存在差异。一般来说都会存在一定的梯度，即物种组成和相对丰度沿廊道逐渐变化。这个梯度可能与环境梯度或入侵相关，也可能是干扰的结果。

(3) 基质。景观由若干类型的景观要素组成。其中基质是面积最大、连通性最好的景观要素类型，如辽阔的草原、荒漠等，因此在景观功能上起着重要作用，影响能流、物流和物种流。要将基质与斑块区别开，首先应研究它们的相对比例和构型。在整个景观区域内，基质的面积相对较大。一般来说，它以凹形边界将其他景观要素包围起来。在所包围的斑块密集地，它们之间相连的区域很窄。在整体上基质对景观动态具有控制作用。

有三个标准来确定基质：相对面积、连接度和控制程度。

a. 相对面积。面积最大的景观要素类型往往也控制景观中的流。因此，当景观中某一要素所占的面积比其他要素大得多时，这种要素类型就可能是基质。

b. 连通度。基质的连通度比其他现存景观要素高，如果景观中的某一要素(通常为线状或带状要素)连接得较为完好，并环绕所有其他现存景观要素时，即空间没有被边界隔开，则可认为该要素是基质。

c. 控制程度。基质对景观动态的控制程度较其他景观要素类型大。

以上三种标准中相对面积最容易估测，动态控制最难评价，而控制程度的重要性要大于相对面积和连通度。因此，确定基质时，最好先计算全部景观要素类型的相对面积和连通度。如果某种景观要素类型的面积较其他景观要素大得多，就可确定其为基质。如果经常出现的景观要素类型的面积大体相似，那么连通度最高的类型可视为基质。

根据斑块-廊道-基质模式，景观格局可以分为如表 6-2 所示的五种基本类型。

表 6-2 景观格局的类型

类型	内容
规则或均匀分布格局	指某一特定类型景观要素间的距离相对一致的一种景观，如平原农田林网控制下的景观
聚集(团聚)型分布格局	指同一类型的景观要素斑块相对聚集在一起，同类景观要素相对集中，在景观中形成若干较大面积的分布区，再散布在整个景观中。例如，在丘陵农业景观中，农田多聚集在村庄附近或道路的一端
线状格局	指同一类景观要素的斑块呈线性分布，如沿公路零散分布的房屋、干旱地区(或山地)沿河分布的耕地
平行格局	指同一类型的景观要素斑块呈平行分布，如侵蚀活跃地区的平行河流廊道、山地景观中沿山脊分布的林地
特定的组合或空间联结的格局	指不同的景观要素类型由于某种原因经常相联结分布。空间联结可以是正相关，如城市和道路相连、稻田与水域相连；也可以是负相关，如平原稻田很少有大片森林出现

2) 景观多样性

景观多样性(landscape diversity)是指由不同类型生态系统构成的景观在格局、功能和动态方面的多样性或变异性，它反映了景观的复杂性程度。景观多样性包括三个方面的含义，即斑块多样性、类型多样性和格局多样性。

斑块多样性是指景观中斑块数量、大小和形状的多样性和复杂性，决定了景观中的资源和干扰的分布格局。斑块多样性提高可能提高地理要素多样性，降低干扰的影响。

类型多样性是指景观类型的丰富度，即景观类型(如农田、森林、草地等)的数目多少及其比例关系。

格局多样性是指景观类型空间镶嵌的多样性。格局多样性多考虑同一类型间的连通性和连接度、相邻斑块间的聚集与分散程度，主要用来反映不同景观类型的相互作用强度。

景观多样性研究所关注的具体指标包括景观中的斑块数目、面积大小、形状、破碎度、分形维数(斑块多样性)；类型的多样性指数、优势度、丰富度(类型多样性)、聚集度、连通性、连接度、分形维数等(格局多样性)。

3) 景观异质性

景观异质性(heterogeneity)是景观的重要属性之一，它是指景观要素在空间上分布的不均匀性及复杂程度。景观异质性是空间梯度(gradient)和空间斑块性(patchiness)的综合反映。

(1) 空间梯度是指沿某一方向景观特征有规律地逐渐变化的空间特征,如在大尺度上的海拔梯度或者小尺度上的斑块边缘—核心区梯度。

(2) 斑块性也代表镶嵌结构,强调斑块的种类组成特征及其空间分布与配置的关系。景观要素在空间聚集,具有明显的边界,以斑块和廊道为基本组成单元。它主要表现在两个方面:一是组成要素的异质性,即景观中包含的景观要素的丰富程度及其相对数量关系,或称为多样性;二是空间分布的异质性,即景观要素空间分布的相互关系。

景观异质性一般分为空间异质性和时间异质性。空间异质性是指景观系统在空间分布上的不均匀性和复杂性,既包括二维平面的空间异质性,又包括垂直空间异质性及由二者组成的三维立体空间异质性。空间异质性还可以被细分为空间组成、空间构型、空间相关三个组分(表6-3)。时间异质性指景观系统特征在时间变化过程中分布的不均匀性和复杂性。时间只有一个维度,景观系统特征在时间上的变化具有周期性,景观在各时间区段彼此是异质的。由于时间异质性的研究已经很广泛,下面我们对异质性的探讨主要是空间异质性。

表 6-3　空间异质性包含的内容

内容	定义
空间组成	生态系统的类型、数量、面积与比例
空间构型	生态系统空间分布的斑块大小、景观对比度及景观连接度
空间相关	生态系统的空间关联程度、整体或参数的关联程度

空间异质性在不同尺度(粒度和幅度)上存在一定的差异,粒度和幅度对空间异质性的测量和理解有着重要的影响。

景观格局的研究焦点即较大尺度的时空异质性,如:①景观空间异质性的发展和动态;②异质性景观的相互作用和变化;③空间异质性对地理和非地理过程的影响;④空间异质性的管理。

这些均与异质性密不可分。异质性和多样性一样是景观格局研究的两个重要概念。多样性描述斑块性质的多样化,而异质性则是斑块空间镶嵌的复杂性,或者景观结构空间分布的非均匀性和非随机性。景观异质性不仅是景观结构的重要特征和决定因素,而且对景观的功能及其动态过程有着重要影响和控制作用,决定着景观的整体生产力、承载力、抗干扰能力、恢复能力。

4. 景观格局在地理学的应用

因为景观格局分析能充分反映各种景观类型在地域空间上的镶嵌格局,它与区域环境背景的各种因子密切相关,所以被广泛应用于地理学领域。从不同景观类型来看,形成了森林景观格局、农业景观格局、湿地景观格局、城市景观格局、区域流域景观格局等应用。从分析类型来看,景观格局通过计算一些景观指数,可以比较两个景观的结构特征,可以定量地描述和监测景观结构特征随时间的变化,还可以用来描述和辨识景观中的空间梯度特征。

景观格局在地理学应用中主要有以下几个突出的特点:①强调空间异质性的重要性;②强调空间格局与过程的相互作用;③强调尺度的重要性;④强调社会、经济等人为因素与过程的密切关系。

6.3.2 景观格局分析

前面介绍了景观格局的特征。景观格局分析的目的是从看似无序的斑块镶嵌中发现潜在的、有意义的规律，从而确定决定景观空间格局形成的因子和机制，然后比较不同景观的空间格局。针对空间格局强调的空间异质性、过程和尺度的关系，在对其进行分析时需要把空间格局、过程和尺度结合到一起。因此，景观格局分析是一系列用来研究景观结构组成特征和空间配置关系的分析方法，通过研究空间格局可以更好地理解景观变化过程。景观格局分析的目的可以概括为以下几点：①确定产生和控制空间格局的因子及其作用机制；②比较不同景观镶嵌体的特征和它们的变化；③探讨空间格局的尺度性质；④确定景观格局和功能过程的相互关系；⑤为自然资源的合理管理提供有价值的参考。

分析景观格局的基本步骤如图 6-9 所示，首先，以研究目的和方案为指导，收集和处理景观数据，数据来源可以是野外考察、测量、遥感及图像处理等；然后，将真实的景观系统转换为数字化的景观。数字化的表达方式有两种：栅格化数据和矢量化数据，前者以网格来表示景观表面特征，每一个网格单元对应于景观表面的某一面积，而一个斑块可由一个至多个网格单元组成；后者则以点、线和多边形表示景观的单元和特征，例如，一个斑块对应于一个多边形，河流和道路用线段表示。最后，选用适当的格局研究方法进行分析及对结果加以解释和综合。

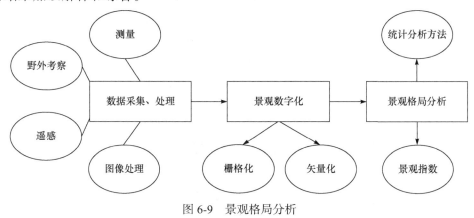

图 6-9 景观格局分析

1. 景观格局分析方法

景观格局分析的方法很多，针对不同的研究目的，很多在数学、物理学和化学等学科中成熟和新兴的方法都可以借鉴和应用到景观空间格局分析之中，因此景观空间格局分析模型很丰富，并且仍在蓬勃发展。表 6-4 列出了不同景观格局的数据类型所适用的分析方法，概括来说可以分成两大类：景观格局指数和统计分析模型。前者主要适用于空间上非连续的类型变量数据(categorical data)，将在 6.3.3 节详细介绍；后者主要适用于空间上连续的数值数据(quantitative data)。目前应用比较广泛的统计分析模型主要包括：用于分析空间自相关(spatial autocorrelation)的地统计学(geostatistics)方法；用于分析格局周期性的谱分析(spectral analysis)；用于分析格局梯度特征的趋势面分析(trend surface analysis)和亲和度分析(affinity analysis)；用于分析尺度变化的聚块样方差分析(blocked quadrat variance analysis)、分形理论(fractal theory)和小波分析(wavelet analysis)；用于分析景观局域相互作用、局部因果关系的多体系统所表现出的进化行为及其时间演化的元胞自动机(cellular automata)等。它们在阐述景观的空间异质性和规律性、生态系统之间的相互作用及空间格局的等级结构等方面发挥着积极作用。

表6-4 景观格局的数据类型和相应的定量分析方法示例(邬建国，2007)

数据类型	特征	方法举例
非空间数据	无取样点信息	方差分析、回归分析、信息论指数(多样性、均匀度指数)
点格局数据	取样空间位置是数据的一部分，变量取值在空间上非连续，呈离散点分布	负二项分布参数 k、最近邻体指数、聚块样方方差分析
定量网格数据	数值地图	自相关指数、相关图、方差图、分维数、聚块样方方差分析
定性网格数据	类型地图	多样性指数、分维数、斑块性指数、聚集度指数、共邻边统计量

2. 景观格局分析的层次与水平

景观格局可以从三个层次来描述：斑块层次(patch level)、类型层次(class level)、整体景观层次(landscape level)。如图6-10所示，最小的单元为一个斑块，所有相同类型的斑块组成一个斑块类型，所有的斑块构成一个景观，景观中可以含有多种斑块类型。具体来说，斑块层次反映个体的结果特征，如每个斑块的周长；斑块类型层次反映属于相同类型的所有斑块的特征，如斑块密度(某类型斑块数量除以该类型所有斑块面积之和)；整体景观反映整体的空间结构、相互关系等特征。三种级别逐步扩大尺度，高度相关。

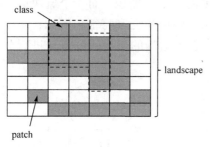

图6-10 景观格局的三个层次

景观格局应用于地理学研究主要基于四个分析单元：格网、行政区、移动窗口、梯度。

1) 基于格网

类似于栅格像元结构，景观可以被分为相互邻接、规则排列的矩形方块，特殊情况下也可以是三角形或菱形、六边形等(图6-11)，其中菱形与矩形方块类似，不过菱形在景观呈特殊形状时具有更好的拟合性。这种基于格网的划分相当于将景观分成相同大小的斑块，每一个斑块对应一个栅格。表6-5总结了这几种格网类型的优缺点。

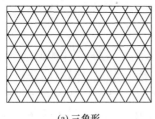
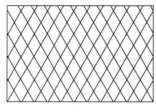
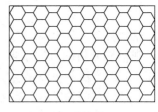

(a) 三角形　　　　　　　(b) 菱形　　　　　　　(c) 六边形

图6-11 格网类型

表6-5 不同类型格网的优缺点

像元类型	优点	缺点
矩形	结构直观、简单，适合于计算机的表达和显示，易于理解	模拟各向同性现象很困难
三角形	邻域内像元数目较少，计算量小，计算速度快	计算机表达和显示不方便，算法复杂，很多时候需要转换成正方形网格

续表

像元类型	优点	缺点
菱形	结构直观、简单，适合于计算机的表达和显示，模拟特殊形状的景观更有优势	模拟各向同性现象很困难
六边形	能较好地解决各向同性难题，模型能够更加自然真实地展示地理过程	邻域内元胞较多，计算量大，算法复杂，而且在计算机上表达和显示也比较困难

前面介绍了尺度是空间数据的重要度量之一，基于格网进行景观格局分析涉及格网单元"大小"的选择。图 6-12 为基于 30km 和 90km 格网的景观格局分析对比，可以看到不同尺度反映出的细节特征存在差异，在实际应用中需要合理选择格网尺度。

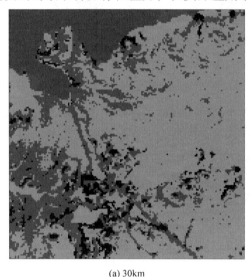

　　　　　　(a) 30km　　　　　　　　　　　　　　　　　　(b) 90km

图 6-12　不同尺度的格网

2) 基于行政区

许多地理研究与行政区划有关，因此可以从省、市、县、区、街道等行政区划尺度来计算景观格局指数，对比不同区域的景观格局特征。

3) 基于移动窗口

在景观格局分析中，移动窗口法是观察景观格局空间变异状况的有效手段，通过将景观格局与有关环境因素相联系，能更好地将景观格局与自然、社会经济过程连接起来。该方法可以较好地分析景观指数与空间变量的变异关系，以及判定研究区域的特征尺度。其原理是在研究区内选取一定大小的窗口进行移动(图 6-13)，形成新的可在 GIS 中运算的数据图形，实现在区域或地区尺度上对景观指标的量化。通常设置不同半径的窗口，从研究区的左上角开始逐步移动，每次移动一个栅格，计算窗口内相关景观指数值，并赋予各个窗口的中心栅格，最终获得各个景观指数的空间分布栅格图。

(1) 输入一个没有边界的栅格，利用移动窗口可以为每一种类型指数输出一个栅格，其中条带在网格周边的窗口的宽度被赋予输出网格中的背景值。

(2) 景观边界至少与窗口一样宽，允许景观边界(黑线)内(即正值)的所有像元被赋予计算的中心像元值。

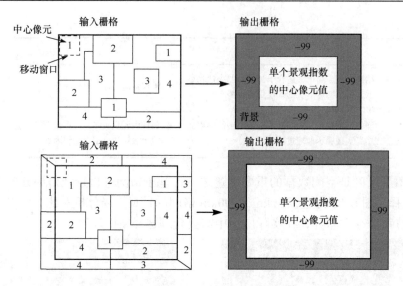

图 6-13　移动窗口法

4) 基于梯度

梯度是指沿某一方向景观特征有规律地逐渐变化的空间特征，最早用于分析植被沿水分梯度的变化，随后被应用于城乡交错带景观异质性等方面的研究。在景观分析中有时需要描述现象沿某一地理空间梯度的特征，这时就需要从梯度水平来研究(图 6-14)。通常以地理意义上的东、西、南、北、东北、东南、西北、西南八方向来设置梯度，或者根据地理景观自身的梯度特征的方向来设置，一般根据需要设置两条或以上的样带。

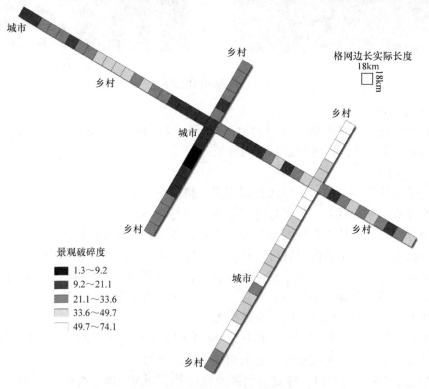

图 6-14　基于梯度的景观格局分析

3. 可塑面积单元问题

在景观研究中，用到的遥感数据、土地利用数据等都是涉及面积的，这些数据也被称为面数据(areal data)。在分析这些数据时有一个关键问题，即结果常常随面积单元(栅格像元或粒度)定义的不同而变化，这被称为可塑面积单元问题。任何一块区域都可以用多种方式进行划分，可以按照任何给定的标准将其划分为更小的区域单元。由此所导致的有关面积单元选择的主观任意性问题，会给空间分析的结果造成影响。因此，就面积单元问题而言，空间分析研究的有效性取决于数据中的基本面积单元的性质和含义。在不同层级上进行分析时，得到的结果可能会不一致，这种不一致称为尺度效应(scale effect)。它是指当空间数据经聚合而改变其粒度或栅格像元大小时，分析结果也随之变化的现象。另外，在对从区域单元数相近的不同区划系统中获得的数据进行分析时，可以预期的分析结果也可能不一致，这被称为区划效应(zoning effect)。因为这两种效应都与面积单元的划分标准有关，被统称为可塑面积单元问题。

总的来说，可塑面积单元问题出现的根本原因是将地理平面划分为互不重叠的基本面积单元的方式很多(图 6-15)。通常这些面积单元的定义标准是人为且可变的，因此这些划分的空间面状单元常常缺少本质的地理学意义，其分析结果也受到划分方式和单元大小的影响。可塑面积单元问题在大部分统计分析方法中都很普遍，尤其是变量之间的相关性受其影响最大。所以，在对不同尺度或者空间分辨率水平的数据进行统计分析时得到的结果会有差异。同样地，对来自相同尺度或分辨率水平相近的不同区划系统的数据进行分析时，变量之间的关系也会存在差异。在涉及区域问题的研究中，不能果断地将某一尺度上的研究结论用于其他尺度上，需要严格分析可塑面积单元问题。

目前解决该问题的方法主要有四种：基本实体方法(basic entity approach)、最优区划方法(optimal zoning approach)、敏感性分析方法(sensitivity analysis approach)和强调所研究变量的变化速率。然而每一种方法都不是完美的，如基本实体途径尽管能避免可塑面积单元问题，但是在地理学研究中，并非总能说明什么是基本实体。例如，密度、覆盖率等变量都和面积有关，但是在定义这些变量的基本实体或个体时却很困难。最优化区域方法是要寻找一个区划方案使得面积单元内部的差异最小，而面积单元之间的差异最大；或找到一个方案使得统计分析或模型的结果吻合度最好，但是最优度的概念和操作都是存在主观因素的。解决可塑面积单元问题必须摒弃传统的统计分析方法，发展新的、对该问题不敏感的分析方法。

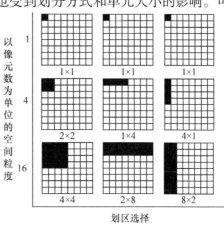

图 6-15　跨尺度聚合和同尺度上不同聚合
方式(即划区方案)的示意图
每一行代表一个空间尺度，在这一尺度上可以有不同的划区方案。图中数字表示聚合单元(粒度)所包含的栅格细胞数

6.3.3　景观格局指数

以斑块-廊道-基质的基本理论范式为基础发展起来的景观指数(landscape metrics)成为景观格局分析的主要工具。景观格局指数可以用于景观组分特征分析，是一组能够高度浓缩景观格局信息，反映其结构组成和空间分布特征的简单定量指标。景观格局指数包括景观单元

特征指数(landscape characteristic index)、景观异质性指数(landscape heterogeneity index)和景观要素空间关系指数(landscape spatial relation index)。景观单元特征指数是指用于描述斑块面积、周长和斑块数等特征的指标。景观异质性指数包括多样性指数(diversity index)、镶嵌度指数(patchiness index)、距离指数(distance index)及破碎化指数(fragmentation index)等。景观要素空间关系指数包括同类景观要素的空间关系和异质景观要素之间的空间关系指数，如最近邻体距离面积加权指数、空间关联分析系数等。应用这些指数定量地描述景观格局，可以对不同景观进行比较，研究它们结构、功能和过程的异同。

1. 景观单元特征指数

景观单元特征包括景观斑块的类型、形状、大小、数量，是景观格局分析的基础，也是发现景观要素各干扰因子的相互作用，研究区域景观生态格局变化和过程的关键。有以下三种指数。

(1) 斑块面积(patch area)，包括整个景观和单一类型的斑块面积及最大最小斑块面积。

(2) 斑块数(number of patches)，包括整个景观的斑块数量和单一类型的斑块数量，揭示出景观被分割的程度，具体的有斑块密度和类型单位周长斑块数。

(3) 斑块周长(patch perimeter)，它是景观斑块的重要参数之一，反映了各种扩散过程的可能性。具体指数见表 6-6。

表 6-6 景观要素斑块特征指数

指数类型	具体指数	公式	内容
斑块面积	斑块平均面积（average patch area）	$$\text{AREA\_arg} = \frac{\sum_{i=1}^{n}\sum_{j=1}^{m} a_{ij}}{N}$$ $i=1,2,\cdots,n$，$j=1,2,\cdots,m$；a_{ij} 为第 j 类斑块 i 的面积；$\sum_{i=1}^{n}\sum_{j=1}^{m} a_{ij}$ 为景观内所有斑块总面积；N 为斑块总数（下同）	斑块总面积/斑块总数，这个指标在一定意义上揭示景观破碎化的程度
	斑块面积的方差（variance of patch area）	$$\text{AREA\_CV} = \frac{\text{SD}(\sum_{i=1}^{n}\sum_{j=1}^{m} a_{ij})}{\text{MN}(\sum_{i=1}^{n}\sum_{j=1}^{m} a_{ij})}$$ $\text{SD}(\sum_{i=1}^{n}\sum_{j=1}^{m} a_{ij})$ 为面积的标准差；$\text{MN}(\sum_{i=1}^{n}\sum_{j=1}^{m} a_{ij})$ 为面积的平均数	通过方差分析，揭示斑块面积分布的均匀性程度
	景观相似性指数（landscape similarity index）	$$\text{SIMI} = \sum_{i=1}^{n} \frac{a_{ijs} \cdot d_{ik}}{h_{ijs}^2}$$ a_{ijs} 为斑块 ij 邻域内的斑块 ijs 的面积；d_{ik} 为斑块 i 与 k 的相似程度；h_{ijs} 为斑块 ij 与 ijs 的距离	类型面积/景观总面积，度量单一类型与景观整体的相似性程度
	最大斑块指数（largest patch index）	$$\text{LPI} = \frac{\max(a_{ij})}{A}(100)$$ A 为景观总面积	最大斑块面积/景观总面积（类型最大斑块指数=类型的最大斑块面积/类型总面积），反映最大斑块对整个景观或者类型的影响程度

续表

指数类型	具体指数	公式	内容
斑块数	斑块密度（patch density）	$PD = \dfrac{n_i}{A}(10000)(100)$ n_i 为第 i 类景观要素的总斑块数；A 为所有景观的总面积	斑块密度是景观格局分析的基本指数，其单位为斑块数/100 公顷，它表达的是单位面积上的斑块数，有利于不同大小景观间的比较。这个指标虽与斑块平均面积互为倒数，但是生态意义明显不同
	单位周长的斑块数（number of patches on unit perimeter）	$PN = \dfrac{N}{S}$ N 为斑块的数量；S 为斑块的周长	整个景观的单位周长的斑块数＝景观斑块总数/景观总周长；类型的单位周长的斑块数＝类型斑块数/类型周长。揭示景观破碎化程度
斑块周长	边界密度（edge density）	$ED = \dfrac{\sum\limits_{i=1}^{n} e_{ik}}{A}$ e_{ik} 为 k 类型斑块的总边长；A 为景观总面积	景观边界密度＝景观总周长/景观总面积；类型边界密度＝类型周长/类型面积。揭示了景观或类型被边界分割的程度，是景观破碎化程度的直接反映
	形状指标（landscape shape index）	$LSI = \dfrac{0.25\sum\limits_{i=1}^{n}\sum\limits_{j=1}^{m} e_{ij}}{\sqrt{A}}$ $\sum\limits_{i=1}^{n}\sum\limits_{j=1}^{m} e_{ij}$ 为景观边界长度；A 为景观总面积	景观周长与等面积的圆周长比
	内缘比例（perimeter-area ratio）	$SI = \dfrac{e_{ij}}{a_{ij}}$ e_{ij} 为斑块周长	斑块周长与斑块面积之比，显示斑块边缘效应强度

2. 景观异质性指数

景观异质性是景观格局的重要特征，指景观或其属性的变异程度。景观异质性指数分析是指景观斑块密度、边缘密度、镶嵌度、多样性指数和聚集度等指数的度量。主要有景观多样性指数(landscape diversity index)、景观优势度(landscape dominance)、均匀度(evenness)、相对丰富度(relative abundance)、景观破碎度(landscape fragmentation)、平均邻近度指数(mean proximity index，MPI)等。其中，因为多样性、均匀度和优势度指数都是以信息论为基础而发展起来的，有时统称为信息论指数(information theoretic index)。具体指标见表 6-7。

表 6-7　常见的景观异质性指数

指数	公式	意义
景观多样性指数（landscape diversity index）	Shannon-Wiener 指数 $SHDI = -\sum\limits_{i=1}^{m}\left(p_i \ln p_i\right)$ Simpson 多样性指数 $SIDI = 1 - \sum\limits_{i=1}^{m} p_i^2$ p_i 为景观斑块类型 i 所占的比率（通常以该类型占有的栅格细胞数或像元数占景观栅格细胞总数的比例来估计）；m 为景观中斑块类型的总数（下同）	反映一个区域内不同景观类型分布的均匀化和复杂化程度。如在一个景观系统中，土地利用越丰富，破碎化程度越高，其不定性的信息含量也越大，计算出的多样性指数值也就越高
景观优势度指数（landscape dominance）	$D = H_{\max} + \sum\limits_{i=1}^{m} p_i \cdot \ln p_i$ $H_{\max}$ 为多样性指数的最大值	它与多样性指数成反比，是多样性指数最大值与实际值之差。对于景观类型数目相同的不同景观，多样性指数越大，其优势度越小。通常较大的 D 值对应一个或少数几个斑块类型占主导地位的景观

续表

指数	公式	意义
均匀度指数 （evenness index）	以 Shannon 均匀度为例 $$E = \frac{H}{H_{\max}} = \frac{-\sum\limits_{i=1}^{m} p_i \cdot \ln p_i}{\ln(m)}$$ H 是 Shannon 多样性指数；$H_{\max}$ 是其最大值	当 E 趋于 1 时，景观斑块分布的均匀程度也趋于最大。均匀度和优势度一样，也是描述景观由少数几个主要景观类型控制的程度。这两个指数可以彼此验证
相对丰富度 （relative abundance）	$$R = \frac{M}{M_{\max}} \times 100\%$$ M 为景观中现有的景观类型数；$M_{\max}$ 为最大可能的景观类型数	景观中所有景观类型的总数。相对丰富度指数以景观中景观类型数与景观中最大可能的类型数比值百分比表示，其值越大，相对丰富度越大
景观破碎度 （landscape fragmentation）	$$C_i = \frac{N_i}{A_i}$$ N_i 为景观 i 的斑块数；A_i 为景观 i 的总面积	破碎度表征景观被分割的破碎程度，反映景观空间结构的复杂性，在一定程度上反映了人类对景观的干扰程度。当景观内斑块数目增多，单个或某些斑块的面积相对减少，则斑块形状更趋于复杂化、不规则化
平均邻近度指数 （proximity index）	$$\mathrm{MPI}_i = \frac{1}{n_i} \sum_{j=1}^{n} \frac{a_{ij}}{h_{ij}^2}$$ n_i 为景观中的斑块数量；h_{ij} 为从某斑块 i 到同类型斑块 j 的距离	用以度量同种景观类型各斑块间的邻近程度，反映景观格局的破碎度。其值越大，表明连接度越高，破碎化程度越低

3. 景观要素空间关系指数

景观要素的空间关系包括同类景观要素的空间关系和异质景观要素之间的空间关系。同类景观要素斑块的联系程度用连接度指数(最近邻体距离的面积加权平均数)来描述，而不同类型景观要素的空间关系则通过空间关联分析来研究。

1) 平均最近邻体距离

平均最近邻体距离(mean euclidean nearest distance，MNN)是一个直观地表征邻近程度的指数，单位是 m，表示某种类型斑块间的平均距离。两个斑块间的距离计算方法是，通过它们质心的连线计算某一斑块边缘到另一斑块边缘的长度，因此该指数可以更好地描述均匀分布的、形状不复杂的斑块类型。它是景观中每一个斑块与其最近邻体距离的总和(单位：m)除以具有邻体的斑块总数，表达式为

$$\mathrm{MNN} = \frac{1}{N} \sum_{i=1}^{m} \sum_{j=1}^{n} h_{ij} \tag{6.3.2}$$

其中，$i = 1, \cdots, m$，为斑块类型；$j = 1, \cdots, n$，为斑块数目；h_{ij} 为斑块 ij 与其最近邻体的距离(m)；N 为景观中具有邻体的斑块总数。

MNN 的值越大，说明同类型斑块间相隔距离越远，分布较离散；反之，则说明同类型斑块间距离较近，呈团聚分布。

2) 斑块聚合度

$$\mathrm{AI} = \left[\sum_{i=1}^{m} \left(\frac{g_{ii}}{\max \to g_{ii}} \right) P_i \right] (100) \tag{6.3.3}$$

其中，g_{ii} 为 i 类型相似邻接斑块数量；$\max \to g_{ii}$ 为 i 类型相似邻接斑块数量的最大值；P_i 为 i 类型斑块占整个景观的比例。

斑块聚合度(aggregation index，AI)基于同类型斑块像元间公共边界长度来计算。当某类

型中所有像元间不存在公共边界时，该类型的聚合程度最低；而当类型中所有像元间存在的公共边界达到最大值时，具有最大的聚合指数。

3) 蔓延度

$$\mathrm{CONTAG} = \left[1 + \frac{\sum_{i=1}^{m}\sum_{k=1}^{m}\left[\left(P_i\frac{g_{ik}}{\sum_{k=1}^{m}g_{ik}}\right)\right]\left[\ln(P_i)\frac{g_{ik}}{\sum_{k=1}^{m}g_{ik}}\right]}{2\ln(m)}\right](100) \qquad (6.3.4)$$

其中，P_i 为 i 类型斑块所占的面积百分比；g_{ik} 为 i 类型斑块和 k 类型斑块毗邻的数目；m 为景观中的斑块类型总数目。

蔓延度(CONTAG)可描述景观里斑块类型的团聚程度或延展趋势，包含了空间信息。CONTAG 较大，表明景观中的优势斑块类型形成了良好的连接；反之，则表明景观是具有多种要素的散布格局，景观的破碎化程度较高。CONTAG 与边缘密度呈负相关，与优势度和多样性指数高度相关。

景观指数在应用过程中表现出了很大的局限性，主要表现在以下方面。

(1) 不同景观格局指数与某些生态过程的变量之间的相关关系不具有一致性。

(2) 景观指数对数据源(遥感图像或土地利用图)的分类方案或指标及观测或取样尺度敏感，而对景观的功能特征不敏感。

(3) 很多景观指数的结果难以进行生态学解释。因此，需要发展新的理论范式来继续完善景观格局的研究。以生态过程和景观生态功能为导向的格局分析，可能会成为深化景观格局研究非常有潜力的方向。

注：景观生态学有很多内容无法用景观指数表征；景观指数与景观格局不是一对一的对应关系，而是多对多的关系，要具体问题具体分析，不要陷入指数一定对应什么结论的思维定势；我们计算指数，主要通过定量的依据来证明定性的结论，不能为计算而计算，玩数字游戏，如果某个指数说明不了什么问题，那么这个数字就没有任何意义。

4. 三维景观格局指数

迄今为止，基于二维平面信息的景观格局指数已被广泛应用，并很好地解决了景观格局的定量分析问题。但当前用于研究景观格局变化的数据多数是源自于卫星遥感、航片或者一些纸质地图，这些主要的空间数据实际上是一种类似于"鸟瞰"的视图，这些视图实际上是将非平面的地表投射到二维笛卡尔空间上所产生的二维平面图，忽略了具有生态学意义的三维空间格局。这会对一些景观格局的研究结果造成影响，例如，在地形复杂的高山区域，由二维投影产生的平面图测出的斑块面积和斑块距离有可能远低于实际斑块的表面面积和表面距离；又如，随着现代都市化高层建筑大厦的迅速崛起，城市二维水平空间形态已不足以反映其三维真实空间特征。因此，有必要将三维的地形结构结合到景观格局研究中。

目前，计算三维景观指数主要是利用数字高程模型(digital elevation model，DEM)，一般方法是首先将影像解译生成的栅格数据图像转成矢量数据格式。这些矢量数据格式保持栅格数据斑块结构不变，然后将此矢量数据格式的图与对应的 DEM 结合，计算对应像元的表面面积，最后求和得出各斑块的表面面积。该计算方法是由 Jenness(2004)开发的，通过滑框算法并采用三角形法计算每个栅格的表面面积。三维空间中的每个三角形连接着中央所要计算栅格和相邻两个栅格的中心点，因而三角形的边长可以通过勾股定理计算出来，并以此计算出每个三角形的面积，最后利用八个三角形计算出中央栅格的表面面积。同理，斑块表面周长的计算方法与此类似，将各斑块转换成多元线，然后将此具有各斑块边界结构的多元线图层与 DEM 结合计算各线段的表面长度，最后相加得到各个斑块的表面周长。

图 6-16　简单的数字高程模型

对于一个栅格图像，其中每个像元 c 都有特定值 e_c，它表示该像元中心点的高程(单位: m)。数字高程模型会产生由正方形组成的不连续曲面(图 6-16)。

在 Jenness 提出了第一种生成接近原始表面三角形网格的方法(以下简称方法 J)后已经有人使用这种方法以调整景观指数[图 6-17(a)]。每个像元 c 由八个三角形取代，这八个三角形的共同顶点是正方形的中心。其他顶点在二维模型中对应于正方形 c 的顶点，以及其边缘的中点。它们的高度由相邻像元的高度决定。实际上，每个相邻单元 c' 的顶点 v' 的高程为 $e_{v'} = (e_c + e_{c'})/2$。对于这些三角形，可以使用标准公式计算面积和直径。这些值可用于调整标准景观指数。

下面介绍两种替代方法。构造的要点是将高程与网格的每个节点相关联，作为相邻单元高程的平均值。因此，节点 n 的高程 e_n 由公式给出：

$$e_n = \frac{\sum_{c\_\text{adjacent\_to\_}n} e_c}{N_n} \tag{6.3.5}$$

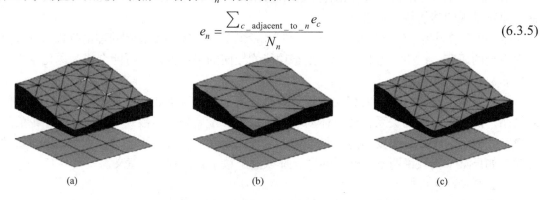

(a)　　　　　　　　　(b)　　　　　　　　　(c)

图 6-17　原始地形的多面体模拟

其中，e_c 为像元 c 的高程；N_n 为节点 n 相邻像元的个数。通常来说，一个节点有四个相邻的像元，即 $N_n = 4$，但是式(6.3.5)也考虑了节点位于网格边界的情况。这种结构会产生一个连续的(但通常不平滑)初始表面的近似值，由斜四边形组成。原始网格的节点与这些四边形的顶点之间存在一一对应关系：每个二维节点 (x_n, y_n) 由一个三维节点 (x_n, y_n, e_n) 代替。

第一种替代的方法如图 6-17(b)所示，后面简称"方法 T_2"。该方法由两个三角形来代替四边形 $ABCD$，通过 Delaunay 三角网原理来构建。因此，在两个可能的三角形 ACB, ACD 或 BDA, BDC 中，选择使角度最大的三角形。最后，所有这些三角形产生一个连续的三角形网格，近似于原始的地形。

第二种替代的方法如图 6-17(c)所示，后面简称"方法 T_8"。该方法产生了由八个三角形组成的面以取代每个像元。所有这些三角形具有与像元中心对应的三维点 (x_c, y_c, e_c) 作为共同顶点，其他顶点是与像元的节点相关联的三维点 (x_n, y_n, e_n) 及与边缘的中点相关的三维点，其高程同样使用式(6.3.5)计算。这些三角形通常不再给出代替像元的斜四边形的三角剖分。在这两种结构中，每个二维斑块(一个正方形的集合)被一个三维的斑块(一个三角形网格)取代，其边界由一组连续的线段代替。应用解析几何中的标准公式，可以轻松计算每个三维斑块的面积和周长。此外，还可以推导出包含这两个基本景观度量的其他景观指数。这两种替代模型拥有 Jenness 三角测量的许多优点：邻域分析、处理速度快、一致性和可比较的输出结果。同时，也存在一些局限性：比基于 TIN 的计算准确率低。

为了更好地理解这三种计算三维景观指数的方法，将这些模型应用于两个不同的地区，其中一个为山区，另一个为山麓地区。表 6-8 显示了二维面积——表面积及对栅格图像的三种三角剖分得到的面积。正如所期望的那样，二维面积和真实三维面积的近似值(在表 6-8 中为三维近似值和二维值的比)之间的差异在山区较为明显，这些地区的地形起伏度对结果影响较大。方法 T_8 和方法 J 也表现出相近的结果，并且这些值大于方法 T_2 所得到的值。有趣的是，TIN 的面积更接近于方法 T_2 得到的结果。但是，要评估这些值中的哪一个更接近地形的真实表面积是比较难的。

表 6-8　两个地区面积估计和比率的三维拟合和二维值比较

	山麓		山区	
	面积 /m²	比率	面积 /m²	比率
二维	1.666×10^7	1.000	5.732×10^7	1.000
方法 T_2	1.702×10^7	1.022	6.301×10^7	1.099
方法 T_8	1.710×10^7	1.026	6.342×10^7	1.106
方法 J	1.712×10^7	1.028	6.350×10^7	1.108
表面积	1.702×10^7	1.022	6.315×10^7	1.102

5. 景观指数的应用

景观指数的重要作用在于：它能够用来描述景观格局，进而建立景观结构与过程或现象的联系，更好地解释与理解景观功能。景观指数类型多，意义各有特色，在实际应用时通常可以作出这些指数的变化曲线、直方图等统计图，分析景观指数的变化趋势和特征，进而结合社会经济数据等辅助信息来分析景观格局变化的驱动力。一个有名的应用就是借助景观格局指数探究城市化。

Dietzel 等(2005)假设 "城市增长可以分为两个不同的过程：扩散和聚合，每个过程都遵循一个协调的发展模式"。换句话说，城市化在时间和空间上呈现出由两个交替过程驱动的循环模式：扩散(diffusion)——城市从现有中心的扩展到新的发展领域，传播(contagion)——以现有城市地区的向外扩张和缺口填补为特征。研究者进一步将他们的假设转化为可度量的景观指数的时间变化(图 6-18)，(a)图反映了城市化初期扩散的主导性，在扩散过程开始和聚合过程结束时，传播率最高，在这之间达到最低值。(b)图为更具体的城市化空间模式，在城市化的一个完整扩散—聚合周期中，城市土地面积单调增加；城市斑块密度(patch density)，边缘密度

(edge density)，最近邻体距离(euclidean nearest distance)均先增加，然后在不同时间出现峰值，最后减小，呈现单峰形态；且高城市斑块密度反映了扩散过程的主导地位，一旦聚合过程开始其值就减少。在这段时间内，城市总面积与中心城区用地面积的差异最大。

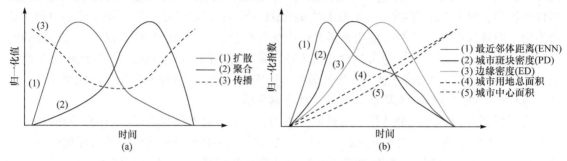

图 6-18　基于景观指数的城市化假说理论

6．景观指数分析软件

1) Fragstats 软件

Fragstats 是 Fragmentation Statistics 的缩写，是由美国俄勒冈州立大学森林科学系开发的一款为揭示分类图的分布格局而设计的、计算多种景观指数的桌面软件程序。它所有的指数计算都是基于景观斑块的面积、周长、数量和距离等几个基本指标进行。接受的输入数据主要是各种类型的栅格，如 ArcGrid、ASCII、ERDAS 和 IDRISI 的图形文件。它所计算的指数包括三个等级，即斑块级别(patch-level)，用来计算景观中单个斑块的结构特征；类型级别(class-level)，用来计算不同斑块类型各自的结构特征、景观级别(landscape-level)，计算景观的整体结构特征。对应的计算结果可以三种不同扩展名的文件类型输出，即".patch, .class, .land"。这些 ASCII 格式的文件类型可以方便地与一些常用的数据库软件接口，以提高后续的数据处理。Fragstats 软件有详细的帮助文档，具体使用方法和景观指数的公式及解释都有详细介绍。其操作界面如图 6-19 所示。

图 6-19　Fragstats4.2.1 操作界面

2) APACK 软件

该软件针对大的数据集进行快速的景观指数计算。景观生态学者对比景观的各项景观指数来分析景观的时空变化，以及预测景观格局效应。APACK 设计的目的是开发一种有效的程序来计算景观指数，它是由 C++语言编写的独立执行的程序，在 Windows 平台上运行，支持的数据包括 ERDAS GIS 文件和 ASCII 文件。输出的数据由文本文件和电子表格组成。APACK 能计算 25 个景观指数，这些指数主要包括基本指数(如面积)、信息论指数(如多样性)、结构指数(如孔隙度、连通性)。相比于 Fragstats，它具有运算速度快的优势，因为 APACK 仅仅计算用户指定的指数，同时程序本身没有直接连接 GIS，所以可以方便有效地计算大的栅格图的景观指数。

3) Patch Analyst

Patch Analyst 由加拿大北方森林生态系统研究中心开发完成，是 ArcGIS 的扩展，主要用来辅助景观斑块的空间分析，模拟斑块的关联属性，用来进行空间格局分析，支持栖息地建模、生物多样性保护和森林管理。其最大特点在于能够借助于 ArcGIS 平台对矢量图层(shapefile)和栅格图层(grid)进行分析，指数虽然没有独立软件丰富，但也能满足常规需求。该软件作为 Arcview 3.X 的扩展模块由 Avenue 语言编写，需要空间分析模块(spatial analyst)支持。软件开发者开发了能够搭载 ArcGIS9.X 和 ArcGIS10 版本的适用程序，计算结果也可以直接转入 Excel 或其他关系数据库软件或统计中分析。

第 7 章 空 间 插 值

空间插值是利用已知点的数值来估算其他点的数值的过程。以土壤施肥为例，根据实测得到的土壤样本值从空间意义上对未采样点加以预测，从而得到土壤养分在整个土地上连续分布的情况。如图 7-1 所示，空间插值的对象是一组已知空间数据，可以是离散点的形式，也可以是分区数据的形式，目的是从这些数据中找到一个函数关系，使该关系最好地逼近已知的空间数据，并能根据该函数关系式推求出区域范围内其他任意点或任意分区的值。第 6 章所介绍方法是对已知空间格局的描述，本章则是介绍对未知空间格局进行预测的方法。

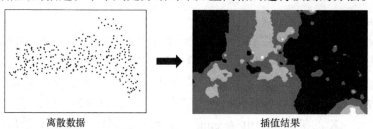

离散数据　　　　　　　　　　　　　　　　插值结果

图 7-1　空间数据插值

空间插值的方法有很多，依据不同的标准，可有以下分类方式：①空间内插法和空间外推法。空间内插法，是通过已知点的数据推求同一区域未知点数据。空间外推法是通过已知区域的数据，推求其他区域数据。②点插值和面插值(区域插值)。点插值是指没有变量值的点由有变量值的点来插值得到。面插值是指目标区域的值由指定区域点的变量值来插值取得。③整体插值和局部插值。整体插值是用研究区所有采样点数据进行全局特征拟合，即整个区域的数据都会影响单个插值点，单个采样点值的增加、减少都会对整个区域有影响。局部插值是在大面积的研究区域上选取较小的空间单元，利用预测点周围的邻近样点来进行预测，单个数据点的改变仅仅影响其周围有限的数据点。④确定性插值和克里金插值(地统计插值)。确定性插值是基于实测数据的相似性程度或者平滑程度，利用数学函数来进行插值。克里金插值是利用实测数据的统计特性来量化其空间自相关程度，生成插值面并评价预测的不确定性。

本章以最后一种分类方式——确定性插值和克里金插值来介绍空间插值方法，本章结构如图 7-2 所示。

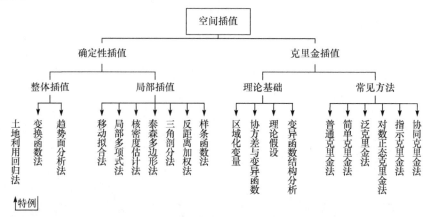

图 7-2　本章结构

7.1 确定性插值法

确定性插值法是基于研究区域内部实测数据的相似性程度或者平滑程度，利用数学函数来创建预测表面的插值方法，通常根据是否采用全部实测数据源进行逐点预测。确定性插值可再分为整体插值和局部插值。根据是否能保证创建的表面经过所有的采样点，确定性插值又可分为精确性插值和非精确性插值。精确性插值预测的样点值与实测的样点值相等，而非精确性插值则不相等，使用非精确性插值可以避免在输出表面出现明显的波峰或波谷。本节主要介绍几种常见的确定性插值方法，如移动拟合法、泰森多边形法、三角剖分法、反距离加权法、趋势面分析法、变换函数法、土地利用回归法、局部多项式插值法、样条函数插值法、核密度估计法。

趋势面分析、变换函数、土地利用回归法均是整体(全局)、非精确插值方法，用研究区所有采样点数据进行全局特征拟合，得到的拟合曲面不通过所有观测点。对于趋势面分析法而言，该方法只考虑空间因素，利用数学曲面模拟地理要素在空间上的分布及变化趋势，该方法适合于模拟大范围资源、人口等在空间上的分布规律，也常用于检测总趋势和不同于总趋势的最大偏离部分(剩余值)；而变换函数法是用与被预测属性相关的其他属性建立回归方程来进行空间整体插值，与反演的原理类似，常用于对数据生成方法比较熟悉的情况；土地利用回归法则是一种典型的变换函数法。

移动拟合、局部多项式、核密度估计法属于局部、非精确插值方法，局部内插的方法只使用邻近的数据点来估计未知点的值，相比于整体插值方法能更好地捕捉局部变化差异。移动拟合法以待插值点为中心，定义一个局部数学函数去拟合周围的数据点，数据点的范围随待插点位置的变化而移动；局部多项式法是在移动拟合法的基础上考虑距离权重，适用于如高程起伏较大等局部变化明显的情况；而核密度估计法是将空间离散数据连续化，能体现某一位置在空间的潜在密度分布，常用于获取犯罪情况报告，以及发现对城镇或野生动物栖息地造成影响的道路或公共设施管线。

泰森多边形、三角剖分、反距离加权、样条函数法属于局部、精确插值方法，在某一邻域范围内建立某种数学函数，精确计算每个待插点。相比于其他三种方法，泰森多边形法插值精度低，只预测边界值，而其内部是均质的，根据最近邻原则，将区域的值全部设为多边形中心点值，该方法适用于较小区域内变量空间变异性不太明显的情况；三角剖分法是基于三角形的线性插值，方法简单，但每个预测值只由三个实测值得到，且没有误差估计。泰森多边形法得到的结果是连续的面，而三角剖分法常常导致三角形边上的斜率产生突变。反距离加权法将两点间的距离作为权重，距离越近权重越大，而未考虑两点间的相对方位关系，该方法适用于呈均匀分布且密集程度足以反映局部差异的样点数据集；样条函数法保证局部区域间连续，即要求在观测点处可导，其实质是在局部多项式或移动拟合法的插值基础上引入类似于水位高度等连续渐变的特征，该方法适合生成平缓变化的表面，如高程、水体污染等。

以上十种确定性插值方法之间的关系见图7-3。

7.1.1 趋势面分析法

趋势面分析法也称为全局多项式插值法，即用数学公式表达感兴趣区域上一种渐变的趋势。其实质是通过回归分析原理，运用最小二乘法拟合一个二维多项式函数，模拟地理要素在空间上的分布规律，展示地理要素在地域空间上的变化趋势。先用已知采样点数据拟合出一个平滑的数学平面方程，再根据平面方程计算未知点上的数据。从数学理论角度来说，趋势面法实际上就是曲面拟合，首先通过对数据的空间分布特征进行认识，然后，对于在空间域上具有周期性变化特征的空间分布现象，用一个多项式函数(一阶或二阶，甚至更高阶)作为数学表达式；最后根据空间抽样数据和这个多项函数，拟合一个数学曲面，模拟地理要素在空间上的分布规律，展示地理要素在地域空间上的变化趋势。

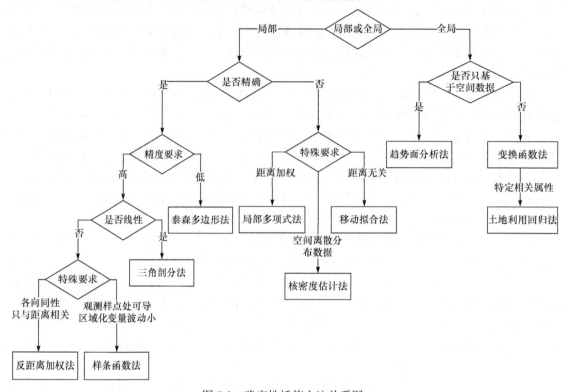

图 7-3　确定性插值方法关系图

1. 趋势面分析法的原理

趋势面分析法的原理如图 7-4 所示。趋势面是一种抽象的数学曲面，它抽象并过滤掉一些局域随机因素的影响，使地理要素的空间分布规律明显化。空间趋势面并不是地理要素的实际分布面，而是一个模拟地理要素空间分布的近似曲面。剩余面反映局部性变化特点，受局部因素和随机因素的影响(局部异常、随机干扰和模型本身的误差)，观测值等于趋势值与剩余值的和。趋势面分析的基本要求是使剩余值最小、趋势值最大，这样拟合度精度才能达到足够的准确性。空间趋势面分析，正是从地理要素分布的实际数据中分解出趋势值和剩余值，从而揭示地理要素分布的趋势与规律。

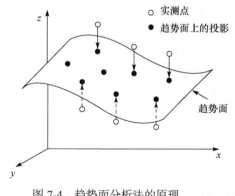

图 7-4　趋势面分析法的原理

趋势面模型的建立方法如下。

设某地理要素的实际观测数据为 $z_i(x_i,y_i)(i=1,2,\cdots,n)$,趋势面拟合值为 $\hat{z}_i(x_i,y_i)$,则有

$$z_i(x_i,y_i)=\hat{z}_i(x_i,y_i)+\varepsilon_i \quad i=1,2,\cdots,n \tag{7.1.1}$$

其中, ε_i 为剩余值(残差值)。

趋势面分析的核心是从实际观测值出发推算趋势面,采用回归分析方法,使得残差平方和趋于最小,即

$$Q=\sum_{i=1}^{n}\varepsilon^2=\sum_{i=1}^{n}\left[z_i(x_i,y_i)-\hat{z}_i(x_i,y_i)\right]^2\to\min \tag{7.1.2}$$

以此来估计趋势面参数。这就是在最小二乘法意义下的趋势曲面拟合。

用来计算趋势面的数学方程式有多项式函数和傅里叶级数,其中最为常用的是多项式函数形式。因为任何一个函数都可以在一个适当的范围内用多项式来逼近,而且调整多项式的次数,可使所求的回归方程适合实际问题的需要。不同次数的多项式模型表达方式如下。

一次趋势面模型[图 7-5(a)]:

$$z=a_0+a_1x+a_2y \tag{7.1.3}$$

二次趋势面模型[图 7-5(b)]:

$$z=a_0+a_1x+a_2y+a_3x^2+a_4xy+a_5y^2 \tag{7.1.4}$$

三次趋势面模型[图 7-5(c)]:

$$z=a_0+a_1x+a_2y+a_3x^2+a_4xy+a_5y^2+a_6x^3+a_7x^2y+a_8xy^2+a_9y^3 \tag{7.1.5}$$

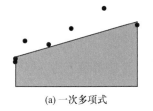 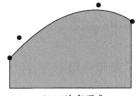 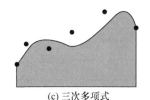

(a) 一次多项式　　　　　　　　(b) 二次多项式　　　　　　　　(c) 三次多项式

图 7-5　不同次数拟合的趋势面剖面图

图 7-5 是不同多项式拟合相同采样点的曲面剖面图,可见随着趋势面次数的增加,拟合的曲面逐渐接近采样点,接近于实际表面。一般来说,多项式次数越高,趋势面与实测数据之间的偏差越小,拟合精度就越高,趋势面方程也就越复杂,越难以用它来解释自然现象或过程的物理意义。

在实际的空间趋势面模拟中,按照对事物认识由易到难的规律,综合考虑精度和计算效率等因素,应首先考虑用式(7.1.3)表达的倾斜平面去拟合,然后再用式(7.1.4)描述的二次趋势面去模拟,如果还不能满足研究需求,则需选用三次趋势面、四次趋势面甚至更高次趋势面进行拟合。

2. 趋势面模型的适度检验

估计趋势面模型的适度检验方法有三种: R^2 检验、显著性 F 检验、逐次检验。

1) R^2 检验

趋势面与实际面的拟合度系数 R^2 是测定回归模型拟合优度的重要指标。一般用变量 z 的总离差平方和中回归平方和所占的比重表示回归模型的拟合优度。总离差平方和等于回归平方和与剩余平方和之和,即

$$SS_T = \sum_{i=1}^{n}(z_i - \hat{z}_i)^2 + \sum_{i=1}^{n}(\hat{z}_i - \overline{z})^2 = SS_D + SS_R \tag{7.1.6}$$

其中，SS_T 为总离差平方和；SS_D 为剩余平方和，$SS_D = \sum_{i=1}^{n}(z_i - \hat{z}_i)^2$，表示随机因素对 z 的离差的影响；SS_R 为回归平方和，$SS_R = \sum_{i=1}^{n}(\hat{z}_i - \overline{z}_i)^2$，它表示 p 个自变量对因变量 z 的离差的总影响。

SS_R 越大(或 SS_D 越小)就表示因变量与自变量的关系越密切，回归的规律性越强、效果越好。

$$R^2 = \frac{SS_R}{SS_T} = 1 - \frac{SS_D}{SS_T} \tag{7.1.7}$$

R^2 取值范围是[0,1]；R^2 越大，趋势面的拟合度就越高。

2) 显著性 F 检验

趋势面适度的 F 检验是对趋势面回归模型整体的显著性检验。用变量 z 的总离差平方和 SS_T 中回归平方和 SS_R 与剩余平方和 SS_D 的比值，来确定变量 z 与自变量 x、y 之间的回归关系是否显著。显著性检验 F 统计量表示为

$$F = \frac{SS_R / p}{SS_D / (n-p-1)} \tag{7.1.8}$$

其中，F 统计量的第 1 自由度/分子自由度，即 $f_1 = p$；F 统计量的第 2 自由度/分子自由度，即 $f_2 = n - p - 1$；n 为样本量；p 为多项式函数非线性转换成线性形式后，多元线性回归模型的自变量个数。

因此，在显著性水平 α 下，查 F 分布表得 F_α，若计算的 F 值大于临界值 F_α，则认为趋势面方程显著；反之则不显著。

3) 逐次检验

多项式函数的次数更高将带来更高的拟合效果，但是更高次数的多项式函数一方面增加了趋势面拟合的复杂程度，另一方面过分追求细节精度反而会丧失整体趋势特征。趋势面适度逐次检验方法是考虑多项式次数增高带来的适度性比较检验值 F 是否具备显著性。若 F 值显著，则较高次数多项式对回归产生了新贡献；若 F 值不显著，则较高次数多项式对回归并没有新贡献。逐次检验的步骤如下。

Step1:求出较高次多项式方程的回归平方和与较低次多项式方程的回归平方和之差。

Step2:将此差除以回归平方和的自由度之差，得出由于多项式次数增高所产生的回归均方差。

Step3:将此均方差除以较高次多项式的剩余均方差，得出相继两个阶次趋势面模型的适度性比较检验值 F。

若所得的 F 值是显著的，则较高次多项式对回归具有新贡献，若 F 值不显著，则较高次多项式对于回归并无新贡献。

以某流域降水量(表 7-1)为例，以降水量为因变量 z，地理位置的横坐标和纵坐标分别为自变量 x、y 进行趋势面分析，结果如图 7-6 和图 7-7 所示。

表 7-1 流域降水量及观测点的地理位置数据

序号	降水量 Z/mm	横坐标 $x/10^4$m	纵坐标 $y/10^4$m
1	27.6	0	1
2	38.4	1.1	0.6
3	24	1.8	0
4	24.7	2.95	0
5	32	3.4	0.2
6	55.5	1.8	1.7
7	40.4	0.7	1.3
8	37.5	0.2	2
9	31	0.85	3.35
10	31.7	1.65	3.15
11	53	2.65	3.1
12	44.9	3.65	2.55

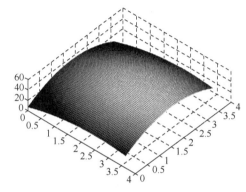
图 7-6 二次多项式趋势面

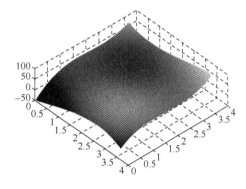
图 7-7 三次多项式趋势面

对建立的趋势面模型进行检验,有如下分析结果。

(1) 趋势面拟合适度的 R^2 检验:R^2 检验方法计算表明,二次趋势面的判定系数 R^2=0.839,三次趋势面的判定系数 R^2=0.965,可见二次趋势面回归模型和三次趋势面回归模型的拟合效果都较高,而且三次趋势面较二次趋势面具有更高的拟合程度。

(2) 趋势面拟合适度的显著性 F 检验:根据 F 检验方法计算,结果表明,二次趋势面和三次趋势面的 F 值分别为 F_2=6.236 和 F_3=6.054。在置信水平 α=0.05 下,查 F 分布表得 $F_{2\alpha}$=$F_{0.05}(5,6)$=4.39,$F_{3\alpha}$=$F_{0.05}(9,2)$=19.38。显然,$F_2 > F_{2\alpha}$,而 $F_3 < F_{3\alpha}$,故二次趋势面的回归方程显著而三次趋势面不显著。因此,F 检验的结果表明,用二次趋势面进行拟合比较合理。

(3) 趋势面拟合适度的逐次检验:如表 7-2 所示,从二次趋势面增加到三次趋势面,$F_{3\to2}$=1.779。在置信度水平 α=0.05 下,查 F 分布表得 $F_{0.05}(4,2)$=19.25,由于 $F_{3\to2}<F_{0.05}(4,2)$=19.25,故将趋势面拟合次数由二次增高至三次,对回归方程并无新贡献,因而选取二次趋势面比较合适。这也进一步验证了趋势面拟合适度的显著性 F 检验的结论。

趋势面分析方法常被用来模拟大范围资源、环境、人口及经济要素在空间上的分布规律,具有重要的应用价值。需要注意的是,在实际应用中,往往用次数低的趋势面逼近变化比较小的地理要素数据,用次数高的趋势面逼近起伏变化比较复杂的地理要素数据。次数低的趋势面使用起来比较方便,但具体到某点拟合较差;次数较高的趋势面只在观测点附近效果较好,而在外推和内插时效果较差。

表 7-2　趋势面拟合适度的逐次检验结果

离差来源	平方和	自由度	均方差	F 检验
三次回归 三次剩余	1129.789 41.474	9 12−9−1=2	125.532 20.737	6.054
二次回归 二次剩余	982.244 189.018	5 12−5−1=6	196.449 31.503	6.236
由二次增高至 三次的回归	147.545	4	36.886	1.779

7.1.2　变换函数法

变换函数插值法是根据一个或多个空间参量的经验方程进行整体空间插值，这种经验方程称为变换函数，即用与被预测属性相关的其他属性建立回归方程，进行空间预测。这种方法除用到 x 和 y 空间坐标信息外，还经常用到如高度、相对距离或其他地形因子等相关空间属性参量，然后建立回归模型。但是应该注意的是，必须清楚回归模型的物理意义。如许多气象要素(温度、降雨、日照)与经纬度、高程和地形有关，所以可以通过区域内有限的气象观测站(哨)的资料建立回归模型，来进行该区域内的整体插值，获取该区域内连续的空间分布图。

例如，冲积平原的土壤重金属污染与几个重要因子有关，其中距污染源(河流)的距离和高程两个因子最重要。一般情况下，携带重金属的粗粒泥沙沉积在河滩上，携带重金属的细粒泥沙沉积在低洼的地方，这些地方在洪水期容易被淹没，而那些发生洪水频率低的地方，由于携带重金属污染泥沙颗粒比较少，因而受到的污染轻。距河流的距离和高程是比较容易得到的空间变量，因此可以用各种重金属含量与它们的经验关系方程进行空间插值，提高对重金属污染的预测精度。本例回归方程的形式为

$$z(x) = b_0 + b_1 p_1 + b_2 p_2 + \varepsilon \tag{7.1.9}$$

其中，$z(x)$ 为某种重金属含量；b_0, b_1, b_2 为回归系数；p_1, p_2 为独立空间变量；ε 为残差值。本例中，p_1 是距河流的距离因子，p_2 是高程因子。

7.1.3　土地利用回归

大气污染物浓度的传统布点监测方法不能满足对城市内部精细尺度区域的大气污染物浓度空间分布的分辨率要求，遥感数据分辨率也只能达到数千米。常用的模拟 PM$_{2.5}$ 浓度表面模型构建的方法主要有：空间插值、MODIS 遥感影像反演、大气扩散模拟等。然而，传统的空间插值方法通常需要较多观测点数据作为基础，在 PM$_{2.5}$ 观测数据缺失或稀疏区域，该方法的预测能力往往较低，且考虑要素单一，容易放大极端浓度值的变化；MODIS 遥感影像反演是基于气溶胶光学厚度(aerosol optical depth，AOD)与 PM$_{2.5}$ 浓度数据之间关系模型估算影像覆盖地区 PM$_{2.5}$ 浓度分布的方法，覆盖范围广，但该方法受限于成像时相，往往无法获取任意感兴趣时间点的影像，加之目前只能达到几百至上千米的空间分辨率，难以满足城市 PM$_{2.5}$ 浓度空间分布特征识别的需求；大气扩散模拟需要假定扩散模式和大量的数据输入(如地形数据、

排放数据等)，操作复杂，难以大范围推广应用。相比于这些方法，土地利用回归(land use regression, LUR)法具有考虑因素齐全、使用范围广、估算精度和空间分辨率高等优点。

LUR 模型最早是由 Briggs 等(1997)提出的。它是一种模拟城市尺度大气污染物浓度空间分异的通用模型，通常利用数十个采样点的大气污染物浓度数据作为因变量，通过 GIS 获取站点周边的土地利用、交通、人口密度等数据作为自变量，建立回归模型来分析这些因素对大气污染物浓度空间分布的影响，然后利用模型对研究区内任意位置的污染物浓度进行估计(图 7-8)。从本质上来讲，LUR 属于变换函数法。

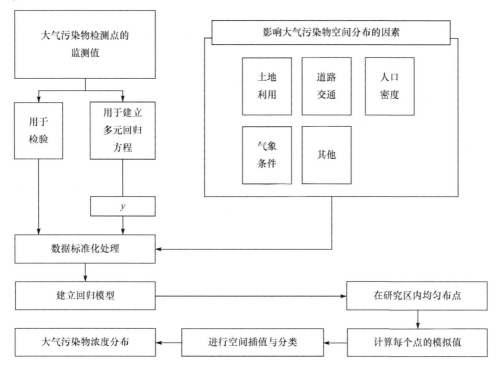

图 7-8　利用土地利用回归法进行大气污染物浓度空间分布模拟的原理

该模型考虑的自变量不仅有土地利用相关的变量，一般还有交通、工业排放、气候、地形、人口分布等要素。但大多数研究中仍将之称为 LUR 模型。

LUR 模型采用一定的算法选取显著的变量得到结果。模型的构建算法通常有两类，第一类是一种后向算法(backward algorithm)，其从有效性库(available pool)中通过逐步回归的方法依次剔除变量，该算法最早由 Henderson 等(2007)提出，并在此后得到了广泛的应用。具体步骤如下。

(1) 将所有自变量与因变量的相关程度按照其绝对值的大小依次排序。

(2) 在每个子类别(记为 X)的自变量当中，确定与因变量相关程度最高的自变量，即排序最高的自变量，记为 X_i(i 为对应的缓冲区半径)。

(3) 在每个子类别中，去除与 X_i 显著相关性较高的变量(Pearson 检验中 $r>0.6$)，以消除变量之间的共线性。

(4) 对剩余自变量和因变量进行多元逐步线性回归。

(5) 将在显著水平下不满足 T 检验或模型先验假定的自变量在模型的有效性库中剔除。

(6) 重复步骤(4)和(5)，使得模型收敛，并剔除对于最终模型 R^2 贡献率不足 1% 的自变量。

第二类算法是一种前向算法(forward algorithm)，从一元线性回归入手，依据一定规则逐步向回归方程中添加变量。该算法也是欧盟 ESCAPE(European study of cohorts to air pollution effects)项目所采用的算法。首先，构建因变量与所有自变量之间的一元线性回归模型，从中挑选出调整 R^2 最高的模型，作为起始模型；然后，依据一定规则向起始模型中添加其他变量。这些规则有：①增加该变量对于模型修正 R^2 的贡献超过 1%；②增加该变量后，模型中所有变量系数的符号均符合先验假定；③增加该变量后，模型中所有变量在显著水平下满足 T 检验。最后，算法遍历所有变量，直至无法向模型中继续添加变量。无论如何，算法都需在显著水平下满足 T 检验，且选取的变量需符合先验假定和共线性诊断，最终使得模型收敛且获得足够大的 R^2。

例如，在利用 LUR 模型对空气质量进行模拟的时候，通常是以监测站点空气质量浓度为因变量，监测站点位置周围与空气污染相关的地理要素特征变量为自变量，构建如下多元线性回归方程：

$$Y = a_0 + a_1 X_1 + a_2 X_2 + \cdots + a_n X_n + u \tag{7.1.10}$$

其中，Y 为空气质量浓度值；X 为最终进入模型的地理要素特征变量；a 为 $n+1$ 个未知参数；u 为随机误差项。a 和 u 使用最小二乘法确定。

土地利用回归(LUR)法是模拟大气污染物浓度的有效方法，下面以模拟某地区 $PM_{2.5}$ 浓度的空间分布为例介绍该模型的分析步骤。LUR 模型的构建步骤主要包括五个方面，即监测数据获取、模型自变量生成、模型构建、模型检验和回归映射。LUR 模型的模拟精度除了受监测点数量和分布的影响外，预测变量的选取及数据质量是关键。预测变量选取需要考虑两方面因素：①$PM_{2.5}$ 的来源；②影响 $PM_{2.5}$ 空间分布的因素。$PM_{2.5}$ 主要来源包括工业排放、汽车尾气、土壤扬尘等，影响 $PM_{2.5}$ 扩散的主要因素有气象条件、地形地势等。因此，可以选取土地利用、道路交通、人口密度、工业污染源、高程、气象要素等生成自变量。

将预测变量进行筛选之后进行多元回归建模，为了比较 $PM_{2.5}$ 浓度与不同空间尺度地理空间要素相关性的高低，LUR 模型采用缓冲区分析刻画不同尺度的影响，并识别最高相关性的空间尺度。将剔除相关影响的因子与 $PM_{2.5}$ 年均值进行逐步线性回归，得到多元线性回归方程，即研究区的 LUR 模型。

检验是 LUR 模型的重要环节，包含诊断检验和精度检验。由于 LUR 模型涉及空间数据的回归，诊断检验除了 T 检验、共线性诊断和残差的正态分布检验外，还包括了残差的空间自相关检验。以往研究主要采用交叉检验，可以分为三类。第一种方法是留一检验，即用 $n-1$ 个样本来建立回归方程，计算出剩余一个样本的估计值，并与该样本的实际大气污染物浓度进行比较。这个过程被重复 n 次，剩余样本的均方根误差(RMSE)被用来描述模型的好坏程度。第二种方法是 K 折交叉验证，也叫做分组交叉检验，即将初始采样平均分割成 K 个子样本，一个单独的子样本被保留作为验证模型的数据，其他 $K-1$ 个样本用来训练。交叉验证重复 K 次，每个子样本验证一次，平均 K 次的结果或者使用其他结合方式，最终得到一个单一估测。在 K 折交叉验证中，十折是最常用的。第三种方法是随机从最初的样本中选出部分，形成交叉验证数据，而剩余的样本被作为训练数据。三种方法各有优缺点，运用最为广泛的是留一检验。留一检验避免了样本分割方式的困扰，得到的结果是唯一的，但其工作量较大，有可能会高估 LUR 模型的预测能力。K 折交叉验证工作量较小，适合于样本数量很大的研究，但其结果会受到样本分割方式的影响。

得到 LUR 模型后，利用回归方程对非监测点进行空间模拟，此过程称为回归映射，其精度取决于变量的最低空间分辨率。根据回归方程估计的污染物浓度通常存在异常值，已有研究通常根据监测浓度的最大值和最小值限制浓度的范围。

大多数 LUR 模型采用线性回归的方法,但有时并不能真实反映污染物浓度和解释变量之间的关系。近年来也有研究采取了非线性回归的方法,如用贝叶斯最大熵值法对模型进行了改良,或用主成分分析法优化了模型,这些方法均对模型的解释 R^2 有所贡献。此外,还可以尝试广义加性模型、地理加权回归、人工神经网络等方法,以用于改进模型,提升模型的解释能力。

7.1.4 移动拟合法

移动拟合法是典型的单点移面内插方法。对每一个待定点取一个多项式曲面来拟合该点附近的地形表面。此时,取待定点作为平面坐标的原点,并以待定点为圆心,以 r 为半径的圆内各数据点来定义函数的待定系数。

移动拟合法是以待插值点为中心,定义一个局部数学模型去拟合周围的数据点,数据点的范围随待插点位置的变化而移动。计算落在窗口内的所有采样点实测值的平均值,作为待插值点的预测值。插值步骤如下:第一步,定义内插点的邻域范围;第二步,确定落在邻域内的采样点;第三步,选定内插数学模型;第四步,通过邻域内的采样点和内插计算模型计算待插点的值。

对于每个待插的点,可选取其邻近的 n 个采样点拟合多项式曲面,拟合的曲面可选用如下的形式:

$$Z = AX^2 + BY^2 + CXY + DX + EY + F \tag{7.1.11}$$

其中,Z 为待插点值;X,Y 为坐标点;A,B,C,D,E,F 是待定参数。多项式中的各参数可由 n 个选定的采样点用最小二乘法进行求解。

确定邻域。选择邻近点一般考虑两个因素,如图 7-9 所示。

(1) 范围,即采用多大面积范围内的采样点计算被插点的值,范围可为矩形也可为圆形。

(2) 点数,即选择多少采样点参加计算,一般选择 4~12 个采样点,且所取采样点数应考虑采样点的分布情况,若规则采样分布,采样点可以少些,若不规则采样分布,采样点应多些。

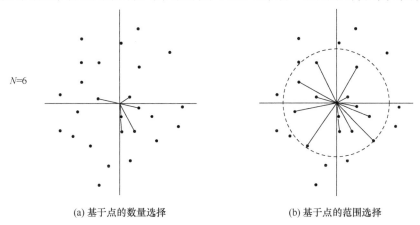

(a) 基于点的数量选择　　　　　　　　(b) 基于点的范围选择

图 7-9　移动拟合法邻近点的选择

移动拟合法的关键在于如何确定待插点的最小邻域范围以保证有足够的参考点,因此邻域范围最好覆盖局域的极大或极小值,以使计算效率与计算精度之间达到合理的均衡;另外,结合实际问题,确定各参考点的权重对于估计结果也十分重要。

7.1.5 局部多项式插值法

用多项式进行整体内插，阶次越高，出现振荡的可能性越大，这启发人们将区域分块，对每一分块定义不同的多项式曲面，即局部多项式插值。局部多项式插值法(移动内插法)通常取待定点作为平面坐标的原点，以待定点为圆心或中心作一个圆或矩形窗口，对每一个待定点用一个多项式曲面拟合该点附近(窗口内)的地表面，也可以在局部范围内(窗口)计算多个数据点的平均值。它只利用局部"窗口"内的数据及其权重，通过不断移动窗口来拟合多个多项式以表达和解释局部趋势和变异。其中窗口的大小对内插结果有着决定性的影响，小窗口将增强近距离数据的影响，大窗口将增强远距离数据的影响，减小近距离数据的影响。通过加权最小二乘法，使预测值和实测值的方差平方和为最小，从而求多项式的回归系数：

$$\sum_{i=1}^{m} w_i [z(x_i, y_i) \cdot f(x_i, y_i)]^2 \tag{7.1.12}$$

$$w_i = \exp(-3d_{i0} / a) \tag{7.1.13}$$

其中，n 为窗口内的样点数；w_i 为权重；d_{i0} 是窗口中心点 i 与其他点 r 之间的距离；a 为控制权重随距离减小速度的参数；$f(x_i, y_i)$ 为多项式的值，较常用的是一次和二次多项式；$z(x_i, y_i)$ 为待插对象值。

局部多项式方法结合了趋势面反映趋势性变化特征和距离加权反映局部特征的优点，对曲面做局部平滑的效果较为不错。

7.1.6 核密度估计法

核密度估计法，就是采用平滑的峰值函数("核")来拟合观察数据点，从而对真实的概率分布曲线进行模拟的非参数方法。$x_1, x_2, \cdots, x_n$ 为独立同分布 F 的 n 个样本点，设其概率密度函数为 f，核密度估计为

$$\hat{f}_h(x) = \frac{1}{nh} \sum_{i=1}^{n} K\left(\frac{x - x_i}{h}\right) \tag{7.1.14}$$

其中，核函数(kernal function) $K(\cdot)$ 为一个权函数，核函数的形状和值域控制着用来估计 $f(x)$ 在点 x 的值时所用数据点的个数和利用程度，直观来看，核密度估计的好坏依赖于核函数和带宽 h 的选取。

1) 核函数

我们通常考虑的核函数是关于原点对称且其积分为 1。表 7-3 列出了四个最为常用的核函数。

表 7-3　最常用的核函数表

核函数名称	公式
Uniform	$\frac{1}{2} I(\mid t \mid \leqslant 1)$
Epanechikov	$\frac{3}{4}(1 - t^2) I(\mid t \mid \leqslant 1)$
Quartic	$\frac{15}{16}(1 - t^2) I(\mid t \mid \leqslant 1)$
Gaussian	$\frac{1}{\sqrt{2\pi}} e^{-\frac{1}{2} t^2}$

对于均匀核函数(Uniform)，$K\left(\dfrac{x-x_i}{h}\right)=\dfrac{1}{2}I\left(\left|\dfrac{x-x_i}{h}\right|\leqslant 1\right)$ 作密度函数，则只有 $\dfrac{x-x_i}{h}$ 的绝对值小于 1(或者说离 x 的距离小于带宽 h 的点)才用来估计 $f(x)$ 的值，不过所有起作用的数据权重都相同。

对于高斯函数(Gaussian)，由 $\hat{f}_h(x)$ 的表达式可以看出，x_i 离 x 越近，$\dfrac{x-x_i}{h}$ 越接近于零，这时密度值 $\phi\left(\dfrac{x-x_i}{h}\right)$ 越大，因为正态密度的值域为整个实轴，所以所有的数据都用来估计 $\hat{f}_h(x)$ 的值，只不过离 x 点越近的点对估计的影响越大；当 h 很小的时候，只有特别接近 x 的点才起较大作用；随着 h 增大，则远一些的点的作用也随之增加。

如果使用形如 Epanechikov 和 Quartic 的核函数，不但有截断(即离 x 的距离大于带宽 h 的点不起作用)，并且起作用的数据的权重也随着与 x 的距离增大而变小。一般说来，核函数的选取对核估计的影响远小于带宽 h 的选取。

2) 带宽

带宽反映了核密度估计(kernel density estimation, KDE)曲线整体的平坦程度，即观察到的数据点在 KDE 曲线形成过程中所占的比重。带宽越大，观察到的数据点在最终形成的曲线形状中所占比重越小，KDE 整体曲线就越平坦；带宽越小，观察到的数据点在最终形成的曲线形状中所占比重越大，KDE 整体曲线就越陡峭。带宽的选择很大程度上取决于主观判断：如果认为真实的概率分布曲线是比较平坦的，那么就选择较大的带宽；相反，如果认为真实的概率分布曲线是比较陡峭的，那么就选择较小的带宽。

带宽值的选择对估计量 $\hat{f}_h(x)$ 的影响很大。如果带宽太小，数据在空间上会出现很多奇点，即无法组成平滑的值曲面，达不到插值的目的和效果；如果带宽太大，会使得数据的空间特征变得不凸显，即使得值曲面变得过于平滑，一种极端的情况是这个曲面会变成平面，从而达不到空间分异的效果。

所以，要想判断带宽的好坏，必须了解如何评价密度估计量 $\hat{f}_h(x)$ 的性质。通常使用积分均方误差 MISE(h) 作为判断密度估计量好坏的准则。

$$\mathrm{MISE}(h)=\mathrm{AMISE}(h)+o\left(\frac{1}{nh}+h^4\right) \tag{7.1.15}$$

其中，$\mathrm{AMISE}(h)=\dfrac{\displaystyle\int K^2(x)\mathrm{d}x}{nh}+\dfrac{h^4\sigma^4\displaystyle\int[f''(x)]^2\mathrm{d}x}{4}$ 为渐进均方积分误差。要最小化 AMISE(h)，必须把 h 设在某个中间值，这样可以避免 $\hat{f}_h(x)$ 有过大的偏差(不够光滑)或过大的方差(过于光滑)。关于 h 最小化，AMISE(h) 表明最好是精确地平衡 AMISE(h) 中偏差项和方差项的阶数，显然最优的带宽是

$$h=\left(\frac{\displaystyle\int K^2(x)\mathrm{d}x}{n\sigma^4\displaystyle\int[f''(x)]^2\mathrm{d}x}\right)^{1/5} \tag{7.1.16}$$

以下是几种常用的带宽选择方法。

(1) 拇指法则。方便起见，我们定义 $R(g)=\displaystyle\int g^2(z)\mathrm{d}z$，针对最小化 AMISE 得到的最优带

宽中含有未知量 $R(f'')$，Silverman 提出了拇指法则(rule of thumb，即根据经验的方法)：把 f 用方差和估计方差相匹配的正态密度替换，这就等于用 $\dfrac{R(\phi'')}{\hat{\sigma}^5}$ 估计 $R(f'')$。其中，ϕ 为标准正态密度函数。若取 K 为高斯密度核函数而 σ 使用样本方差 $\hat{\sigma}$，Silverman 拇指法则得到

$$h = \left(\frac{4}{3n}\right)^{1/5} \hat{\sigma}\,.$$

(2) Plug-in 方法。该方法即代入法，其考虑在最优带宽中使用某适当的估计 $\widehat{R}(f'')$ 来代替 $R(f'')$，在众多的方法中，最简单且最常用的是 Sheather 和 Jones (1991)所提出的 $\widehat{R}(f'') = R(\hat{f}'')$，而 $\hat{f}''$ 的基于核的估计量为

$$\hat{f}''(x) = \frac{\partial^2}{\partial x^2}\left\{\frac{1}{nh_0}\sum_{i=1}^{n} L\left(\frac{x - x_i}{h}\right)\right\} = \frac{1}{nh_0^{\,3}}\sum_{i=1}^{n} L''\left(\frac{x - x_i}{h}\right) \tag{7.1.17}$$

其中，h_0 为带宽；L'' 为用来估计 $f(x)$ 的核函数。在对 $(f''(x))^2$ 进行对 x 积分后即可得到 $\widehat{R}(\hat{f}'')$。估计 f 的最优带宽和估计 f'' 或 $R(f'')$ 的最优带宽是不同的。根据理论上及经验上的考虑，Sheather 和 Jones 建议用简单的拇指法则计算带宽 h_0，该带宽用来估计 $R(f'')$，最后通过式(7.1.16)来计算带宽 h。

以某地区的样方采样物种数为例，利用核密度估计还原样方采样物种在空间中分布的概率，结果如图 7-10 所示。

图 7-10　核密度估计插值结果

核密度估计可用于测量建筑密度、获取犯罪情况报告，以及发现对城镇或野生动物栖息地造成影响的道路或公共设施管线。核密度估计能体现某点在空间位置上的潜在密度分布，但该方法对核函数的曲线形态敏感，如何确定搜索范围即带宽对于核密度估计精度起到关键性作用。

7.1.7　泰森多边形插值

泰森多边形的基本原理在 5.2.2 节已经作了详细介绍。泰森多边形插值方法(最近邻点法)属于边界内插法，即假定任何重要的变化都发生在区域的边界上，边界内的变化则是均匀的、同质的。泰森多边形插值法只用最近的单个点进行区域插值，它由一组连续多边形组成，多边形的边界是由相邻两点直线的垂直平分线组成。每个多边形内只包含一个数据

点，并用其所包含的数据点进行赋值。如图 7-11 所示，如果求数据域内任意一点数据属性 $Z(x_i,y_i)$，则需首先判断待求点所落入的多边形，然后再由控制该多边形的已知点 $Z(x,y)$ 推算得到。

用矢量方法形成泰森多边形的步骤如下。

设有一组离散参考点 $P_i(i=1,2,\cdots,n)$，从 P 取出一个点作为起始点(如 P_1)，从 P_1 附近的参考点中取出第二个点，作两点连线的垂直平分线，然后在这附近寻找第三个点 P_3，作第 3 点与前两点连线的垂直平分线，并相交于前面的一条垂直平分线。继续寻找第四点，并作它与前三点的垂直平分线，一直循环下去，这些垂直平分线就形成泰森多边形，即 Voronoi 图。根据泰森多边形的性质，每个多

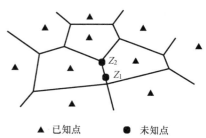

图 7-11 泰森多边形插值法的原理

边形内仅有一个参考点，将这些参考点连起来就形成了 Delaunay 三角形，它与不规则三角网 TIN 具有相同的拓扑结构。

泰森多边形插值的主要特征是得到的结果图变化只发生在边界上，在边界内都是均匀的、同质的，该方法适用于较小的区域内变量变化趋势不太明显的情况。其优点在于不需要前提条件，方法简单且效率高，但受样本点的影响较大。

7.1.8 三角剖分插值法

这种内插法是从三角测量(triangulation)派生出来的，将采样点用直线与其相邻点连接成

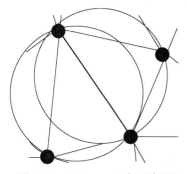

图 7-12 Delaunay 三角示意图

三角形，三角形内部不包括任何样点。可以设想将实测值立在一个基平面上，基平面的高与这些实测值呈一定比例，这样整个数据就组成了一个包括多个倾斜三角板的多面体(TIN)。

三角剖分插值常用的三角网是 Delaunay 三角网，如图 7-12 所示。其主要优点集中在以下几点：在划分三角网格中，Delaunay 三角网的最小角度是最大的；三角网每个三角形的外接圆中不再包括其他点；三角网具有唯一性。

使用 Delaunay 划分的三角形可以在最大程度上接近于等边三角形，对于划分的空间三角形区域内的点 $p(x,y)$，可以用下面的公式进行插值计算：

$$p(x,y) = \sum_{i=1}^{3} \lambda_i f(x_i,y_i) \tag{7.1.18}$$

其中，λ_i 为在三角形当中第 i 个点的权重；$f(x_i,y_i)$ 为第 i 个观测点的属性。

该方法用权重值的加权平均数表示如下。将三角形的顶点坐标表示为 (x_{11}, x_{12})，(x_{21}, x_{22})，(x_{31}, x_{32})，待估点的坐标表示为 (x_{01}, x_{02})，权重值根据下列公式得到：

$$\lambda_1 = \frac{(x_{01} - x_{31})(x_{22} - x_{32}) - (x_{02} - x_{32})(x_{21} - x_{31})}{(x_{11} - x_{31})(x_{22} - x_{32}) - (x_{12} - x_{32})(x_{21} - x_{31})} \tag{7.1.19}$$

λ_2 和 λ_3 计算公式依此类推。

三角剖分插值法原理简单且容易实现，未测点只可能在三角形内或三角形边线上，利用线性插值即可求得。但每个预测值只由三个实测值得到，且没有误差估计。泰森多边形法得到的结果是连续的面，而三角剖分法常常导致三角形边上的斜率产生突变。但若研究只需得

到目标点的预测值，那么这突变是无关紧要的。

7.1.9　反距离加权法

反距离加权法(inverse distance weighted，IDW)是以插值点与样本点之间距离为权重的插值方法，离插值点越近的样本点赋予的权重越大，其权重贡献与距离成反比，这就是其名称的由来(图 7-13)。反距离加权法假定实测点对预测结果的影响随着离预测点距离的增加而减少，公式为

$$z^*(x_0) = \sum_{i=1}^{n} \lambda_i z(x_i) \tag{7.1.20}$$

其中，$z^*(x_0)$ 为点 x_0 处的预测值；$z(x_i)$ 为点 i 处的实测值；N 为预测点周围实测点的数目；λ_i 为分配给每个实测点的权重。

反距离加权法中权重的公式为

$$\lambda_i = d_{i0}^{-p} / \sum_{i=1}^{N} d_{i0}^{-p} \text{且} \sum_{i=1}^{N} \lambda_i = 1 \tag{7.1.21}$$

其中，d_{i0}^{-p} 为预测点 x_0 与每一个实测点 x_i 间的距离；幂指数 p 为实测值对预测值的影响等级。也就是说，当实测点和预测点间的距离增加时，实测点对预测点的影响则呈指数降低。若 $p=0$，则每一个权重是一样的，预测值是所有实测值的平均值；当 p 增加时，相距较远的点的权重迅速减小。权重的总和为 1。

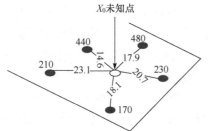

图 7-13　反距离加权法的原理

最优幂值 p 是由最小的预测均方根误差(RMSE)决定的。RMSE 是通过进行交互检验取得的统计值。在交互检验中，每一个采样点的实测值被用来与该点的预测值相比较。对同一组数据可给出不同的幂值，得出不同的均方根误差。最小的均方根误差就对应于相应的最优幂值。

以某地区土壤有机质(单位：g/kg)为例，使用反距离加权法对样点进行插值，结果如图 7-14 所示。

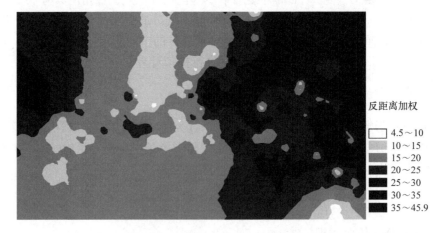

图 7-14　土壤有机质反距离加权插值

反距离加权法适合变量值变化较大的数据集，且插值结果容易解释。计算生成的插值面依赖于幂参数 p，插值面上最大和最小值只可能出现在采样点，并等于实测的最大和最小值，

属于精确性插值。但是，反距离加权对权重选择十分敏感，易受数据点集群的影响，结果容易出现孤立点数据明显高于周围数据点的情况，造成空间分布的多极中心现象。

7.1.10 样条函数插值法

一般的局部插值方法把参考空间分成若干块，对各块使用不同的函数，而这时便会出现各相邻分块函数间的连续性问题。为保证各分块曲面间的光滑性，按照弹性力学条件使所确定的 n 次多项式曲面与其相邻分块的边界上所有 $n-1$ 次导数都连续，这 n 次多项式就称为样条函数。换句话说，样条函数插值是利用最小化表面总曲率的数学函数来估计预测值，从而生成恰好经过输入点的平滑表面。基本形式的最小曲率样条函数插值法在一般内插法的基础上增加了以下两个条件：一、表面必须恰好经过数据点；二、表面必须具有最小曲率，即通过表面上每个点获得的表面的二阶导数项平方的累积总和必须最小。基本最小曲率法也称为薄板样条插值法。

样条函数法可以分为规则样条函数法和张力样条函数法两种类型：规则样条函数法使用可能位于样本数据范围之外的值来创建渐变的平滑表面；张力样条函数方法根据建模现象的特性来控制表面的硬度，它使用受样本数据范围约束更为严格的值来创建不太平滑的表面。样条函数插值法的原理公式为

$$S(x,y) = T(x,y) + \sum_{i=1}^{N} w_i R(r_i) \tag{7.1.22}$$

其中，N 为点数；W_i 为通过求解线性方程组获得的系数；r_i 为点(x,y)到第 i 个点之间的距离。规则样条函数和张力样条函数对 $T(x,y)$ 和 $R(r)$ 的定义不同。对于规则样条函数：

$$T(x,y) = a_1 + a_2 x + a_3 y$$

$$R(r) = \frac{1}{2\pi} \left\{ \frac{r^2}{4} \left[\ln\left(\frac{r}{2u}\right) + c - 1 \right] + u^2 \left[k_0\left(\frac{r}{u}\right) + c + \ln\left(\frac{r}{2\pi}\right) \right] \right\} \tag{7.1.23}$$

对于张力样条函数：

$$T(x,y) = a_1$$

$$R(r) = -\frac{1}{2\pi u^2} \left[\ln\left(\frac{ru}{2}\right) + c + k_0(ru) \right] \tag{7.1.24}$$

其中，a_i 为通过求解线性方程组而获得的系数；u 为权重参数；k_0 为修正贝塞尔函数；$c=0.577215$ 的常数；r 为点与样本之间的距离。

样条函数是分段函数，意味着可以修改曲线的某一段而不必重新计算整条曲线，插值速度快，保留了微地形特征，经过每一个点且连续，适合用来插值气象数据。该方法保证局部区域间连续，其实质是在局部多项式或移动拟合法的插值基础上引入类似于水位高度等连续渐变的特征，该方法适合生成平缓变化的表面，如高程、水体污染等。

7.2 克里金插值

前面介绍的几种插值方法对影响插值效果的一些敏感性问题仍没有得到很好的解决，例如，趋势面分析的控制参数对结果影响很大，这些问题包括：①需要计算平均值数据点的数目；②搜索数据点的邻域大小、方向和形状如何确定；③是否有比计算简单距离函数更好的估计权重系数的方法；④与插值有关的误差问题。

为解决上述问题，南非地质学家克里金(Krige)于 1951 年提出克里金法，后经法国著名数

学家 Matheron(1976)发展深化。克里金插值法与确定性插值法最大的区别在于，克里金插值引入了概率模型，考虑到统计模型不可能完全精确地给出预测值，所以在进行预测时，应该给出预测值的误差，即预测值在一定概率内合理。克里金法与反距离加权法一样，也是一种局部估计的加权平均，但各实测点的权重是通过半方差分析获取的，从而使内插函数处于最佳状态。根据统计学无偏和最优的要求，利用拉格朗日极小化原理，来推导出权重值与半方差值之间的公式。克里金法实质上是利用区域化变量的原始数据和变异函数的结构特点，对未采样点的区域化变量的取值进行线性无偏最优估计的一种方法，从数学角度讲就是一种对空间分布的数据求线性最优无偏内插估计量的方法。

　　本节首先介绍了克里金插值的地统计学理论基础，包括区域化变量、协方差函数与变异函数、理论假设和变异函数结构分析的原理及内容；在此理论基础上，介绍了6种常用的克里金插值方法：普通克里金、简单克里金、泛克里金、对数正态克里金、指示克里金和协同克里金。

7.2.1　地统计理论基础

　1. 区域化变量

　当一个变量呈空间分布时，称为区域化变量，这种变量常常反映某种空间现象的特征。用区域化变量描述的现象称为区域化现象，如生态学、土壤学和地质学中许多研究的变量都具有空间分布的特点，实质上都是区域化变量。

　假定在研究区 D 内对不同的空间对象只测试了一种属性，对该属性可以采集很多的实测值，尤其当采样的对象是点的情况下更是如此。但在实际中由于采样成本的缘故不允许对样点进行无限地采集。设采集的样点个数为 n，其观测值表示为 $z(x_i)(i=1,2,\cdots,n)$，则区域化变量可以定义为

$$z(x) \quad x \in D$$

数据集 $\{z(x_i)(i=1,2,\cdots,n)\}$ 是来自于随机函数 $Z(x)$ 的一个特定实现即区域化变量 $z(x)$ 的样品实测值的集合。

　1) 区域化变量与普通随机变量的区别

　区域化变量与普通随机变量不同，如表 7-4 所示。在实际研究中，许多变量都可看成是区域化变量，如气温、降雨量、海拔、土壤重金属含量等。

表 7-4　区域化变量与普通随机变量对比

对比项目	区域化变量	普通随机变量
变量取值	变量根据其在一个区域内的位置不同而取值	变量的取值符合某种概率分布
变量观测次数	变量不能重复观测，一旦在某一空间位置取得一样品后，就不太可能在同一位置再次取得该样品	变量可无限次重复观测或进行大量重复观测试验
样本间关系	样本间具有空间自相关性	要求每次抽样必须独立进行，样本中各取值之间相互独立
性质	既有随机性又有结构性	随机性

　2) 区域化变量性质

　(1) 随机性：具有局部的、随机的、异常的性质，当空间一点 x 固定后，$Z(x)$ 便为随机变量。

(2) 结构性：变量在点 X 与点 $X+h(h$ 为距离)处的数值 $Z(x)$ 与 $Z(x+h)$ 具有某种程度的自相关，这种自相关依赖于两点间的距离 h 及变量特征。

(3) 空间局限性：变量被限制在一定的空间范围内，在该范围之外，变量的属性为 0。

(4) 不同程度的连续性：用相邻样点之间的变异来度量，如土壤厚度连续性强，而土壤有效氮可能在两个非常靠近的样点上，有很大差异。

(5) 不同类型的各向异性：若在各个方向上的性质变化相同，称为各向同性，反之，称为各向异性。在实际研究中，分析各向异性的形成原因十分重要。

2. 协方差函数和变异函数

1) 协方差函数

当 $Z(x)$ 为区域化变量，x 为空间点的位置，h 为空间两点的距离，则协方差函数 $C(x, x+h)$ 为

$$\mathrm{Cov}[Z(x), Z(x+h)] = E(\{Z(x) - E[Z(x)]\}\{Z(x+h) - E[Z(x+h)]\}) \tag{7.2.1}$$

当 $h=0$ 时，协方差函数 $C(x, x+h) = \mathrm{Var}[Z(x)]$，称为先验方差，记为 $C(x,x)$ 或 $C(0)$。

协方差函数的具体计算方法为：设 $Z(x)$ 为区域化随机变量，并满足二阶平稳条件，h 为两样本点空间分隔距离(步长)，$Z(x_i)$ 和 $Z(x_i+h)$ 分别是 $Z(x)$ 在空间位置 x_i 和 x_i+h 上的观测值，则协方差函数的计算公式为

$$C^*(h) = \frac{1}{N(h)} \sum_{i=1}^{N(h)} [Z(x_i) - \overline{Z(x_i)}][Z(x_i+h) - \overline{Z(x_i+h)}] \tag{7.2.2}$$

其中，$N(h)$ 是步长为 h 时样点对的个数。

以 h 为横坐标，对应的协方差函数值 $C(h)$ 为纵坐标，可描绘若干散点，连接散点便得到协方差函数图，如图 7-15 所示。

协方差函数图常用于分析空间自相关性的变化情况，是空间数据分析的有效工具。但协方差函数有可能小于 0，因此介绍另外一种常用的分析工具——变异函数。

2) 变异函数

一维条件下，当空间点 x 在一维 X 轴上变化时，区域化变量 $Z(x)$ 在点 x 和 $x+h$ 处的值 $Z(x)$ 与 $Z(x+h)$ 的方差一般定义为区域化变量 $Z(x)$ 在 X 轴方向上的变异函数。

通常区域化变量 $Z(x)$ 所描述的现象是二维和三维

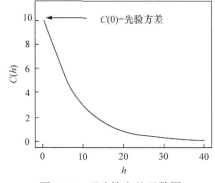

图 7-15 理论协方差函数图

的，则变异函数可定义为在任一方向 α，相距 $|h|$ 的两个区域化变量值 $Z(x)$ 与 $Z(x+h)$ 的增量的方差：

$$\begin{aligned} \gamma(x, h) &= \frac{1}{2} \mathrm{Var}[Z(x) - Z(x+h)] \\ &= E\left\{[Z(x) - Z(x+h)]^2\right\} - \left\{E[z(x)] - E[Z(x+h)]\right\}^2 \end{aligned} \tag{7.2.3}$$

其中，$\gamma(x, h)$ 为半变异函数，但有时为方便也称变异函数，本书将 $\gamma(x, h)$ 称为变异函数。

变异函数具有如下性质：① $\gamma(0) = 0$，即在 $h=0$ 时，变异函数为零；② $\gamma(h) = \gamma(-h)$，即变异函数是一个偶函数；③ $\gamma(h) \geq 0$，即变异函数值只能大于或等于零；④ $h \to \infty$ 时，$\gamma(h) \to C(0)$，即当空间上样点间距离无限大时，变异函数接近先验方差；⑤ $[-\gamma(h)]$ 必须是一个条件非负定函数。

3. 理论假设

在变异函数计算时，必须有 $Z(x)$ 与 $Z(x+h)$ 区域化变量的若干对数据，然而区域化变量在同一地点不能重复取值，即在 x 和 $x+h$ 点处只能测得一对数据。为了克服此困难，特提出平稳假设和内蕴假设。

1) 平稳性

设某一区域化变量 $Z(x)$ 的任意 n 准分布函数不因空间点 x 发生位移 h 而改变，即若对任一向量 h 有 $Fx_1,x_2,\cdots,x_n(Z_1,Z_2,\cdots,Z_n)=Fx_{1+h},x_{2+h},\cdots,x_{n+h}(Z_1,Z_2,\cdots,Z_n)$，$\forall n,\forall h,\forall x_1,\forall x_2,\cdots,\forall x_n$，则称区域化变量 $Z(x)$ 为平稳的。

也就是说在一个既定的距离上点的结构的变化不改变随机函数 $Z(x)$ 的多元分布，也即随机函数分布的规律性不因位移而改变，是严格平稳的，具有平稳性。在地质学领域，可通俗地理解为：在一个均匀的矿化带内，$Z(x)$ 与 $Z(x+h)$ 之间的相关性不依赖于它们在矿化带内的特定位置，而只与分割两点的向量 h 有关。然而，这种平稳假设条件太强，至少要求 $Z(x)$ 的各阶矩均存在且平稳，这在实际工作中很难得到满足。为了统计推断的需要，在统计学研究中，一般只需假设其一、二阶矩存在且平稳，即二阶平稳假设。

2) 二阶平稳性假设

二阶平稳性假设也叫做弱平稳性假设，是指随机函数的均值为一常数，且任何两个随机变量之间的协方差依赖于它们之间的距离和方向，而不是它们的确切位置，即需要满足以下两个条件。

(1) 在整个研究区内，区域化变量的数学期望对任意 x 存在，且等于常数，即

$$E[Z(x)] = m \quad (x \in D)$$

(2) 在整个研究区内，区域化变量的协方差函数对任意 x 和 h 存在，且平稳，即

$$\begin{aligned}
\mathrm{Cov}[Z(x),Z(x+h)] &= E[\{Z(x)-E[Z(x)]\}\{Z(x+h)-E[Z(x)]\}] \\
&= E[\{Z(x)-m\}\{Z(x+h)-m\}] \\
&= E[Z(x)Z(x+h)-m^2] = C(h) \quad (x,x+h \in D)
\end{aligned} \tag{7.2.4}$$

其中，E 为数学期望，是常量或 $Z(x)$ 的平均值。

对条件(2)，简单地说，即协方差函数仅仅是关于距离 h 的函数。因为它只表达了 $Z(x)$ 本身的协方差性，所以也称为自协方差函数，这里简称为协方差函数。它描述了随着步长的改变，变量 $Z(x)$ 的实测值之间的相关性。

协方差函数依赖于对随机变量进行实测的尺度，如果将其转换为自相关函数会更方便和容易理解：$\rho(h) = C(h)/C(0)$，其中，$C(0)$ 为 $h=0$ 时的协方差，也就是先验方差 σ^2。

3) 本征假设(内蕴假设)

一个平稳性的随机函数可以利用模型 $Z(x) = m + \varepsilon(x)$ 来表示。这表示随机函数在 x 处的值等于该过程的平均值 m 与一个随机部分 $\varepsilon(x)$ 的加和，这个随机部分来自于一个平均值为零，协方差函数为 $C(h) = E[\varepsilon(x)\varepsilon(x+h)]$ 的分布。

但在实际中，整个区域上的平均值是变化着的，当感兴趣区域增加时，其方差也趋于无限地增加，在这种情况下，协方差不能定义，不能像前面那样在公式中插入一个值 m。

Matheron(1976)提出了这个问题的解决办法，他认为，一般而言平均值可能不是一个常数，但在较小的距离上，随机变量 $Z(x)$ 的增量$[Z(x)-Z(x+h)]$ 的数学期望为零，即

$$E[Z(x) - Z(x+h)] = 0 \quad \forall x, \forall h \tag{条件 1}$$

进而，他用增量的方差函数代替协方差函数来作为空间关系的一种测量尺度，如同协方

差函数一样，该方差函数只依赖于增量之间的距离和方向，而不是它们的确切位置。因此有

$$\mathrm{Var}[Z(x) - Z(x+h)] = E[Z(x) - Z(x+h)^2] = 2\gamma(h) \quad \text{(仅仅依赖于 } h\text{)} \quad \text{(条件 2)}$$

这就是本征假设。它将用户从二阶平稳假设的严格局限中解放出来，因为在二阶平稳假设中，假设条件通常难以满足，而本征假设放宽了限制条件，可以使其应用到更多领域。这里 E 是数学期望，$\gamma(h)$ 是在步长 h 上的半方差值，"半"表示方差的一半。然而，当数据点被成对考虑时，它就是一个点处的方差。作为 h 的函数，$\gamma(h)$ 也称为半方差函数，或变异函数。

本征假设是地统计学中对随机函数的基本假设。

事实上，当作用于大区域时，本征假设的第一个条件很难满足，如 $E[Z(x) - Z(x+h)]$ 不等于零或者 $Z(x)$ 的期望值并不等于一个常数。举例来说，春天的平均温度通常是南方高于北方，从北到南温度呈不断增加的趋势。在这种情况下，随机过程是非平稳的，空间变异的漂移或趋势面可能存在。因为这种漂移，第二个条件也不能满足，但地统计学理论的基础是本征假设，所以，有必要去认识一个随机过程是否是平稳性的。

在实际中，变异函数经常只作用于较小的区域 υ，这时可以用 $Z(x) = \mu\upsilon + \varepsilon(x)$ 来表达随机过程。其中，μ 为均值；υ 为变异函数所作用的域。这时称随机过程为准平稳性的。

以上介绍的几种地统计学理论假设，就严格性而言：平稳性假设>二阶平稳性假设>本征假设。

4. 变异函数结构分析

变异函数结构分析的主要目的是指导如何根据实际观测数据建立有效且合适的变异函数模型，并对模型进行理论分析和专业解释。

1) 变异函数结构

如图 7-16 所示，变程、块金值、基台值常用来描述变异函数，其意义如下。

变程(range)：通常变异函数是一个单调递增函数，当步长(h)超过某一数值(a,a>0)后，变异函数的值不再继续单调地增大，而往往稳定在一个极限值附近，这种现象称为"跃迁现象"，a 称为变程。

基台值(sill)：变异函数随步长增加到一个相对稳定的水平所对应的变异函数的值。

块金常数(nugget)：对于变异函数 $\gamma(h)$，当 $h \to 0$ 时，$\lim\gamma(h)=C_0(C_0>0)$，即为常数，这种现象称为块金效应，C_0 称为块金常数。

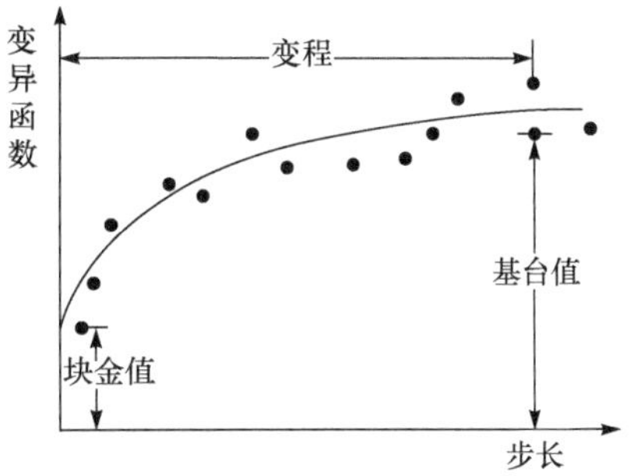

变异函数的功能描述如下。

图 7-16　变异函数结构图

(1) 变异函数通过"变程"反映变量的影响范围，基台值反映区域化变量在研究范围内变异的强度。

(2) 不同方向上的变异函数图可反映区域化变量的各向异性。如果在各个方向上区域化变量的变异性相同或相近，则称区域化变量是各向同性，反之称为各向异性；各向同性是相对的，各向异性是绝对的。

(3) 块金常数的大小可反映区域化变量的随机性大小，其随机性来源主要有微观结构(即区域化变量在小于抽样尺度 h 时所具有的变异性)、采样、测量和分析等误差。

(4) 变异函数在原点处的性状(如抛物线型、线性型、间断型、随机型、过渡型)可以反映区域化变量不同程度的空间连续性。

以某区域土壤有机质为例，绘制各方向的变异函数图，如图 7-17 所示。

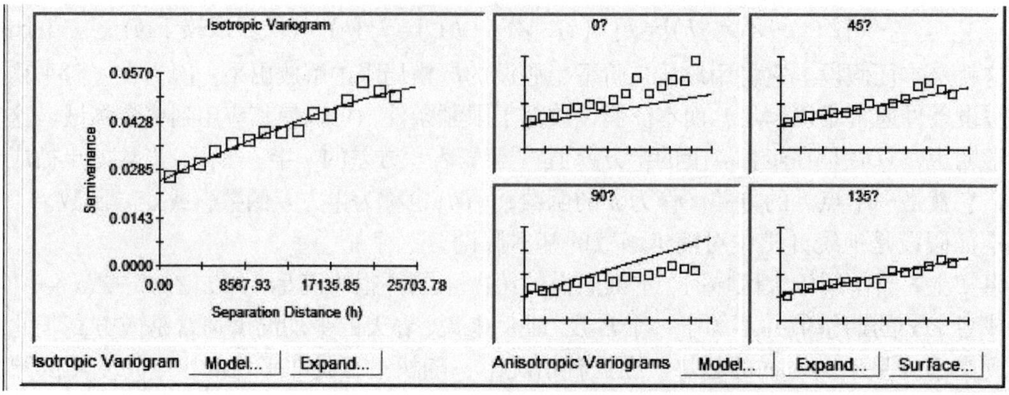

图 7-17　土壤有机质各方向变异函数图

从左边各向同性变异函数图可知，随着样本距离的增加，变异函数逐渐增大，说明距离越近的点土壤有机质含量越相近。图的右边绘制了四个方向的变异函数，分别是 0°、45°、90° 和 135°，四个方向上的变异函数走势不相同，说明该区域的土壤有机质在各个方向上的变异性不同。

2) 理论变异函数模型

一般的理论变异函数模型可以划分为三类：①无基台值模型，包括幂函数模型、无基台线性模型和对数模型等；②有基台值模型，包括球状模型、指数模型、高斯模型、有基台线性模型和纯块金效应模型等；③孔穴效应模型。

每个理论模型都有其数学表达式，并推导出对应的参数(变程、块金值、基台值)。下面具体介绍几种常见的理论模型。

(1) 纯块金效应模型。纯块金效应模型(pure nugget effect model)的区域化变量为随机分布，当 $h=0$ 时，变异函数为 0；当 $h>0$ 时，变异函数等于先验方差，即空间相关性不存在。如图 7-18 所示。在实际应用中会出现方差为常量的现象，可以定义一个纯块金变异函数来表示：

$$\gamma(h) = \begin{cases} 0 & h = 0 \\ C & h > 0 \end{cases} \tag{7.2.5}$$

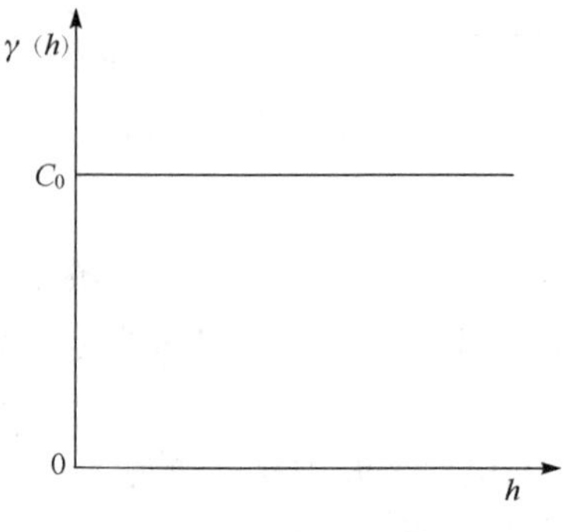

其中，C_0 为块金常数，此时等于先验方差。

如果一个变量是连续的，那么表现为纯块金效应的变异函数几乎不能用来监测空间相关性变异，因为这时采样间距大于空间变异的尺度。若区域化变量的空间分布是纯随机性的，则选用该模型。

(2) 线性有基台值模型。最简单的描述有基台值的变异性就是线性有基台值模型(linear with sill model)，它包括了两条直线，如图 7-19 所示。第一条直线随着步长的增加而递增，第二条是常数。

图 7-18　纯块金效应模型

$$\gamma(h) = \begin{cases} C_0 & h = 0 \\ Ah & 0 < h \leqslant a \\ C_0 + C & h > a \end{cases} \quad (7.2.6)$$

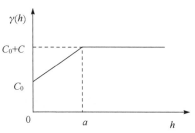

图 7-19　线性有基台值模型

其中，C_0 为块金常数；C 为拱高；C_0+C 为基台值；a 为变程；A 为常数，表示直线斜率。

在线性有基台值模型中，当 h 超过变程时，变异函数不再继续单调增大，而稳定在基台值附近。它表示区域化变量 $Z(x)$ 与落在以 x 为中心，以变程 a 为半径的领域内的任何 $Z(x+h)$ 具有空间相关性，且相关程度随两点距离增大而减弱，当步长大于变程时，两点不存在空间相关性。因此，当区域化变量存在从空间相关到没有空间相关转变的特征，则可以选用有基台值模型。在此基础上，若区域化变量 $Z(x)$ 与 $Z(x+h)$ 间的相关性只与两点间的距离有关，则线性有基台值模型较为合适。

(3) 球状模型。球状模型(spherical model)由法国学者 Matheron(1976)提出，又称为马特隆模型。实践证明，实际工作中 95%以上的实验变异函数都可以用球状模型拟合，其数学表达式为

$$\gamma(h) = \begin{cases} 0 & h = 0 \\ C_0 + C\left(\dfrac{3}{2}\dfrac{h}{a} - \dfrac{1}{2}\dfrac{h^3}{a^3}\right) & 0 \leqslant h \leqslant a \\ C_0 + C & h > a \end{cases} \quad (7.2.7)$$

其中，C_0 为块金常数；a 为变程；C 为拱高；$C_0 + C$ 为基台值。该模型在原点($h=0$)处切线的斜率为 $3C/2a$，切线达到 C 值的距离为 $2a/3$。对模型做均值为 0，方差为 1 的标准化后，则 $\mathrm{Var}[Z(x)] = \gamma(\infty) = 1 = C, C_0 = 0$，称为标准球状模型。

球状模型是应用最广的模型，一般只用于一维、二维和三维数据，最适合用在空间相关性随步长增加而线性递减的情况。

(4) 指数模型。指数模型(exponential model)的一般公式为

$$\gamma(h) = \begin{cases} 0 & h = 0 \\ C_0 + C(1 - \mathrm{e}^{-\frac{h}{a}}) & h > 0 \end{cases} \quad (7.2.8)$$

其中，C_0 为块金常数；C 为拱高；$C_0 + C$ 为基台值；a 为该模型在原点处的切线和基台值相交时所对应的步长；由于 $h=3a$ 时，$\gamma(h) \approx C_0 + C$，所以该模型变程约为 $3a$。同样，当 $C_0=0$，$C=1$ 时，称为标准指数模型，如图 7-20 所示。

指数模型适用于一维或多维数据，因为指数模型在较大步长时也不能等于先验方差(相关系数也不能等于 0)，所以其变程定义为当变异函数为 $0.95\sigma^2$(σ^2 为先验方差)时所对应的步长。当区域化变量的空间相关性随步长增加而指数递减时，则适合选用指数模型。

(5) 高斯模型。高斯模型(Gaussian model)的一般公式为

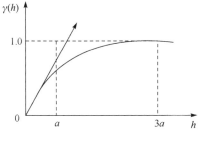

图 7-20　指数模型

$$\gamma(h) = \begin{cases} 0 & h = 0 \\ C_0 + C(1 - e^{-\frac{h^2}{a^2}}) & h > 0 \end{cases} \tag{7.2.9}$$

其中，C_0 为块金常数；C 为拱高；$C_0 + C$ 为基台值。

函数渐进地接近其基台值，其有效变程近似等于 $\sqrt{3}a$，此时其半方差值等于基台方差的 95%。同样，当 $C_0 = 0$，$C = 1$ 时，称为标准高斯模型，如图 7-21 所示。

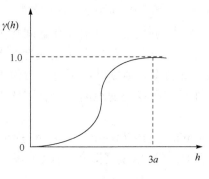

图 7-21　高斯模型

该模型一个重要的缺陷是它在原点处的斜率为 0，通常认为斜率是随机变异的极限，潜在变异性在原点处是连续的且二阶可导。若原点处的斜率为 0，则会导致克里金预测的不稳定性，以及产生异常现象。高斯模型一般适用于当数据在短距离内呈现高度连续性的情况，如矿层厚度。

对比三种常见的变异函数理论模型——球状模型、指数模型和高斯模型(图 7-22)，分析其模型形态差异和适用的区域化变量空间分布。

从图 7-22 可以看出，三种模型的变程从大到小依次为球状模型、高斯模型、指数模型。球状模型的基台值大于高斯模型和指数模型，说明指数模型更适合区域化变量影响范围大、采样点数较少的情况，球状模型更适合变量影响范围小、采样点数较多的情况。另外，三种变异函数模型在原点处的性状也不同，高斯模型曲线在原点处趋向一条抛物线，适合反映区域化变量的高度连续性，如矿层厚度；球状模型和指数模型曲线在原点处趋向一条直线，适合反映区域化变量的平均连续性，如金属品位。

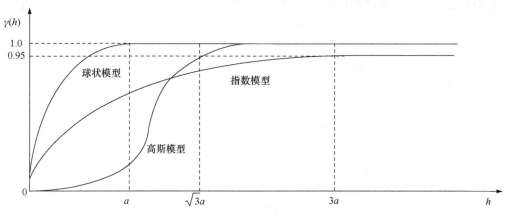

图 7-22　三种常见模型形态比较

(6) 线性无基台值模型。线性无基台值模型(linear without sill model)如图 7-23 所示，其一般公式为

$$\gamma(h) = \begin{cases} C_0 & h = 0 \\ Ah & h > 0 \end{cases} \tag{7.2.10}$$

其中，C_0 为块金常数；A 为常数，表示直线斜率。此时，基台值不存在，没有变程。

线性无基台值模型不存在变程，即不存在区域化变量的影响范围。

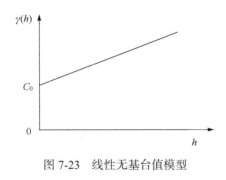

图 7-23　线性无基台值模型

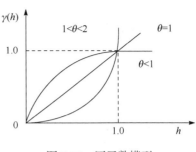

图 7-24　幂函数模型

(7) 幂函数模型。最简单的描述无基台值的变异性的模型是幂函数：

$$\gamma(h) = Ah^{\theta}, \quad 0 < \theta < 2 \tag{7.2.11}$$

其中，A 为变异强度；θ 为幂指数，表示曲率。

当 θ 变化时，这种模型可以反映变异函数在原点附近的各种性状，如图 7-24 所示。如果指数 $\theta = 0$，那么对所有的 $h>0$，$\gamma(h) = A$，为一常数方差。如果 $\theta = 2$，那么函数为抛物线型，在原点处的斜率为 0，它代表了潜在过程不可导的变异性，该过程不是随机的。

(8) 孔穴效应模型。当变异函数在 h 大于一定距离后并非单调递增，而是以一定的周期 b 进行波动，此时变异函数曲线显示出一种孔穴效应(hole effect)。孔穴效应模型一般适用数据呈现出一定周期性的情况，其变程为变异函数的值等于先验方差时所对应的最短步长。由于在实际应用中不常见，在此不做过多介绍。

还是以某区域土壤有机质(单位：g/kg)为例，结合土壤有机质各方向变异函数图(图 7-17)选择常用的四种理论模型，对土壤有机质的变异函数进行拟合，对比拟合结果如表 7-5 所示。

表 7-5　变异函数理论模型对比表

理论模型	C_0	C_0+C	A	RSS	R^2
线性模型	43.47	88.48	23632.68	129	0.954
球状模型	41.60	94.06	35260.00	122	0.957
指数模型	40.40	131.80	101640.00	126	0.955
高斯模型	48.10	96.21	30761.22	162	0.942

注：C_0 为块金值，C_0+C 为基台值，A 为变程，RSS 为残差，R^2 为决定系数

分析表 7-5，球状模型的残差最小，决定系数最大，其次是指数模型，且指数模型的块金值最小、变程最大。对于这五个参数，最重要的选择依据是决定系数 R^2，其次考虑残差大小、块金值和变程，根据这个原则，选择球状模型作为本实例的变异函数理论模型是比较合适的，这个理论模型除了具有较高的拟合精度外，对变程内的模拟可以得到满意的结果。

3) 变异函数结构分析的步骤

变异函数结构分析步骤如图 7-25 所示。

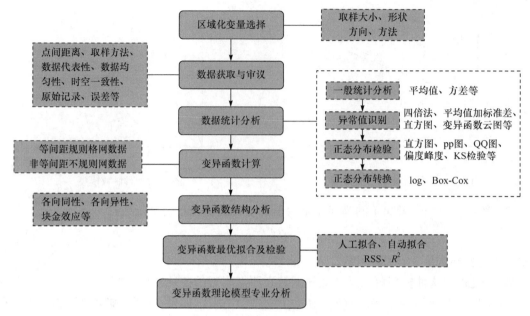

图 7-25　变异函数结构分析步骤图

7.2.2　克里金插值具体方法

　　克里金插值是基于采样数据反映出区域化变量的结构信息(变异函数或协方差函数提供),根据待估点或块段有限邻域内的采样点数据,考虑样本点间与待估点间的空间位置关系,对待估点进行无偏最优估计。克里金插值方法多种多样,主要有普通克里金、简单克里金、泛克里金、对数正态克里金、指示克里金、协同克里金。

　　简单克里金法假定区域化变量满足二阶平稳假设,假设数据变化呈正态分布,区域化变量的数学期望是已知的,为常数;普通克里金法假定区域化变量满足本征假设,同时也假设数据变化呈正态分布,但与简单克里金法不同的是,其区域化变量的数学期望是未知的,两种插值方法的插值过程类似于加权滑动平均,权重值的确定来自于空间数据分析结果。泛克里金法假定数据中存在主导趋势,且该趋势可用一个确定函数来拟合,即区域化变量的数学期望不是一个常数,而是空间点位置的函数。简单克里金和普通克里金插值满足平稳假设,而泛克里金法的变量是非平稳的。简单克里金、普通克里金和泛克里金均属于线性克里金插值方法。

　　在环境、采矿业和石油工业等行业中,一个较为普遍的现象是所采得的实测数据是严重偏斜的、非正态的,如果将数据转换为对数后呈现近似正态分布,则适宜用对数正态克里金插值法;在实际决策中,如评价土壤重金属污染问题,除了要得到无偏最优估计外,还需要得到此估计的风险或概率分布,即细化估计的局部不确定性;指示克里金法将原始数据转换为(0,1)值,再进行克里金法估计,是一种非参数统计的克里金预测方法。对数正态克里金法和指示克里金法均属于非线性克里金插值法,相比于线性克里金插值,有以下两个优势:①当区域化变量数值离散型太大时,也能保证区域化变量的估值精度;②既能估计区域化变量的值,又能估计区域化变量函数的值。

　　无论克里金法是线性的还是非线性的,都只限于单变量在空间分布的特征研究。当同一空间位置样点的多个属性密切相关,属性间又存在空间相关,且某些属性不易获取而另一些属性易获取时,可考虑选择协同克里金法。

只有了解了各方法的原理和适用情况，才能在具体研究中针对不同的研究目的和条件选择合适的克里金插值方法。六种克里金插值方法之间的关系和使用情况见图 7-26 和表 7-6。

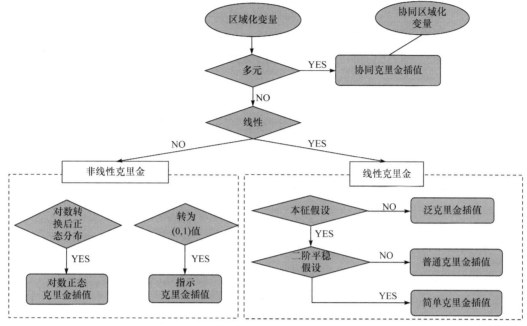

图 7-26　六种克里金插值方法关系图

表 7-6　不同类型克里金法的使用情况

类型	使用情况
普通克里金法	满足本征假设，区域化变量的平均值是未知的常数
简单克里金法	满足二阶平稳假设，区域化变量的平均值是已知的常数
泛克里金法	区域化变量的数学期望是未知的变化值，即样本非平稳
对数正态克里金法	数据服从正态分布
指示克里金法	有真实的特异值、数据不服从正态分布，或需估计风险、概率分布
协同克里金法	适合于相互关联的多元区域化变量

1. 普通克里金法

普通克里金(ordinary Kriging, OK)法是单个变量的局部线性最优无偏估计方法，也是最稳健最常用的一种方法。

普通克里金法假定区域化变量的平均值是未知的常数 m。首先假定 $Z(x)$ 是满足本征假设的一个随机过程，该随机过程有 n 个观测值 $z(x_i)(i=1,2,\cdots,n)$。要预测未采样点 x_0 处的值，则线性预测值 $Z^*(x_0)$ 可以表示如下：

$$z^*(x_0) = \sum_{i=1}^{n} \lambda_i z(x_i) \tag{7.2.12}$$

Kriging 法是在使预测无偏并有最小方差的基础上去确定最优的权重值 λ_i，即满足以下两个条件，实现线性无偏最优估计。

(1) 无偏性条件：

$$E[Z^*(x_0) - Z(x_0)] = 0 \tag{7.2.13}$$

即预测值与观测值相吻合。

(2) 最优条件:

$$\text{Var}[Z^*(x_0) - Z(x_0)] = \min \tag{7.2.14}$$

即预测值与观测值之差的方差最小。

将式(7.2.12)取代式(7.2.13)的等号左边部分,得到

$$E[Z^*(x_0) - Z(x_0)] = E[\sum_{i=1}^{n} \lambda_i Z(x_i) - Z(x_0)] = \sum_{i=1}^{n} \lambda_i E[Z(x_i)] - E[Z(x_0)] = 0 \tag{7.2.15}$$

在本征假设条件下, $E[Z(x_i)] = E[Z(x_0)] - m$,结合式(7.2.14)的推导,可以进一步表示为

$$\sum_{i=1}^{n} \lambda_i E[Z(x_i)] - E[Z(x_0)] = \sum_{i=1}^{n} \lambda_i m - m = m(\sum_{i=1}^{n} \lambda_i - 1) = 0 \tag{7.2.16}$$

很显然要使式(7.2.16)成立,则必须满足如下条件:

$$\sum_{i=1}^{n} \lambda_i = 1 \tag{7.2.17}$$

在本征假设条件下,公式(7.2.14)等号左边进一步表示为

$$\text{Var}[Z^*(x_0) - Z(x_0)] = E[\{Z^*(x_0) - Z(x_0)\}^2] = E[\{\sum_{i=1}^{n} \lambda_i Z(x_i) - Z(x_0)\}^2]$$

$$= 2\sum_{i=1}^{n} \lambda_i \gamma Z(x_i, x_0) - \sum_{i=1}^{n} \sum_{j=1}^{m} \lambda_i \lambda_j \gamma(x_i, x_j) \tag{7.2.18}$$

其中, $\gamma(x_i, x_j)$ 为数据点 x_i 与 x_j 之间的半方差值; $\gamma(x_i, x_0)$ 为数据点 x_i 与预测点 x_0 之间的半方差值。

任何克里金预测都有一个预测方差的问题,这里用 $\sigma^2(x_0)$ 来表示。要根据权重和等于 1 这一条件找到使预测方差最小的权重,可以通过拉格朗日乘子 φ 来帮助实现。

【相关知识】

拉格朗日乘子法是一种寻找有等式约束条件的函数的最优值(最大或者最小)的最优化方法。在求取函数最优值的过程中,约束条件通常会给求取最优值带来困难,而拉格朗日乘子法就是解决这类问题的一种强有力的工具。

1. 原始问题

假设 $f(x)$, $g(x)$ 是定义在 R^n 上的连续可微函数,原始问题如下所示:

$$\min_x f(x) \quad s.t. g(x) \leqslant 0 \tag{1}$$

引进广义拉格朗日函数

$$L(x, \lambda) = f(x) + \lambda g(x) \quad \lambda \geqslant 0 \tag{2}$$

那么原始问题等价于如下问题

$$\min_x \max L(x, \lambda) \tag{3}$$

即

$$\min_x f(x) \quad s.t. g(\text{x}) \leqslant 0 \Leftrightarrow \min_x \max_{\lambda, \lambda \geqslant 0} L(x, \lambda) \tag{4}$$

这是因为如果约束条件不满足,即 $g(x) \geqslant 0$,那么总可以找到一个 λ 使得 $L(x, \lambda) \geqslant f(x)$,即 $\max_{\lambda \geqslant 0} L(x, \lambda) \geqslant f(x)$,在这种情况下,式(4)成立;如果 $g(x) \leqslant 0$, $L(x, \lambda) = f(x)$,式(4)同样成立。通过式(4)将原来的极小问题,转化为广义拉格朗日的极小极大问题。我们定义原始问题的最优值为原始问题的值:

$$\text{p}^* = \min_x \max_{\lambda, \lambda \geqslant 0} L(x, \lambda) \tag{5}$$

2. 对偶问题

将原始问题极小极大顺序互换后的极大极小问题称为原始问题的对偶问题:

$$\max_{\lambda, \lambda \geqslant 0} \min_x L(x, \lambda)$$

定义对偶问题的最优值为对偶问题的值:

$$d^* = \max_{\lambda, \lambda \geqslant 0} \min_x L(x, \lambda)$$

首先定义一个辅助函数 $f(\lambda_i, \varphi)$，数学表达式如下：

$$f(\lambda_i, \varphi) = \text{Var}[Z^*(x_0) - Z(x_0)] - 2\varphi(\sum_{i=1}^{n} \lambda_i - 1) \tag{7.2.19}$$

然后分别对辅助函数的权重 λ_i 和格朗日乘子 φ 求一阶导数使其等于 0，则对任意 $i=1,2,\cdots,n$ 有

$$\frac{\partial f(\lambda_i, \varphi)}{\partial \lambda_i} = 0$$
$$\frac{\partial f(\lambda_i, \varphi)}{\partial \varphi} = 0 \tag{7.2.20}$$

根据方差最小原则，借助拉格朗日乘子，普通克里金的预测方程组为

$$\sum_{i=1}^{n} \lambda_i \gamma(x_i, x_j) + \varphi(x_0) = \gamma(x_j, x_0)$$
$$\sum_{i=1}^{n} \lambda_i = 1 \tag{7.2.21}$$

这是一个 $n+1$ 阶线性方程组，通过该公式可以得到 λ_i，将其代入克里金预测公式，得到预测方差：

$$\sigma^2(x_0) = \sum_{i=1}^{n} \lambda_i \gamma(x_i, x_0) + \varphi \tag{7.2.22}$$

如果预测点 x_0 恰好是其中的一个实测点 x_j，则当 $\lambda(x_i)=1$ 且其他所有的权重等于 0 时 $\sigma^2(x_0)$ 最小。事实上将权重代入式(7.2.22)时 $\sigma^2(x_0)=0$，预测值 $z(x_0)$ 就是实测值 $z(x_j)$。因此说普通克里金是精确的插值方法。

普通克里金法是单个变量的局部线性最优无偏估计方法，也是最稳健最常用的一种方法。插值过程类似于加权滑动平均，权重值来自于空间数据分析。该方法假定区域化变量满足二阶平稳假设、内蕴假设，假设数据变化呈正态分布，此时区域化变量的数学期望是常数，即平稳的，但数学期望具体值未知。

2. 简单克里金法

简单克里金法(simple Kriging，SK)是用于具有二阶平稳且均值已知的随机变量的一种插值方法，即区域化变量 $Z(x)$ 满足二阶平稳假设，平均值已知且为常数，协方差函数和变异函数存在且平稳。简单克里金法与普通克里金法的预测值是已知值的线性无偏估计量，而与普通克里金的主要区别是简单克里金的数学期望已知。

其预测公式为

$$Z^*_{\text{SK}}(x_0) = \sum_{i=1}^{n} \lambda_i z(x_i) + (1 - \sum_{i=1}^{n} \lambda_i)\mu \tag{7.2.23}$$

其中，λ_i 为权重，但相比于普通克里金，不再有其总和等于 1 这一条件，权重的计算公式为

$$\sum_{i=1}^{n} \lambda_i \gamma(x_i, x_j) = \gamma(x_0, x_j) \quad j=1,2,\cdots,n \tag{7.2.24}$$

公式中不再有拉格朗日乘子，成为一个 n 阶线性方程组。用矩阵的形式可表示为

$$A = \begin{bmatrix} \gamma(x_1,x_1) & \gamma(x_1,x_2) & \cdots & \gamma(x_1,x_2) \\ \gamma(x_2,x_1) & \gamma(x_2,x_2) & \cdots & \gamma(x_2,x_n) \\ \vdots & \vdots & & \vdots \\ \gamma(x_n,x_1) & \gamma(x_n,x_2) & \cdots & \gamma(x_n,x_n) \end{bmatrix}$$

(7.2.25)

$$B = \begin{bmatrix} \gamma(x_1,x_0) \\ \gamma(x_2,x_0) \\ \vdots \\ \gamma(x_n,x_0) \end{bmatrix} \quad \lambda = \begin{bmatrix} \lambda_1 \\ \lambda_2 \\ \vdots \\ \lambda_n \end{bmatrix}$$

矩阵 A 中的 $\gamma(x_1,x_1),\cdots,\gamma(x_n,x_n)$ 是实测点之间的半方差值，矩阵 B 中的 $\gamma(x_1,x_0),\cdots,$ $\gamma(x_n,x_0)$ 为实测点 x_i 和内插点 x_0 之间的半方差值。矩阵 A 是可逆的，因此有

$$\lambda = A^{-1} \cdot B \tag{7.2.26}$$

简单克里金的预测方差利用如下公式得到：

$$\sigma_{SK}^2(x_0) = \sum_{i=1}^n \lambda_i \gamma(x_i,x_0) \tag{7.2.27}$$

简单克里金法的预测方差稍小于普通克里金的预测方差，通常认为这是由于引进了数据的均值 μ 从而提高了预测的精度。简单克里金法很少直接用于估计，因为它假设空间过程的均值依赖于空间位置，并且是已知的，但在实际中均值一般很难得到。它可以用于其他形式的克里金法中，如指示和协同克里金法，在这些方法中数据进行了转换，平均值是已知的。

以某区域土壤有机质(单位：g/kg)为例，依据各方向上的变异函数(图 7-17)和四个理论模型的拟合精度(表 7-5)，选择球状模型拟合变异函数，对土壤有机质进行普通克里金和简单克里金插值，结果如图 7-27 和图 7-28 所示。

基于交叉验证对比普通克里金和简单克里金插值结果，如表 7-7 所示。

表 7-7　克里金插值结果比较

插值方法	平均值	均方根	标准均方根	平均标准误差
普通克里金	−0.031	7.200	1.013	6.958
简单克里金	−0.065	8.333	1.006	8.283

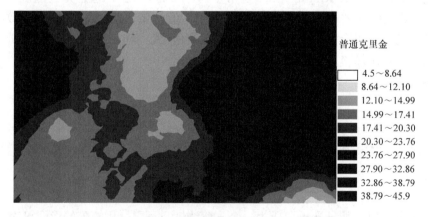

普通克里金

☐	4.5～8.64
	8.64～12.10
	12.10～14.99
	14.99～17.41
	17.41～20.30
	20.30～23.76
	23.76～27.90
	27.90～32.86
	32.86～38.79
	38.79～45.9

图 7-27　普通克里金插值结果

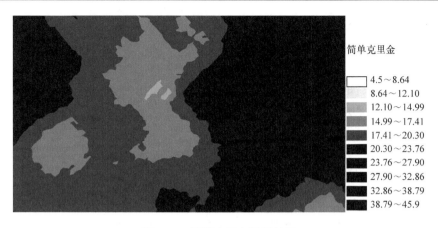

图 7-28 简单克里金插值结果

对比两种克里金插值法的结果，符合以下标准的模型是最优的：平均值最接近 0，均方根最小，平均标准误差最接近标准均方根误差，标准均方根误差最接近 1。因此在此实验中，普通克里金的结果要略优于简单克里金。

3. 泛克里金法

在普通克里金法中，要求区域化变量 $Z(x)$ 是二阶平稳的或本征的，在有限的估计领域内 $Z(x)$ 的数学期望是一个常数，即 $E[Z(x)]=m$ 存在。然而在许多情况下，区域化变量在研究区域内是非平稳的，其数学期望不是一个常数，即 $E[Z(x)]=m(x)$，$m(x)$ 称为漂移。在漂移存在的条件下就不能用普通克里金方法进行空间局部估计，而要采用泛克里金(universal Kriging, UK)法进行估计。

泛克里金模型由随机和确定两个部分构成：

$$Z(x) = m(x) + \varepsilon(x) \tag{7.2.28}$$

其中，$\varepsilon(x)$ 为随机部分，是一个符合[0,1]分布的随机函数，又叫做残差；$m(x)$ 为确定性部分，即漂移。

漂移一般采用多项式表示：

$$m(x) = \sum_{l=1}^{L} a_l f_l(x) \tag{7.2.29}$$

其中，a_l 为未知系数，l 为多项式阶数。

同样，作为一种线性预测克里金方法，泛克里金的估值结果也是寻求无偏条件下的最优解。首先其预测的均方根误差可以用以下公式表示：

$$E\{Z^*_{UK}[(x_0) - Z(x_0)]^2\} = \text{Var}[Z^*_{UK}(x_0) - Z(x_0)] + \{E[Z^*_{UK}(x_0) - Z(x_0)]\}^2 \tag{7.2.30}$$

利用式(7.2.30)对平均值的表达，其预测偏差可以表示为

$$\begin{aligned} E[Z^*_{UK}(x_0) - Z(x_0)] &= \sum_{i=1}^{n} \lambda_i \sum_{l=1}^{L} a_l f_l(x_i) - \sum_{l=1}^{L} a_l f_l(x_0) \\ &= \sum_{l=1}^{L} a_l (\sum_{i=1}^{n} \lambda_i f_l(x_i) - \sum_{l=1}^{L} f_l(x_0)) \end{aligned} \tag{7.2.31}$$

为使预测的均方根误差 $E[Z^*_{UK}(x_0) - Z(x_0)]^2$ 最小，式 (7.2.30) 等号右边的第二项 $\{E[Z^*_{UK}(x_0) - Z(x_0)]\}^2$ 趋于 0。要满足此条件，式(7.2.31)中右边也趋于 0。因为 a_l 为未知系数，

所以只有乘积的第二项系数为 0，即

$$\sum_{i=1}^{n} \lambda_i f_l(x_i) - \sum_{i=1}^{L} f_l(x_0) = 0 \text{ 或} \sum_{i=1}^{n} \lambda_i f_l(x_i) = \sum_{i=1}^{L} f_l(x_0) \tag{7.2.32}$$

这里 $l = 0, 1, \cdots, L$，因此就有 $L+1$ 个条件式。Motheron(1976)将其称为泛条件，依此推导的克里金方法称为泛克里金法。此时，对所有的 a_l 值，其估值 $Z^*(x_0)$ 为无偏。

接着，求最小均方根误差，得到如下公式：

$$E[(Z_{\mathrm{UK}}^*(x_0) - Z(x_0))^2] = \mathrm{Var}[Z_{\mathrm{UK}}^*(x_0) - Z(x_0)]$$
$$= \sum_{i=1}^{n} \sum_{j=1}^{m} \lambda_i \lambda_j C_p(x_i, x_j) - 2 \sum_{i=1}^{n} \lambda_i C_p(x_i, x_0) + C_p(x_0, x_0) \tag{7.2.33}$$

其中，$C_p(x_i, x_j)$ 为 $Z(x_i)$ 和 $Z(x_j)$ 两变量之间的协方差函数，即

$$C_p(x_i, x_j) = E\{Z(x_i) - E[Z(x_i)Z(x_j) - E[Z(x_j)]]\} \tag{7.2.34}$$

通过拉格朗日乘子算法，来解满足式(7.2.34)约束条件下，目标式(7.2.33)的最小值，可以得到下面泛克里金权重计算的公式：

$$\begin{cases} \sum_{j=1}^{n} \lambda_j C_p(x_i, x_j) + \sum_{l=0}^{L} \varphi_l f_l(x_i) = C_p(x_0, x_i) & i = 1, 2, \cdots, n \\ \sum_{i=1}^{n} \lambda_i f_l(x_i) = f_l(x_0) & l = 0, 1, \cdots, L \end{cases} \tag{7.2.35}$$

函数 $f_i(x_i)(l = 0, 1, \cdots, L)$ 对一个线性漂移有三个值，也就是 $L=3$，其值为 $f_0 = 1, f_1 = x_1$，$f_2 = x_2$；对二次漂移 $L=6$，则增加三个值：$f_3 = x_1^2, f_4 = x_1 x_2, f_5 = x_2^2$。

对线性漂移来说共有三个拉格朗日乘子 $\varphi_0, \varphi_1, \varphi_2$，对于二次漂移有六个拉格朗日乘子 φ_0，$\varphi_1, \varphi_2, \varphi_3, \varphi_4, \varphi_5$。

泛克里金插值法的插值步骤与简单克里金法和普通克里金法的插值步骤最大的不同在于：泛克里金法需要在插值前设置需要移除的趋势项。现有某一区域水体中含氮量存在线性漂移，即含氮量是非平稳的区域化变量，利用泛克里金插值移除趋势项，插值得到水体总氮量(单位：mg/L)，结果如图 7-29 所示。

	3.81~4.7
	4.7~5.7
	5.7~6.7
	6.7~7.5
	7.5~8.5
	8.5~9.5
	9.5~11.2
	11.2~13.2

图 7-29 水体总氮泛克里金插值结果

在进行泛克里金分析时，首先，分析数据中存在的变化趋势，获得拟合模型；然后，对残差数据(即原始数据减去趋势数据)进行克里金分析；最后，将趋势面分析和残差分析的克里金结果加和，得到最终结果。由此可见，克里金方法明显优于趋势面分析，泛克里金的结果一般也要优于普通克里金的结果。在实际应用中，研究对象是否平稳，取决于观测尺度的大小

和数据的密集程度。如在 1∶500 和 1∶50 万不同尺度的地形图下，丘陵地区的高程变化明显程度是不同的。所以会经常遇到以下情况：①从整体上看，研究的区域化变量漂移存在，但在小的局部范围内，又可以认为是平稳的，这时应用普通克里金法进行估计；②从整体上看，研究的区域化变量是平稳的，但在小的局部范围内存在漂移，这时需用泛克里金法进行估计。

4. 对数正态克里金法

普通克里金法、简单克里金法、泛克里金法均属于线性克里金插值方法，在估计时存在以下两个不足：①当区域化变量数值离散性太大时，区域化变量估计值不够精确；②只能估计区域化变量的值，不能估计区域化变量函数的值。为避免上述不足，就需要采用非线性估计方法，如对数正态克里金法、指示克里金法。

在某些行业，如环境、采矿业和石油工业，一个较为普遍的现象是所采得的实测数据是严重偏斜的，是非正态的。由于一些异常值对方差的影响很大，使变异函数对偏斜分布，尤其是强烈的偏斜分布很敏感。可以采取对数的形式来去除偏斜并使方差平稳化。

将数据 $z(x_1), z(x_2), \cdots$ 转为对应的自然对数形式，即 $y(x_1), y(x_2), \cdots$ 后，称 $y(x_1), y(x_2), \cdots$ 是来自二阶平稳性的随机变量 $Y(x) = \ln Z(x)$ 的一个样本。计算 $Y(x)$ 的变异函数，然后用转换后的数据通过普通克里金法或简单克里金法来预测目标点或块段的 Y 值。预测值也是对数的形式。

令目标点 x_0 处的自然对数的克里金预测结果为 $\hat{Y}(x_0)$，其方差为 $\sigma^2(x_0)$。那么预测值的回转公式，对简单克里金法为

$$\hat{Z}_{SK}(x_0) = \exp\left\{\hat{Y}_{SK}(x_0) + \sigma_{SK}^2(x_0) / 2\right\} \tag{7.2.36}$$

对普通克里金法为

$$\hat{Z}_{CK}(x_0) = \exp\left\{\hat{Y}_{CK}(x_0) + \sigma_{SK}^2(x_0) / 2 - \varphi\right\} \tag{7.2.37}$$

其中，φ 为普通克里金法中的拉格朗日乘子。

5. 指示克里金法

在有些情况下，需要知道某区域化变量 $Z(x)$ 在某地超过给定阈值 z 的概率，见式 7.2.38，例如，评价土壤重金属污染问题，若想计算该地土壤是否受重金属污染，需要知道该地土壤重金属污染值大于某一给定值的概率。而指示克里金法便可解决这一问题。

$$\mathrm{Prob}\left[Z(x_0) > z \mid z(x_i); i = 1, 2, \cdots, N\right] = 1 - \mathrm{Prob}\left[Z(x_0) \leqslant z_c \mid z(x_i)\right] \tag{7.2.38}$$

指示克里金不需要对理论的分布进行假定，是一种非线性、非参数的克里金预测方法。它将一个在连续的尺度上测试的变量转化为好几个指示变量，每个变量在样点取 1 或 0，并预测其他地点的值。

1) 指示码

指示变量是重要的二元变量，仅仅取 0 和 1 两个值，即可表示某种物质存在和不存在，也可表示连续变量是否大于某个阈值。

$$\omega(x) = \begin{cases} 1 & \text{如} z(x) \leqslant z_c \\ 0 & \text{其他} \end{cases} \tag{7.2.39}$$

因此就可以把 z 划为两部分，一部分为 $z(x) \leqslant z_c$，另一部分 $z(x) > z_c$，并分别赋值为 1 和 0。如果 $z(x)$ 是一个随机过程 $Z(x)$ 的实现，那么 $\omega(x)$ 可以被认为是一个指示随机函数 $\Omega_c[Z(x) \leqslant z_c]$ 的实现。为了方便，后面将随机函数简化表示为 $\Omega_c[x; z_c]$，它的实现简化表示为 $\omega[x; z_c]$。

这种转换在某种程度上使预测结果更接近实际应用。如评价土壤重金属污染问题，通过设定合理的污染浓度阈值 z_c，就可以将一个连续性的随机变量 $Z(x)$ 转化为一个指示函数。对这个指示函数而言，1 表示没有受到污染，可以被接受；0 表示受到污染，不能被接受。

也可以定义多个阈值，并且为每个阈值生成一个新的指示变量。如定义 S 个阈值为 $z_{c(s)}$，$s=1,2,\cdots,S$，从而得到指示变量 $\omega_1,\omega_2,\cdots\omega_s$，分别等于：

$$\begin{aligned}
\omega_1 &= 1, \quad 若z(x) \leqslant z_{c(1)},其他为0 \\
\omega_2 &= 1, \quad 若z(x) \leqslant z_{c(2)},其他为0 \\
&\cdots\cdots\cdots\cdots \\
\omega_s &= 1, \quad 若z(x) \leqslant z_{c(s)},其他为0
\end{aligned} \tag{7.2.40}$$

这些可以被当作是相应的随机函数 $\Omega_c(x)(s=1,2,\cdots,S)$ 的实现，对这个随机函数，如果 $z(x) \leqslant z_{c(s)}$，则有 $\Omega_c(x)=1$，否则 $\Omega_c(x)=0$。

指示变量的数学期望 $E\{\Omega[Z(x) \leqslant z_c]\}$ 可以表示为概率的形式：$\text{Prob}[Z(x) \leqslant z_c] = E\{\Omega[Z(x) \leqslant z_c]\}$，这个概率 $\text{Prob}[Z(x) \leqslant z_c]$，是一个累积分布：

$$\text{Prob}[Z(x) \leqslant z_c] = 1 - \text{Prob}[Z(x) > z_c] = G[Z(x;z_c)] \tag{7.2.41}$$

许多环境变量具有多元特性，这时就可以将每个类型编码表示存在或不存在转化为指示变量。

2) 指示半方差函数

指示随机函数的变异函数形式类似于连续变量的变异函数，可以表示为

$$\gamma_{Zc}^{\Omega}(h) = \frac{1}{2} E\left(\left\{\Omega\left[Z(x;z_c)\right] - \Omega\left[Z(x+h;z_c)\right]\right\}^2\right) \tag{7.2.42}$$

其半方差值可以通过转化后的指示数据计算得到：

$$\gamma_{Zc}^{\Omega}(h) = \frac{1}{2m(h)} \sum_{i=1}^{m(h)} \left\{\tilde{\omega}(x_i;z_c) - \tilde{\omega}(x_i+h;z_c)\right\}^2 \tag{7.2.43}$$

3) 指示克里金算法

对每一个目标点或块段，利用指示变量建立其预测值计算公式：

$$\hat{\Omega}(x_0;z_c) = \sum_{i=1}^{N} \lambda_i \omega(x_i;z_c) \tag{7.2.44}$$

这里 λ_i 是权重，指示值通常是有界限的，它的样品平均 $(\bar{\omega};z_c)$ 通常作为它的期望。因而可以用简单克里金法来预测 $\Omega(x_0;z_c)$，即后续的插值方法和普通克里金法一样，预测位置得到的插值结果为一个 0 和 1 之间的数，表示 $\Omega(x_0)=1$ 时的条件概率。

以某区域土壤重金属钴为例，研究该区域土壤重金属高于 12 的概率，利用指示克里金插值，结果如图 7-30 所示。

指示克里金法将连续的变量转换为二进制的形式，是一种非线性、非参数统计的克里金预测方法。非参数统计方法无需假设数值来自某种特定分布(如正态分布)的总体，无需考虑异常值，也无需对原始数据进行变换(如对数转换)，若用分位设定阈值，可用简单克里金估值。

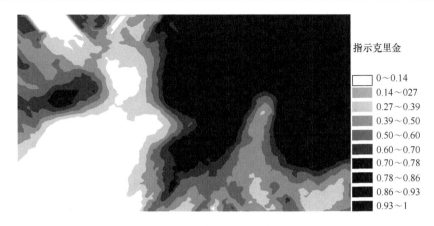

指示克里金

☐	0～0.14
	0.14～027
	0.27～0.39
	0.39～0.50
	0.50～0.60
	0.60～0.70
	0.70～0.78
	0.78～0.86
	0.86～0.93
	0.93～1

图 7-30　指示克里金法概率表面图

6. 协同克里金

上述五种克里金法无论是线性的还是非线性的，都只限于单变量在空间分布的特征研究，不能利用多元信息在空间上的分布特征。在实际应用中，常常存在某些属性不易获取或采样数据不完全的问题，例如，气温与海拔呈负相关，当将气温和海拔同时研究时，一旦某地缺乏气温的观测值，就可用海拔所提供的信息进行气温的研究。为解决这一问题，克里金家族又新产生了协同克里金法。

协同克里金法是利用两个变量之间的相关性，用其中易于观测的变量(如海拔)对另一变量(如气温)进行局部估计的方法。该方法建立在协同区域化变量理论基础上，利用多个区域化变量之间的互相关性，通过建立交叉协方差函数和交叉变异函数模型，用易于观测和控制的变量对不易观测的变量进行局部估计。

1) 协同区域化变量理论

上述例子中，气温和海拔是在同一空间域中定义的区域化变量，它们之间既有空间相关性又有统计相关性，称气温与海拔为协同区域化变量。因此，协同区域化定义为：在统计意义及空间位置上均具有某种程度的相关性，并且定义于同一空间域中的区域化变量。设 K 个协同区域化变量 $Z_1(x), Z_2(x), \cdots, Z_k(x)$，组成一组 K 维区域化变量的向量 $\{Z_1(x), Z_2(x), \cdots, Z_k(x)\}$。在观测前，它是一个 K 维区域化变量，观测后它可以看成 K 维向量的一个实现。在二阶平稳假设条件下，协同区域化变量如下。

(1) 每一个 $Z_K(x)(K=1,2,\cdots,k)$ 的数学期望存在且平稳，即

$$E[Z_K(x)] = m_K \tag{7.2.45}$$

(2) 每对区域化随机变量的交叉协方差函数为

$$C_{KK'}(h) = E[Z_K(x) \cdot Z_{K'}(x+h)] - m_K m_{K'} \tag{7.2.46}$$

(3) 在满足本征假设条件时，区域化变量的增量数学期望为 0，则每对区域化协同变量的交叉变异函数存在，为

$$\gamma_{KK'}(h) = \frac{1}{2} E[Z_{K'}(x) - Z_{K'}(x+h)][Z_K(x) - Z_K(x+h)] \tag{7.2.47}$$

2) 交叉协方差函数和交叉变异函数

设在点 x 和点 $x+h$ 处，分别测得两个变量的观测值 $Z_k(x), Z_{k'}(x), Z_k(x+h), Z_{k'}(x+h)$，则交叉协方差函数计算公式为

$$C_{KK'}(h) = \frac{1}{N(h)} \sum_{i=1, j=1}^{N(h)} [Z_{K'}(x_i) Z_{K'}(x_i + h)][Z_K(x_j) Z_K(x_j + h)] - m_{K'} m_K \qquad (7.2.48)$$

其中，$N(h)$为样本对数，$m_{K'} = \frac{1}{N(h)} \sum_{i=1}^{N(h)} [Z_{K'}(x_i)]$，$m_{K'} = \frac{1}{N(h)} \sum_{j=1}^{N(h)} [Z_{K'}(x_j)]$。

交叉变异函数的计算公式为

$$\gamma_{KK'}(h) = \frac{1}{2N(h)} \sum_{i=1, j=1}^{N(h)} [Z_{K'}(x) - Z_{K'}(x + h)][Z_K(x) - Z_K(x + h)] \qquad (7.2.49)$$

3）协同克里金法估值

协同克里金的任务是：应用定义于支撑(即取样尺寸、形状和方法)$\{v_{\alpha_k}\}$上的有效数据 $\{Z_{\alpha_k}, \alpha_k = 1, 2, \cdots, n_k\}$，对中心点在 x_0 的待估域 $V(x_0)$ 上变量 k_0，估计其平均值的 $Z_{V_{k_0}}$ 的估计量 $Z_{V_{k_0}}^*$，其中，$Z_{V_{k_0}} = \frac{1}{V_{k_0}} \int_{V_{k_0}} Z_{k_0}(x) \mathrm{d}x, Z_{\alpha_k} = \frac{1}{v_{\alpha_k}} \int_{v_{\alpha_k}} Z_k(x) \mathrm{d}x$。

协同克里金估计量 $Z_{V_{k_0}}^*$ 是 K 个协同区域化变量的全部有效数值的线性组合：

$$Z_{V_{k_0}}^* = \sum_{k=1}^{K} \sum_{\alpha_k=1}^{n_k} \lambda_{\alpha_k} Z_{\alpha_k} \qquad (7.2.50)$$

若使 $Z_{V_{k_0}}^*$ 是 $Z_{V_{k_0}}$ 的无偏最优线性估计量，必须在无偏和估计方差最小条件下，求解权系数 λ_{α_k}（$\alpha_k = 1, 2, \cdots, n_k$）。为简化公式的表达，设待估域 V(中心点在 x_0 处)的某区域化变量满足二阶平稳假设和内蕴假设，其平均值为 u_0，在 x_0 附近的信息域 v 内有若干采样点，已观测各样点的某个区域化变量的值分别为 $u_i(i = 1, 2, \cdots, n)$ 和 $u_j(j = 1, 2, \cdots, n)$，且 $E(u_i) = \mu_u, E(v_i) = \mu_v$，则 u_0 的估计值 u_0^* 的协同克里金线性估计量为

$$u_0^* = \sum_{i=1}^{n} a_i u_i + \sum_{j=1}^{m} b_j v_j \qquad (7.2.51)$$

其中，a, b 为权重系数。为使 u_0^* 是 u_0 的无偏最优线性估计量，必须满足以下条件。

(1) 无偏性条件：

$$E(u_0^*) = E\left(\sum_{i=1}^{n} a_i u_i + \sum_{j=1}^{m} b_j v_j \right) = \mu_u \sum_{i=1}^{n} a_i + \mu_v \sum_{j=1}^{m} b_j \qquad (7.2.52)$$

因此，使 u_0^* 是 u_0 的无偏最优线性估计量的条件是：$\sum_{i=1}^{n} a_i = 1, \sum_{j=1}^{m} b_j = 0$。

(2) 最优性条件。在满足无偏性条件下，协同克里金估计方差为

$$\sigma_k^2 = E[(u_0 - u_0^*)^2] = \sum_{i=1}^{n} \sum_{j=1}^{n} a_i a_j \bar{C}(u_i, u_j) + \sum_{i=1}^{n} \sum_{j=1}^{n} b_i b_j \bar{C}(v_i, v_j)$$
$$+ 2 \sum_{i=1}^{n} \sum_{j=1}^{m} a_i b_j \bar{C}(u_i, v_j) - 2 \sum_{i=1}^{n} a_i \bar{C}(u_i, u_0) - 2 \sum_{i=1}^{m} b_i \bar{C}(v_j, u_0) + \bar{C}(u_0, u_0) \qquad (7.2.53)$$

为使 σ_k^2 达到最小，在无偏性约束条件 $\sum_{i=1}^{n} a_i = 1, \sum_{j=1}^{m} b_j = 0$ 下求解条件极值。令

$$F = \sigma_k^2 - 2\mu_1(\sum_{i=1}^{n} a_i - 1) - 2\mu_2 \sum_{j=1}^{m} b_j \qquad (7.2.54)$$

其中，μ_1, μ_2 均为拉格朗日乘子。

通过式(7.2.51)(7.2.52)(7.2.53)求解协同克里金方差为

$$\sigma_k^2 = \overline{C}(u_0, u_0) + u_1 - 2\sum_{i=1}^{n} a_i \overline{C}(u_i, u_0) - 2\sum_{j=1}^{m} b_j \overline{C}(\upsilon_j, u_0) \qquad (7.2.55)$$

现一区域有两个协同区域化变量：全氮和有机质，两个变量均满足二阶平稳假设和本征假设，其中全氮是所要估计的主变量。利用协同克里金插值估计该区域的土壤全氮含量(单位：g/kg)，结果如图 7-31 所示。

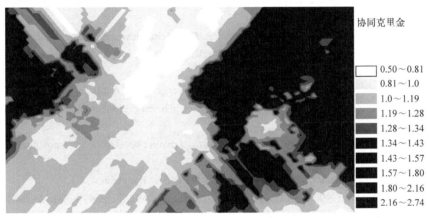

图 7-31　土壤全氮协同克里金插值结果

协同克里金法比普通克里金法能明显改进估计精度及采样效率，例如，可以利用较密集采样得到的数据来提高样品较少数据的预测精度。如果那些测试成本较低、样品较多的变量与那些测试成本较高、样品较少的变量在空间上具有一定的相关性，那么该方法就尤其有用。此外在空间变异分析中，如果能用一种变量的信息去弥补遗漏或提供另一变量的信息，这无疑是非常有意义的。但在实际应用中，协同克里金法要求有一个已知的相关函数，这就需要在很多地点同时采样，测定两个函数间的相互关系。与相关函数一样，这种相互关系也受样本数目多少的影响。

主要参考文献

陈希孺. 2002.数理统计学简史. 长沙:湖南教育出版社.

冯俊文. 1998.赋权有向图最小生成树的表上作业法. 系统工程与电子技术,(6):26-29.

傅伯杰，陈利顶，马克明，等. 2002.景观生态学原理及应用.北京:科学出版社.

郭仁忠.2001.空间分析.2 版.北京:高等教育出版社.

李德仁，龚健雅，边馥苓. 1993.地理信息系统导论.北京:测绘出版社.

王劲峰，廖一兰，刘鑫. 2010. 空间数据分析教程. 北京:科学出版社.

邬建国. 2007. 景观生态学——格局、过程、尺度与等级. 2 版.北京:高等教育出版社.

Akaike H. 1974. A new look at the statistical model identification. IEEE Transaction on Automatic Control, 19(6):716-723.

Anselin L. 1988. Spatial Econometrics:Methods and Models. Dordrecht:Kluwer Academic Publishers.

Anselin L. 1990. Spatial dependence and spatial structural instability in applied regression analysis. Journal of Regional Science, 30(2):185-207.

Anselin L. 1995. Local indicators of spatial association—LISA. Geographical Analysis, 27:93-115.

Anselin L, Rey S. 1991. Properties of tests for spatial dependence in linear regression models. Geographical Analysis, 23:112-131.

Applebaum W. 1996. Methods for determining store trade areas, market penetration, and potential sales. Journal of Marketing Research,3(2):127-141.

Bailey T C, Gatrell A C.1995. Interactive Spatial Data Analysis.London: Longman.

Baller R D, Anselin L, Messner S F, et al. 2001. Structural covariates of US county homicide rates: Incorporating spatial effects. Criminology, 39(3):561-588.

Bera A K, Yoon M J. 1993. Specification testing with locally misspecified alternatives. Econometric Theory, 9(4): 649-658.

Blommestein H J. 1985. Elimination of circular routes in spatial dynamic regression equations.Regional Science and Urban Economics, 15(1):121-130.

Bollen K A, Long S K. 1993. testing structural equation models. Bulletin of Sociological Methodology,69(39):66-67.

Briggs D J, Collins S, Elliott P, et al. 1997. Mapping urban air pollution using GIS: A regression-based approach. International Journal of Geographical Information Science,11(7): 699-718.

Brunsdon C, Fotheringham A S, Charlton M E. 1996. Geographically weighted regression: A method for exploring spatial nonstationarity. Geographical Analysis, 28(4): 281-298.

Brunsdon C, Fotheringham A S, Charlton M E. 1998. Geographically weighted regression-modelling spatial non-stationarity. Journal of the Royal Statistical Society, 47(3): 431-443.

Burel F, Baudry J. 2003. Landscape Ecology: Concepts, Methods and Application. Enfield: Science Publishers.

Burridge P. 1980. On the Cliff-Ord test for spatial correlation. Journal of the Royal Statistical Society, Series B (Methodological): 107-108.

Christaller W. 1966. Central Places in Southern Germany. Translated by Baskin C W. Englewood Cliffs: Prentice Hall.

Clark P J, Evans F C.1954. Distance to nearest neighbor as a measure of spatial relationships in populations. Ecology, 35(4):445-453.

Cliff A D, Ord J K.1969. The problem of spatial autocorrelation // Scott A J. Studies in Regional Science. London: Pion: 25-55.

Cliff A D, Ord J K. 1973. Spatial Autocorrelation. London: Pion.

Dacey M. 1965. A review of measures of contiguity for two and k-color maps // Berry B, Marble D.Spatial Analyses: A Reader in Statistical Geography. Englewood Cliffs: Prentice Hall: 479-495.

Dietzel C,Herold M,Hemphill J J,et al.2005. Spatial-temporal dynamics in California's Central Valley: Empirical links to urban theory. International Journal of Geographical Information Science,19:175-195.

Dijkstra E W. 1959. A note on two problems in connexion with graphs. Numerische Mathematik, 1(1):269-271.

Edmonds J. 1968. Optimum branching, mathematics of decision science // Dantzig G B, Veinott A. Lectures in Applied Mathematics, American Mathematical Society, 12: 346-361.

Fotheringham A S, Brunsdon C, Charlton M E. 2002. Geographically Weighted Regression: The Analysis of Spatially Varying Relationships. Hoboken: John Wiley & Sons Inc.

Fotheringham A S, Charlton M E, Brunsdon C. 1998. Geographically weighted regression: A natural evolution of the expansion method for spatial data analysis. Environment and planning A, 30(11): 1905-1927.

Fotheringham A S, Crespo R, Yao J. 2015. Geographical and temporal weighted regression (GTWR). Geographical Analysis, 47(4): 431-452.

Geary R C. 1954. The contiguity ratio and statistical mapping. The Incorporated Statistician , 5(3): 115-146.

Getis A, Ord J K. 1992. The analysis of spatial association by use of distance statistics. Geographical Analysis, 24: 189-206.

Gleason H A. 1920. Some applications of the quadrat method. Bulletin of the Torrey Botanical Club, 47(1):21-33.

Goldstein H. 2005.Multilevel Statistical Models. Hoboken: John Wiley & Sons Inc.

Goodall D W. 1952. Quantitative aspects of plant distribution. Biological Reviews, 27(2):194-242.

Goodchild M F. 1987. Towards an enumeration and classification of GIS functions // Proceeding of the International Geographic Information Systems Symposium: The Research Agenda II. Washington DC: National Aeronautics and Space Administration: 67-77.

Gruptill S C, Morrision J L. 1995. Elements of Spatial Data Quality. Oxford: Elsevier Science.

Guagliardo M F. 2004.Spatial accessibility of primary care: Concepts, methods and challenges. International Journal of Health Geographics, 3(1): 3.

Haining R. 1980. Intraregional estimation of central place population parameters. Journal of Regional Science, 20(3): 365-375.

Hansen W G. 1959. How accessibility shapes land use. Journal of American Institute of Planners, 25: 73-76.

Harris P, Brunsdon C, Charlton M. 2011. Geographically weighted principal components analysis. International Journal of Geographical Information Science, 25(10): 1717-1736.

Henderson S B, Beckerman B, Jerrett M, et al. 2007. Application of land use regression to estimate long-term concentrations of traffic-related nitrogen oxides and fine particulate matter. Environmental Science & Technology, 41(7): 2422-2428.

Herold M. 2005. Spatio-temporal dynamics in California's Central Valley: empirical links to urban theory. International Journal of Geographical Information Science, 19: 175-195.

Hiller B, Hanson J. 1984. The Social Logic of Space. Cambridge: Cambridge University Press.

Hoerl A E.1962.Application of ridge analysis to regression problems. Chemical Engineering Progress, 58: 54-59.

Hotelling H. 1936. Relations between two sets of variates. Biometrika, 28(3/4):321-377.

Huang B, Wu B, Barry M. 2010. Geographically and temporally weighted regression for modeling spatio-temporal variation in house prices. International Journal of Geographical Information Science, 24(3): 383-401.

Jaynes E T, Bretthorst G L. 2003. Probability Theory: The Logic of Science. Cambridge: Cambridge University Press.

Jenness J. 2004. Calculating landscape surface area from digital elevation models. Wildlife Society Bulletin, 32(3):829-839.

Kendall M G. 1975. Rank Correlation Methods.London: Charles Griffin.

Koenker R,Bassett G.1978.Regression quantiles. Econometrica,46(1):33-50.

Krige D G. 1951. A statistical approach to some basic mine valuation problems on the Witwatersrand. Journal of the Southern African Institute of Mining and Metallurgy, 52(6): 119-139.

Kruskal J B. 1956. On the shortest spanning subtree of a graph and the traveling salesman problem. Proceedings of the American Mathematical Society, 7(1): 48-50.

Kwan M P, Murray A T, O'Kelly M E, et al. 2003. Recent advances in accessibility research: Representation, methodology and applications. Journal of Geographical Systems, 5: 129-138.

Larsen K, Gilliland J. 2008. Mapping the evolution of 'food deserts' in a Canadian city: Supermarket accessibility in London, Ontario, 1961—2005. International Journal of Health Geographics, 7: 628-635.

Longley P A, Goodchild M F, Maguire D J, et al. 2005. Geographic Information System and Science. Hoboken: John Wiley & Sons Inc.

Luo W, Wang F H . 2003. Measures of spatial accessibility to health care in a GIS environment: synthesis and a case study in the Chicago region. Environment and Planning B: Planning & Design, 30(6):865-884.

MacQueen J B. 1967. Some methods for classification and analysis of multivariate observations. Proc. of the Fifth Berkeley Symposium on Mathematical Statistics and Probability, vol. 1. Berkeley: University of California Press: 281-297.

Mann H B. 1945. Nonparametric tests against trend. Econometrica,13(3):245-259.

Matheron G. 1976. A simple substitute for conditional expectation: the disjunctive kriging // Advanced Geostatistics in the Mining Industry. Springer Netherlands: 221-236.

Moran P A P. 1950a. A test for the serial independence of residuals. Biometrika, 37(1-2):178.

Moran P A P. 1950b. Notes on continuous stochastic phenomena. Biometrika, 37(1-2): 17-23.

Nash J E, Sutcliffe J V. 1970. River flow forecasting through conceptual models part I—A discussion of principles. Journal of Hydrology, 10: 282-290.

Nelder J A,Wedderburn R W M.1972.Generalized linear models. Journal of the Royal Statistical Society, 135(3):370-384.

Nguyen D T, Memik G, Choudhary A. 2006.A reconfigurable architecture for network intrusion detection using principal component analysis.Acm/sigda, International Symposium on Field Programmable Gate Arrays, Monterey, California, Usa, February. DBLP: 235.

O'Sullivan D, Unwin D J. 2003.Geographic Information Analysis. Hoboken: John Wiley & Sons Inc.

Openshaw S. 1984. The Modifiable Areal Unit Problem: Concepts and Techniques in Modern Geography. Norwich: Geo Books.

Perry J N, Winder L, Holland J M, et al. 1999. Red-blue plots for detecting clusters in count data. Ecology Letter, 2(2): 106-113.

Portugali J. 2000. Self-Organization and the City. Berlin: Springer.

Radke J, Mu L, 2000.Spatial decompositions, modeling and mapping service regions to predict access to social programs. Geographic Information Sciences, 6(2):105-112.

Raudenbush S W. 2000. HLM 5: hierarchical linear and nonlinear modeling. Lincolnwood IL Scientific Software International, 114(100):881-886.

Reilly W J. 1929. Methods for the Study of Retail Relationships. Bulletin: University of Texas: 29-44.

Ripley B D. 1977. Modeling spatial patterns. Journal of the Royal Statistic Society (Series B)，39: 172-212.

Ripley B D.1981. Spatial Statistics. Hoboken: John Wiley & Sons Inc.

Schabenberger O , Gotway C A. 2005.Statistical methods for spatial data analysis. Boca Raton: Chapman & Hall/CRC Press.

Schwarz G. 1978. Estimating the dimension of a model. Annals of Statistics, 6(2): 15-18.

Sheather S J, Jones M C. 1991. A reliable data-based bandwidth selection method for kernel density estimation. Journal of the Royal Statistical Society. Series B (Methodological): 683-690.

Shen Q. 1998. Location characteristics of inner-city neighborhoods and employment accessibility of low-wage workers. Environment & Planning B Planning & Design, 25(3): 345-365.

Smith L I. 2002.A tutorial on principal components analysis. Information Fusion, 51(3):52.

Stahl S. 2006. The evolution of the normal distribution. Mathematics Magazine, 79(2):96-113.

Su S L, Li Z K, Xu M Y, et al. 2017. A geo-big data approach to intra-urban food deserts: transit-varying accessibility, social inequalities, and implications for urban planning. Habitat International, 64: 22-40.

Tobler W R. 1970. A computer movie simulating urban growth in the Detroit region. Economic geography, 46: 234-240.

Unwin D J. 1981.Introductory Spatial Analysis. London: Methuen.

Walker R E, Keane C R, Burke J G. 2010. Disparities and access to healthy food in the United States: A review of food deserts literature. Health & Place, 16:876-884.

Wiegand T, Moloney K A. 2004. Rings, circles and nullmodels for point pattern analysis in ecology. Oikos, 104: 209-229.

Xu M Y, Xin J, Su S L, et al. 2017. Social inequalities of park accessibility in Shenzhen, China: The role of park quality, transport modes, and hierarchical socioeconomic characteristics. Journal of Transport Geography, 62: 38-50.